FANGWU JIANZHUXUE

最新规范

房屋 建筑学 （第5版）

主　编　王万江

副主编　吴雨婷　李　洁　袁　萍

　　　　梁　芳　王金鑫

重庆大学出版社

内容提要

本书共 13 章,主要讲述民用建筑的设计和构造两部分内容,内容以大型民用建筑及中小型公共建筑为主,亦涉及大型公共建筑。本书所有章节设计的内容全部采用目前正在使用的最新标准和规范,同时增加了绿色建筑的相关内容。

本书可作为高等学校土木工程、工程管理、给水排水工程、建筑环境与能源工程等专业开设房屋建筑学的主要教材和参考书,也可供从事建筑行业工作的技术人员学习和参考,亦可作为各类注册工程师考试的考前参考书。

图书在版编目(CIP)数据

房屋建筑学 / 王万江主编. -- 5 版. -- 重庆:重庆大学出版社,2024.11. --(高等学校土木工程本科教材). -- ISBN 978-7-5689-4922-4

Ⅰ. TU22

中国国家版本馆 CIP 数据核字第 2024TU4582 号

房屋建筑学
(第 5 版)

主　编　王万江
副主编　吴雨婷　李　洁　袁　萍
　　　　梁　芳　王金鑫
策划编辑:鲁　黎

责任编辑:鲁　黎　　版式设计:鲁　黎
责任校对:王　倩　　责任印制:张　策

*

重庆大学出版社出版发行
出版人:陈晓阳
社址:重庆市沙坪坝区大学城西路 21 号
邮编:401331
电话:(023)88617190　88617185(中小学)
传真:(023)88617186　88617166
网址:http://www.cqup.com.cn
邮箱:fxk@ cqup.com.cn(营销中心)
全国新华书店经销
重庆亘鑫印务有限公司印刷

*

开本:787mm×1092mm　1/16　印张:22.25　字数:569 千
2002 年 2 月第 1 版　2024 年 11 月第 5 版　2024 年 11 月第 22 次印刷
印数:102 001—104 000
ISBN 978-7-5689-4922-4　定价:58.00 元

第5版前言

在知识的传承与创新中，一本优秀的教材宛如一座灯塔，能照亮学子们求知的道路。《房屋建筑学》自 2003 年出版以来，承蒙广大师生和业界同仁的厚爱与支持，得以多次再版、重印，这无疑是对我们工作的极大肯定与鼓舞。

当我们再次审视这本教材时，心中充满了感慨。编写的初衷，是为了给学生们提供一本系统、全面且实用的房屋建筑学教材，帮助他们构建坚实的专业基础，培养对建筑领域的兴趣和创新思维。在编写过程中，我们始终坚持理论与实际相结合的原则，力求将复杂的建筑知识以清晰、易懂的方式呈现给读者。

回顾过去的版本，我们深感欣慰的是，它在教学实践中发挥了积极的作用。许多学生通过这本书，对房屋建筑的设计、建筑构造有了更深入的理解，为后续的专业课程学习和实际工作打下了良好的基础。同时，我们也收到了来自各方的宝贵反馈和建议，这些都为第 5 版修订工作提供了重要的参考和改进方向。

在此次修订再版中，我们对教材内容进行了精心的梳理和优化。根据建筑行业的最新发展和相关规范的更新，对部分知识点进行了修订和补充，以确保教材的时效性和准确性。

此外，根据行业发展和实现"双碳"目标的要求，按照最新的标准规范对建筑节能和绿色建筑的相关内容进行了更新。

再者，在第 5 版修订中，对于课程思政的内容，希望教师能够理解各章节的具体内容并将这一部分做到"润物无声"地融入其中，使该教材不仅是知识的载体，更是培养未来建筑人才价值观和社会责任感的重要工具。房屋建筑学作为一门综合性的学科，涵盖了建筑设计、构造、材料、施工等多个方面。它不仅传授专业知识和技能，更肩负着塑造学生正确世界观、人生观和价值观的使命。在教学过程中，将思政元素有机融入课程，能够激发学生的学习热情，培养他们的创新精神、团队协作能力和社会责任感，为我国的建筑事业培养德才兼备的高素质人才。在本教材中，课程思政的融入体现在多个方面。首先，通过介绍我国建筑历史和传统建筑文化，激发学生的民族自豪感和文化自信。我国拥有悠久的建筑历史和丰富的建筑遗产，

1

如故宫、长城等,这些都是中华民族智慧的结晶。在教材中,我们引导学生了解和欣赏这些伟大的建筑作品,让他们感受到中华文化的博大精深,增强对民族文化的认同感和传承意识。其次,结合建筑行业的发展现状和趋势,培养学生的创新意识和可持续发展理念。随着科技的进步和社会的发展,建筑行业面临着诸多挑战和机遇。我们在教材中引入了绿色建筑和新技术,鼓励学生积极思考和探索,培养他们的创新思维和解决实际问题的能力。同时,强调建筑的可持续发展,让学生认识到建筑与环境的相互关系,树立节约资源、保护环境的意识,为建设美丽中国贡献力量。再次,通过案例分析和实践教学,培养学生的职业道德和社会责任感。建筑行业关系到人民的生命财产安全和社会的稳定发展,建筑从业者必须具备高度的责任感和职业道德。同时,通过实践教学环节,让学生参与实际项目的设计和施工,培养他们严谨认真的工作态度和团队协作精神,增强他们的社会责任感和使命感。最后,注重培养学生的人文关怀和社会服务意识。建筑不仅仅是冰冷的物质空间,更是人们生活和工作的场所。在教材中,我们引导学生关注使用者的需求,以人为本进行设计,创造舒适、安全、美观的建筑环境。

本书由王万江任主编,吴雨婷、李洁、袁萍、梁芳、王金鑫任副主编。我们深知,教材的编写是一个不断完善和更新的过程。尽管我们在本次修订中付出了努力,但仍可能存在不足之处。我们真诚地希望广大师生和读者在使用过程中提出更多的宝贵意见和建议,以便我们在未来的修订中不断改进和提高,为大家呈现更加优质的教材。书中不足之处和错误之处敬请读者提出宝贵意见,批评指正,以便于后建再版时修改完善。作者联系方式:wangwanjiang@xju.edu.cn。

最后,感谢所有为本书的出版和修订付出辛勤努力的工作人员,感谢广大师生和读者的支持与信任。愿这本《房屋建筑学》能够继续陪伴大家在建筑知识的海洋中遨游,为培养更多优秀的建筑人才贡献一份力量!

编　者
2024 年 7 月

目录

第1章 概　论

1.1　民用建筑的分类与分级

1.1.1　概　述

建筑是为了满足人类社会活动的需要,运用物质技术手段,遵循科学规律和美学法则,通过对空间的塑造、组织与完善所形成的物质环境。

建筑是建筑物与构筑物的总称。建筑物供人们进行生产、生活及其他活动的房屋或场所,如住宅、学校、影剧院、工厂的车间等;构筑物是指人们一般不直接在内进行生产和生活的工程实体或附属建筑设施,如水塔、烟囱、桥梁、堤坝、囤仓等。

1.1.2　建筑的构成要素

建筑学作为一门内容广泛的综合性学科,涉及建筑功能、工程技术、建筑经济、建筑艺术以及环境规划等许多方面的问题。建筑功能、建筑技术和建筑形象构成了建筑的基本要素。

(1)建筑功能

建筑功能是指建筑的使用要求。不同的建筑有各自不同的使用要求,例如住宅要符合居住的要求,教学楼要符合教学的要求,影剧院要符合观演的要求,工业厂房要符合生产工艺的要求等。随着社会的发展和人类物质文化生活水平的不断提高,建筑的功能要求也在日益复杂化。

(2)建筑技术

建筑技术是指建造房屋的物质条件,包括建筑材料、结构形式、施工技术和建筑设备,建筑不可能脱离这些物质技术条件而存在。科学技术的进步导致新材料、新技术的出现,为建筑满足新的使用要求提供了必要的物质技术保证。

(3)建筑形象

建筑形象是建筑形体、建筑色彩、材料质感、内外装修等的综合反映。不同的时代、不同的地域、不同的文化、不同的功能要求,对建筑形象都会产生不同的影响,从而带来丰富多彩的建筑形象。

上述三个要素之间的关系是辩证统一的,既不能相互分割又有主次之别。其中功能是建筑的目的,是起主导作用的,是第一位的;技术是达到目的必需的手段,同时技术对功能又具有制约或促进的作用;形象在很大程度上可以说是功能和技术的综合反映,但也是变化和发展的,在一定的功能和技术条件下,可以创造出不同的建筑形象。

总之,建筑既是物质产品,又是艺术产品。好的建筑既能很好地满足使用要求,又能给人以美的享受,不好的建筑则正好相反。

1.1.3 民用建筑的分类

建筑物按照使用性质的不同,通常可以分为生产性建筑和非生产性建筑,生产性建筑指工业建筑和农业建筑,非生产性建筑即民用建筑。

民用建筑的分类方法有多种:

(1)按使用功能分类

民用建筑按使用功能可以分为居住建筑和公共建筑。

居住建筑:可以分为住宅和宿舍(图1.1)。

公共建筑:按照其功能特点,又可以分为多种类型,如办公建筑、商业建筑、旅馆建筑、医疗建筑、交通运输类建筑、文教建筑、托幼建筑、科研建筑、通信建筑、观演建筑、体育建筑、展览建筑、园林建筑、纪念性建筑等(图1.2)。

(2)按规模和数量分类

民用建筑可以分为大量性建筑和大型性建筑。

大量性建筑:量大面广,与人们生活密切相关的建筑,如住宅、宿舍、中小学校、幼儿园等。

大型性建筑:规模宏大、耗资较多、影响较大,与大量性建筑相比,其修建数量有限的建筑,如大型体育馆(场)、大型影剧院、航空港、火车站、展览馆、博物馆等。

图 1.1 居住建筑

图 1.2 公共建筑

(3)按层数或高度分类

①按照我国现行的《民用建筑设计统一标准》(GB 50352—2019),按地上建筑高度或层数分类,民用建筑可分为低层或多层、高层和超高层三类。

低层或多层民用建筑:建筑高度不大于 27 m 的住宅建筑、建筑高度不大于 24 m 的公共建筑及建筑高度大于 24 m 的单层公共建筑。

高层民用建筑:建筑高度大于 27 m 的住宅建筑和建筑高度大于 24 m 的非单层公共建筑,

且高度不大于100 m的超高层民用建筑;建筑高度超过100 m的民用建筑。

超高层民用建筑:建筑高度超过100 m的民用建筑。

②按照我国现行的《建筑设计防火规范(2018 版)》(GB 50016—2014),民用建筑根据其高度和层数可分为单、多层民用建筑和高层民用建筑。高层民用建筑根据其建筑高度、使用功能、楼层的建筑面积可分为一类和二类。民用建筑的分类应符合表1.1 的规定。

表1.1 民用建筑的分类

名称	高层民用建筑		单、多层民用建筑
	一类	二类	
住宅建筑	建筑高度大于54 m的住宅建筑(包括设置商业服务网点的住宅建筑)	建筑高度大于27 m,但不大于54 m的住宅建筑(包括设置商业服务网点的住宅建筑)	建筑高度不大于27 m的住宅建筑(包括设置商业服务网点的住宅建筑)
公共建筑	1.建筑高度大于50 m的公共建筑; 2.建筑高度24 m以上部分任一楼层建筑面积大于1 000 m² 的商店、展览、电信、邮政、财贸金融建筑和其他多种功能组合的建筑; 3.医疗建筑、重要公共建筑、独立建造的老年人照料设施; 4.省级及以上的广播电视和防灾指挥调度建筑、网局级和省级电力调度建筑; 5.藏书超过100 万册的图书馆、书库	除一类高层公共建筑外的其他高层公共建筑	1.建筑高度大于24 m的单层公共建筑; 2.建筑高度不大于24 m的其他公共建筑

(4)按设计使用年限分类

按照我国现行的《民用建筑设计统一标准》(GB 50352—2019),以主体结构确定的建筑设计使用年限分为四类,见表1.2。

表1.2 设计使用年限分类

类别	设计使用年限(年)	示例
1	5	临时性建筑
2	25	易于替换结构构件的建筑
3	50	普通建筑和构筑物
4	100	纪念性建筑和特别重要的建筑

1.1.4 民用建筑的分级

(1)按耐火等级年限分级

按照我国现行的《建筑设计防火规范(2018 年版)》(GB 50016—2014),民用建筑的耐火等级应根据其建筑高度、使用功能、重要性和火灾扑救难度等确定,可分为一、二、三、四级。不同耐火等级建筑相应构件的燃烧性能和耐火极限不应低于表1.3的规定。

表1.3　不同耐火等级建筑相应构件的燃烧性能和耐火极限

构件名称		耐火等级			
		一级	二级	三级	四级
墙	防火墙	不燃性3.00	不燃性3.00	不燃性3.00	不燃性3.00
	承重墙	不燃性3.00	不燃性2.50	不燃性2.00	难燃性0.50
	民用建筑非承重外墙	不燃性1.00	不燃性1.00	不燃性0.50	可燃性
	楼梯间的墙、电梯井的墙、住宅单元之间的墙、住宅分户墙	不燃性2.00	不燃性2.00	不燃性1.50	难燃性0.50
	疏散走道两侧的隔墙	不燃性1.00	不燃性1.00	不燃性0.50	难燃性0.25
	房间隔墙（厂房和仓库非承重外墙）	不燃性0.75	不燃性0.50	难燃性0.50	难燃性0.25
柱		不燃性3.00	不燃性2.50	不燃性2.00	难燃性0.50
梁		不燃性2.00	不燃性1.50	不燃性1.00	难燃性0.50
民用建筑/厂房和仓库楼板		不燃性1.50	不燃性1.00	不燃性0.50	可燃性/难燃性0.50
屋顶承重构件		不燃性1.50	不燃性1.00	可燃性0.50	可燃性
民用建筑/厂房和仓库疏散楼梯		不燃性1.50	不燃性1.00	不燃性0.50/不燃性0.75	可燃性
吊顶（包括吊顶搁栅）		不燃性0.25	难燃性0.25	难燃性0.15	可燃性

（2）按工程等级分级

建筑按其重要程度、规模及使用要求的不同，分为特级、一级、二级、三级、四级、五级6个级别，具体划分见表1.4。

表1.4　建筑的工程等级

工程等级	工程特征	工程范围举例
特级	1.国家重点项目或以国际性活动为主的特高级大型公共建筑 2.有全国性纪念意义或技术要求特别复杂的中小型公共建筑 3.30层以上建筑 4.空间高大有声光等特殊要求的建筑	国宾馆、国家大会堂、国际会议中心、国际体育中心、国际贸易中心、国际大型空港重要纪念建筑、国家级图书馆、博物馆、美术馆、剧院、音乐厅等
一级	1.高级大型公共建筑 2.有地区性历史意义或技术要求的中小型公共建筑 3.16～29层或超过50 m高的公共建筑	高级宾馆（招待所）、旅游宾馆、省级展览馆、博物馆、图书馆、高级公堂、不小于300床位医院、大型门诊楼、大中型体育馆、室内游泳馆、大城市火车站、候机楼等

工程等级	工程特征	工程范围举例
二级	1. 中高级、大中型公共建筑 2. 技术要求较高的中小型建筑 3. 16~29 层住宅	大专院校教学楼、档案楼、电影院、部省级机关办公楼、300 床位以下医院、地市级图书馆、文化馆、俱乐部、报告厅、风雨操场、中等城市火车站、高级小住宅等
三级	1. 中级、中型公共建筑 2. 7~15 层有电梯住宅或框架结构的建筑	重点中学、中等专科学校教学楼、实验楼，电教楼、社会旅馆、招待所、浴室、门诊部、托儿所、综合服务楼、多层食堂、小型车站等
四级	1. 一般中小型公共建筑 2. 7 层以下住宅、宿舍及砖混结构建筑	一般办公楼、中小学教学楼、单层食堂、单层汽车站、粮站、杂货店、阅览室、理发室、水冲式公共厕所等
五级	一、二层单功能，一般小跨度建筑	—

有些同类建筑根据其规模和设施档次的不同也会分级。如涉外旅馆分一星到五星 5 个等级；剧场分特、甲、乙、丙 4 个等级；结构设计时，根据抗震烈度把建筑分成 4 个等级等。设计时应当根据建筑的实际情况，合理确定建筑的等级。

1.2　建筑设计的内容和过程

1.2.1　建筑设计的内容

任何一项工程，从拟订计划到建成使用都需要经历一个完整的工作过程，这个过程通常有编制计划任务书、选择建设用地、场地勘测、设计、施工、工程验收及交付使用等几个阶段。设计工作是其中极为重要的阶段，具有较强的政策性和综合性。通过设计，把建设方所提出的设计要求，编制成能够全面清楚地表达房屋整体和局部的空间关系和形象，并有完善配套设施的全套图纸文件。

设计的全部工作包括建筑设计、结构设计、设备设计等几个方面的内容。

（1）建筑设计

建筑设计是在总体规划的前提下，根据设计任务书的要求，对基地环境、使用功能、结构形式、施工条件、材料设备、建筑经济及建筑艺术等各方面的条件和要求进行综合考虑后，作出的平面关系、空间关系和造型的设计。所设计的建筑物必须满足新的建筑方针要求，即"适用、经济、绿色、美观"。

建筑设计包括总体设计和单体设计，在整个工程设计中起着主导和先行的作用。建筑设计一般由建筑师完成。

（2）结构设计

结构设计主要是根据建筑设计选择合理的结构方案并进行结构计算，进而作结构布置和构件设计。结构设计由结构工程师完成。

（3）设备设计

设备设计主要包括建筑物的给水排水、电气照明、采暖通风等方面的设计,由相关专业的工程师配合完成。

上述建筑、结构、设备几个方面的设计工作既有分工,又相互配合,共同构成建筑工程设计的整体,各专业设计的图纸、说明书、计算书等汇总在一起,就构成一套建筑工程设计的完整文件,作为建筑工程施工的依据。

1.2.2　建筑设计的过程

（1）设计前的准备工作

设计是一项复杂而细致的工作,要涉及许多方面的问题,同时要受到许多条件的制约。为了保证设计质量,动手做设计前必须做好充分准备,准备工作包括熟悉设计任务书、调查研究,收集必要的设计基础资料等。

1）熟悉设计任务书

设计任务书是工程项目建设标准,是由甲方（建设单位）向上级主管部门呈报的工程建设文件,一般包括以下内容:

①建设项目的用途、规模等总体要求;

②建设项目的房间组成和面积分配;

③建设项目的投资和单方造价;

④建设基地的范围、大小、形状,原有建筑及道路现状,并附地形测量图;

⑤供水、供电和采暖、通风、电信、消防等设备方面的要求;

⑥设计期限和项目的建设进程安排。

设计人员在着手进行设计之前,必须认真对照有关定额指标,校核任务书中使用面积、单方造价等内容,并可以针对建设项目的具体情况,从合理解决使用功能,满足使用要求,节省投资出发,对任务书提出合理的修改或补充,但应征得建设单位的同意。

2）调查研究,收集设计原始资料

通常建设单位提出的设计任务书,主要是对使用要求、建设规模、工程造价和进度等方面考虑较多,设计人员除熟悉任务书的要求之外,还需要通过调查研究收集必要的原始数据和设计资料,主要包括:

①了解项目所在地区的气象、水文、地质资料,如温湿度、日照、雨雪、风向和风速、冻土深度、地形标高、土壤种类及承载力、地下水位、地震烈度等;

②了解水、电等设备管线资料,如基地地下的给排水、电缆等管线布置,以及基地上空是否有架空线路等;

③了解施工技术条件及建筑材料供应情况,如当地可能采用的施工技术、构件预制能力、起重运输设备等条件,以及地方建筑材料的种类、性能、价格等;

④走访了解已建同类建筑的实际使用情况,通过分析和总结,全面掌握所设计项目的特点和要求,做到胸有成竹;

⑤到建设基地进行现场踏勘,对照地形图深入了解基地的地形、地貌、周围环境对项目设计的影响,并考虑拟建房屋的位置和总图布局的可能性;

⑥了解当地的文化传统、生活习惯、风土人情和建筑经验,用作设计中的素材和借鉴。

（2）设计阶段的划分

按《建筑工程设计文件编制深度规定》（2016版）的规定，建筑工程一般应分为方案设计、初步设计和施工图设计三个阶段。对技术要求相对简单的民用建筑工程，经有关主管部门同意，且合同中没有做初步设计的约定时，可在方案设计审批后直接进入施工图设计。

三个设计阶段的内容和文件编制要求分述如下：

1）方案设计

方案设计是供建设单位和主管部门审阅、选择而提供的设计文件，也是编制初步设计文件的依据。它的主要任务是提出设计方案，即根据设计任务书的要求和收集到的必要基础资料，结合基地环境，综合考虑技术经济条件和建筑艺术的要求，对建筑风格、总体布置、空间组合进行合理的安排，提出两个或多个方案，供建设单位选择。

方案设计文件应满足编制施工图设计文件和初步设计审批的需要，主要包括设计说明书、设计图纸和透视图等，具体的图纸和文件有：

①设计说明书，含各专业设计说明以及投资估算、建筑节能设计专项说明。

②总平面图以及建筑设计图纸。

③设计委托或设计合同中规定的透视图、鸟瞰图、模型等。

2）初步设计

在方案设计完成以后，建筑、结构、设备（水、暖、通风、电气等）、工艺等专业的技术人员应进一步解决各专业之间在技术方面存在的矛盾，互提要求，反复磋商，取得各专业的协调统一，并对方案进行充实完善，综合成为较理想的方案，为各专业的施工图设计打下基础。

初步设计应满足编制初步设计文件和方案审批或报批的需要，图纸和文件一般包括设计说明书、设计图纸、主要设备材料表和工程概算等四部分，具体的图纸和文件有：

①设计说明书：设计的主要依据，设计意图及方案特点，建筑结构方案及构造特点，主要建筑材料及装修标准，主要技术经济指标等。

②建筑总平面图：比例1:1 000～1:500，应表示出用地范围，建筑物平面形状和位置、大小，设计层数及标高，道路及绿化布置。地形复杂时，应表示出粗略的竖向设计意图。

③各层平面图、剖面图、立面图：比例1:200～1:100，应表示出建筑物各主要控制尺寸，如总尺寸、开间、进深、层高等，同时应标注标高，表示门窗位置，室内固定设备及有特殊要求的厅、室的具体布置和立面处理、结构方案及材料选用等。

④工程概算书：建筑物投资估算，主要材料用量及单位消耗量。

⑤大型民用建筑及其他重要工程，必要时可绘制透视图、鸟瞰图或制作建筑模型。

3）施工图设计

施工图设计是建筑设计的最后阶段，是提交施工单位进行施工的设计文件，必须根据上级主管部门审批同意的初步设计（或技术设计）进行施工图设计。

施工图设计的主要任务是满足施工要求，即在初步设计或技术设计的基础上，综合建筑、结构、设备各工种，相互交底、核实核对，深入了解材料供应、施工技术、设备等条件，把满足工程施工的各项具体要求反映在图纸中，做到整套图纸齐全统一，明确无误。

施工图设计应满足设备材料采购、非标准设备制作和施工的需要，内容包括建筑、结构、给排水、电气、电讯、采暖、空调通风、消防等工种的设计图纸、说明书，结构及设备的计算书和工程预算书。具体图纸和文件有：

①建筑总平面图:比例1:1 000～1:500。应准确表示建筑用地范围,建筑物及室外工程(道路、铺地、围墙、大门、挡土墙等)的位置,尺寸和标高,建筑小品,绿化美化设施的布置,并附技术经济指标和必要的说明及详图,地形及工程复杂时还应绘制竖向设计图。

②建筑物各层平面图、立面图、剖面图:比例1:200～1:100。除表达初步设计或技术设计的内容以外,还应详细标出门窗洞口、墙段尺寸及必要的细部尺寸、详图索引。

③建筑构造详图:包括平面节点、檐口、墙身、阳台、楼梯、门窗、室内装修、立面装修等详图,应详细表示各部分构件关系、材料尺寸及具体做法,并附必要的文字说明。根据表达需要,详图比例可分别选用1:50、1:20、1:10、1:5、1:2、1:1等。

④各工种相应配套的施工图纸,如结构工种的基础平面图、结构布置图、钢筋混凝土柱、梁、板、楼梯等构件详图,设备工种的水、电平面图及系统图,建筑防雷接地平面图等。

⑤设计说明书:包括施工图设计依据、设计面积的规模、标高定位、材料选用等。

⑥计算书:包括节能计算书、结构计算书和设备计算书等图纸的补充说明等。

此外,对大型的、技术复杂的建筑工程设计,需要在初步设计和施工图设计阶段之间增加技术设计阶段。技术设计是初步设计具体化的阶段,也是各种技术问题的定案阶段。技术设计的主要任务是在初步设计的基础上进一步解决各种技术问题,协调各工种之间技术上的矛盾。经批准后的技术设计图纸和文件是编制施工图、主要材料设备订货及工程拨款的依据。

技术设计的图纸和文件与初步设计大致相同,但更详细些。具体内容包括建筑物整体和各个局部确切的尺寸关系,内外装修的初步设计,结构的初步计算和布置,各种构造和材料的确定,各种设备系统的初步计算和设计,各技术工种之间种种矛盾的合理解决等。这些工作都是在有关各技术工种共同商议之下进行的,并应相互认可。如前所述,对不太复杂的工程,技术设计阶段可以省略。

1.3　建筑设计的要求和依据

1.3.1　建筑设计的要求

(1)满足建筑功能要求

建筑的功能是为人们的工作和生活创造良好的环境,是建筑设计的首要任务。例如,设计学校,首先要考虑满足教学活动的需要,教室设置应分班合理,采光通风良好,同时还要合理安排教师备课、办公、储藏和厕所等行政管理和辅助用房,并配置体育场和室外活动场地等。

(2)具有良好的经济效益

建造房屋是一个复杂的物质生产过程,需要投入大量的人力、物力和资金,在房屋的设计和建造中,要尽量做到节省劳动力,节约建筑材料和资金。设计和建造房屋要有周密的计划和核算,重视经济领域的客观规律,讲究经济效益。房屋设计的使用要求和技术措施,要和相应的造价、建筑标准统一起来。正确选用建筑材料,合理选择结构方案,合理采用施工措施,是节约投资的有效途径。例如近年来,我国设计建造的一些覆盖面积较大的体育馆,由于屋顶采用空间网架结构和整体提升的施工方法,既节省了建筑物的用钢量,也缩短了施工期限。

（3）考虑建筑美观要求

建筑物是社会的物质和文化财富，在满足使用要求的同时，还需要考虑人们对建筑物在美观方面的要求，考虑建筑物所赋予人们精神上的感受。建筑设计既是技术工作，也是艺术创作，要努力创造具有我国时代精神的建筑形象。历史上创造的具有时代印记和特色的各种建筑形象，往往是国家、民族文化传统宝库中的重要组成部分。

（4）符合总体规划要求

单体建筑是总体规划中的组成部分，单体建筑应符合总体规划提出的要求。建筑物的设计，还要充分考虑和周围环境的关系，如原有建筑、道路走向、基地状况、环境绿化等方面和拟建建筑物的关系（新设计的单体建筑除内部使用方便之外，还应与周围环境构成协调的室外空间组合，形成良好的室外空间环境，为所在环境增色）。

1.3.2 建筑设计的依据

（1）使用功能

1）人体尺度及人体活动所需的空间尺度

人体尺度及人体活动所需的空间尺度是确定民用建筑内部各种空间尺度的主要依据之一。比如门洞、窗台及栏杆的高度，走道、楼梯、踏步的高宽，家具设备尺寸，以及建筑内部使用空间的尺度等都与人体尺度及人体活动所需的空间尺度直接或间接有关。人体尺度和人体活动所需的空间尺度示例如图1.3所示。

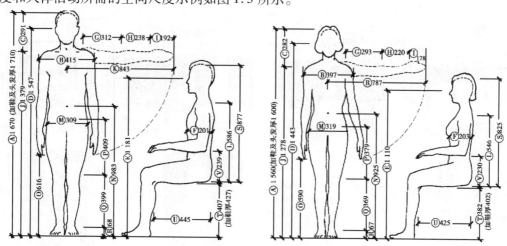

图1.3 人体尺度和人体活动所属的空间尺度示例

2）家具、设备尺寸和使用它们所需的必要空间

房间内家具设备的尺寸，以及人们使用它们所需活动空间是确定房间内部使用面积的重要依据。图1.4为居住建筑常用家具基本尺寸示例。

（2）自然条件

1）气象条件

建设地区的温度、湿度、日照、雨雪、风向、风速等是建筑设计的重要依据，对建筑设计有较大的影响。炎热地区的建筑应考虑隔热、通风、遮阳，建筑处理较为开敞；寒冷地区则应考虑防寒保温，建筑处理较为封闭；雨量较大的地区要特别注意屋顶形式、屋面排水方案的选择，以及

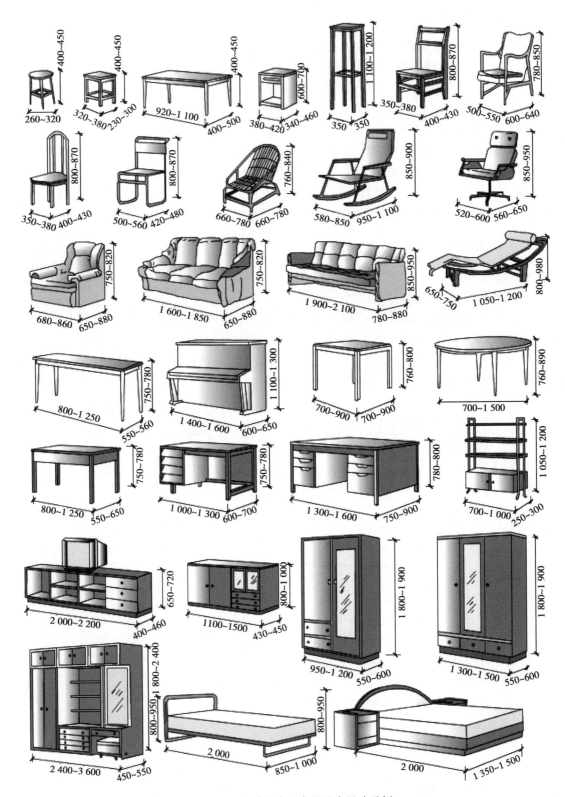

图 1.4　居住建筑常用家具基本尺寸示例

屋面防水构造的处理;在确定建筑物间距及朝向时,还应考虑当地日照情况及主导风向等因素。此外,风速还是高层建筑、电视塔等设计中考虑结构布置和建筑体型的重要因素。

图 1.5 为我国部分城市的风向频率玫瑰图,即风玫瑰图。玫瑰图上的风向是指由外吹向地区中心的风的来向,比如由北吹向中心的风称为北风。风玫瑰图是依据该地区多年来统计的各个方向吹风的平均日数的百分数按比例绘制而成,一般用 16 个罗盘方位表示。

2)地形、地质及地震烈度

基地地形平缓或起伏,基地的地质构成、土壤特性和地耐力的大小,对建筑物的平面组合、结构布置、建筑构造处理和建筑体型都有明显的影响。坡度陡的地形,常使房屋结合地形采用错层、吊层或依山就势等较为自由的组合方式。复杂的地质条件,要求房屋的构成和基础的设置采取相应的结构与构造措施。

地震烈度表示当发生地震时,地面及建筑物遭受破坏的程度。烈度在 6 度以下时,地震对建筑物影响较小,一般可不考虑抗震措施。9 度以上地区,地震破坏力很大,一般应尽量避免在该地区建造房屋。因此,按《建筑抗震设计规范(2024 版)》(GB/T 50011—2010)中有关规定及《中国地震动参数区划图》(GB 18306—2015)的规定,地震烈度为 6 度、7 度、8 度、9 度的地区均须进行抗震设计。

3)水文

水文条件是指地下水位的高低及地下水的性质,水文条件会直接影响到建筑物基础及地下室。一般应根据地下水位的高低及地下水性质确定是否在该地区建造房屋或采用相应的防水和防腐蚀措施。

1.4 建筑模数与尺寸定位

1.4.1 建筑模数种类

为了使建筑制品、建筑构配件和组合件实现工业化大规模生产,使不同材料、不同形式和不同制式的建筑构配件、组合件具有较大的通用性和互换性,以加快设计速度、提高施工质量和效率,降低建筑造价,国家制定了《建筑模数协调标准》(GB/T 50002—2013)。

(1)基本模数

基本模数是模数协调中的基本尺寸单位,其数值规定为 100 mm,符号为 M,即 1M = 100 mm。整个建筑物和建筑物的一部分以及建筑部件的模数化尺寸,应是基本模数的倍数,目前世界上绝大部分国家均采用 100 mm 为基本模数值。

(2)导出模数

导出模数分为扩大模数和分模数,其基数应符合下列规定:

①扩大模数,指基本模数的整倍数,扩大模数应为 2M、3M、6M、9M、12M……

②分模数,指基本模数的分数值,分模数的基数为 M/10、M/5、M/2 共 3 个,其相应的尺寸为 10、20、50 mm。

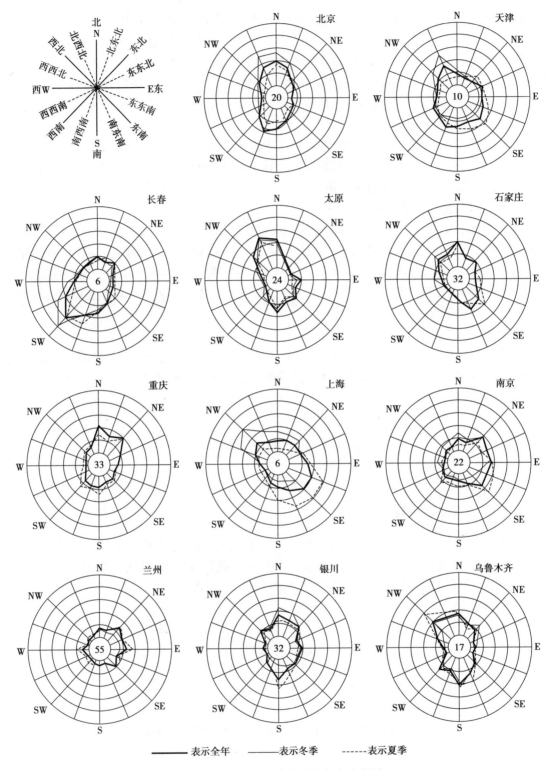

图 1.5 我国部分城市的风向频率玫瑰图

1.4.2 模数数列

模数数列按照功能性和经济性原则进行确定,包括水平基本模数、竖向基本模数和分模数三类,各项类别的具体内容如下:

①水平基本模数,包含水平基本模数和水平扩大模数数列,适用范围为建筑物的开间或柱距,进深或跨度以及梁、板、隔墙和门窗洞口宽度等分部件的截面尺寸,且水平扩大模数数列宜采用 $2n\text{M}$、$3n\text{M}$(n 为自然数);

②竖向基本模数,包含竖向基本模数和竖向扩大模数数列,适用于建筑物的高度、层高和门窗洞口高度等,且竖向扩大模数数列宜采用 $n\text{M}$;

③分模数、构造节点和分部件的接口尺寸等宜采用分模数数列,且分模数数列宜采用 M/10、M/5、M/2。

1.4.3 模数协调原则

(1)模数网格

模数网格可由正交、斜交或弧线的网格基准线(面)构成(图 1.6),连续基准线(面)之间的距离应符合模数,不同方向连续基准线(面)之间的距离可采用非等距的模数数列(图1.7)。模数网格可采用单线网格,也可采用双线网格(图 1.8)。

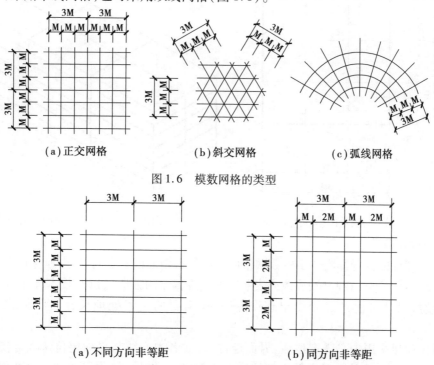

(a)正交网格   (b)斜交网格   (c)弧线网格

图 1.6 模数网格的类型

(a)不同方向非等距   (b)同方向非等距

图 1.7 模数数列非等距的模数网格

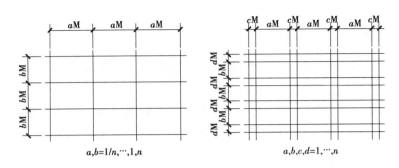

图1.8 单线模数网格和双线模数网格

对模数网格的选用也有其相应的规定。结构网格宜采用扩大模数网格,且优先尺寸应为 $2n$M,$3n$M 模数系列;装修网格宜采用基本模数网格或分模数网格;隔墙、固定厨具、设备、管件等部件宜采用基本模数网格;构造做法、接口、填充键等分部件宜采用分模数网格。分模数的优先尺寸应为 M/2,M/5。相邻网格基准线(面)之间的距离可采用基本模数、扩大模数或分模数,对应的模数网格分别称为基本模数网格、扩大模数网格和分模数网格(图1.9)。而对模数网格在三维坐标空间中构成的模数空间网格,其不同方向的模数网格可采用不同的模数(图1.10)。

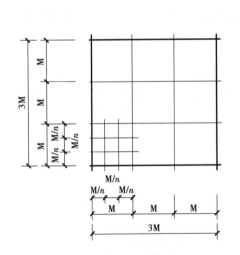

图1.9 采用不同模数的模数网络

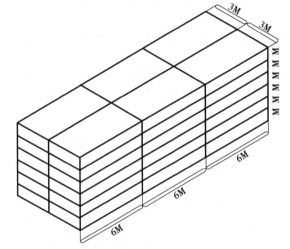

图1.10 非等距模数数列在模数空间网格中的应用示例

(2)部件定位

每一个部件的位置都应位于模数网格内。部件占用的模数空间尺寸,应包括部件尺寸、部件公差(部件或分部件在制作、放线或安装时的允许偏差的数值),以及技术尺寸(模数尺寸条件下,非模数尺寸或生产过程中出现误差时,所需要的技术处理尺寸)所必需的空间(图1.11)。

部件定位可采用中心线定位法、界面定位法,或者中心线与界面定位法混合使用的方法(图1.12)。定位方法的选择应符合部件受力合理、生产方便、优化尺寸和减少部件种类的需要,满足部件的互换、位置可变的要求,并且应优先保证部件安装空间符合模数,或满足1个及以上部件净空尺寸符合模数。

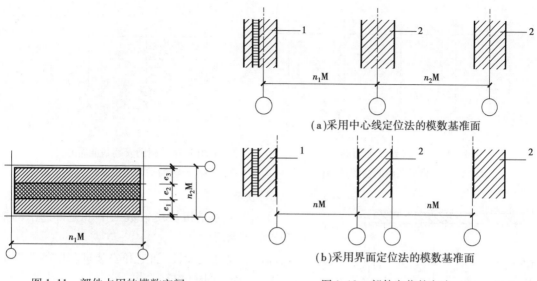

（a）采用中心线定位法的模数基准面

（b）采用界面定位法的模数基准面

图 1.11　部件占用的模数空间

e_1,e_2,e_3—部件尺寸（可为模数尺寸或

非模数尺寸）；n_1M,n_2M—模数占用空间

图 1.12　部件定位的方法

1—外墙；2—柱、墙等部件

确定部件的基准面也有其相应的规定内容。两个以上的基准面相互平行或者正交、斜交时应标出基准面之间夹角的大小；两个基准面之间的距离应符合模数要求，同一功能部位部件基准面的确定方法应统一（图 1.13）；相互关联的部件应根据与部件基准面的相对位置关系设置部件的调整面（图 1.14）。

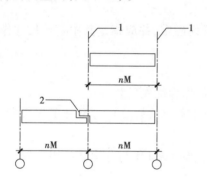

图 1.13　同一功能部位部件基准面的确定

1—基准面；2—调整面

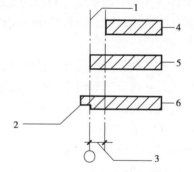

图 1.14　部件基准面与调整面

1—基准面；2—调整面；3—装配空间；

4—基准面与调整面存在转配空间；

5—基准面与调整面一致；6—调整面超过基准面

部件的安装应根据设立的安装基准面进行。安装基准面的确定应符合下列规定：

多个安装基准面平行排列时，应以其中一个安装基准面为初始基准面，其他安装基准面应按与初始基准面的相对距离确定自身所在的位置（图 1.15）；两个安装基准面之间可根据需要插入辅助基准面，辅助基准面应在安装基准面确定后设立（图 1.16）。

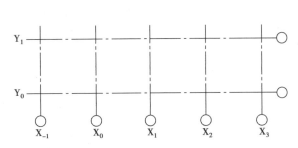

图 1.15　多个安装基准面的定位

X_0，Y_0—安装基准面的初始基准面

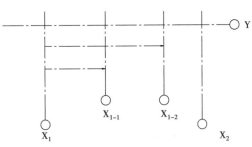

图 1.16　辅助安装基准面的设立

X_{1-1}，X_{1-2}—辅助安装基准面；X_1，X_2—基准面

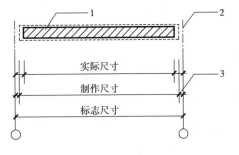

图 1.17　部件的尺寸

1—部件；2—基准面；3—装配空间

(3)优先尺寸

1)优先尺寸是指从模数数列中事先排选出的模数和扩大模数尺寸

部件的尺寸在设计、加工和安装过程中的关系应符合下列规定(图 1.17)：

①部件的标志尺寸应根据部件安装的互换性确定，并应采用优先尺寸系列。

②部件的制作尺寸应由标志尺寸和安装公差决定。

③部件的实际尺寸与制作尺寸之间应满足制作公差的要求。

2)部件优先尺寸的确定应符合的规定

①部件的优先尺寸应由部件中通用性强的尺寸系列确定，并应指定其中若干尺寸作为优先尺寸系列。

②部件基准面之间的尺寸应选用优先尺寸。

③优先尺寸可分解和组合，分解或组合后的尺寸可作为优先尺寸。

④承重墙和外围护墙厚度的优先尺寸系列宜根据 1M 的倍数及其与 M/2 的组合确定，宜为 150 mm、200 mm、250 mm、300 mm。

⑤内隔墙和管道井墙厚度优先尺寸系列宜根据分模数或 1M 与分模数的组合确定，宜为 50 mm、100 mm、150 mm。

⑥层高和室内净高的优先尺寸系列宜为 $n\mathrm{M}$。

⑦柱、梁截面的优先尺寸系列宜根据 1M 的倍数与 M/2 的组合确定。

⑧门窗洞口水平、垂直方向定位的优先尺寸系列宜为 $n\mathrm{M}$。

1.4.4　模数网格协调

部件在单线网格中的定位应采用中心线定位法(图 1.18)或界面定位法(图 1.19)，而当在双线网格中，其定位采用界面定位法(图 1.20)，若部件同时在双线网格和单线网格中混合使用，那么，其定位可采用中心线定位法或界面定位法，或同时使用两种定位方法。

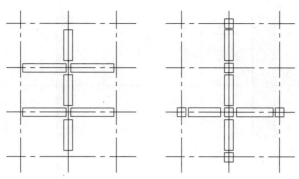

图 1.18 单线网格中的中心线定位法

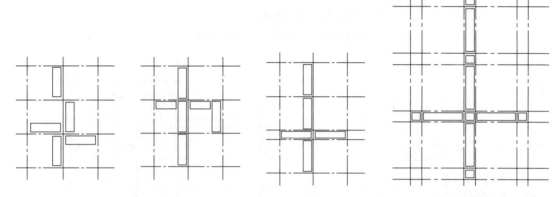

图 1.19 单线网格中的界面定位法　　　　图 1.20 双线网格中的界面定位法

①部件与模数网格或模数网格之间的调整宜符合下列规定：

a.部件与模数网格间的关系协调可从中心定位面开始，也可从界面定位面开始。单线网格的调整宜从部件的中心位置开始，双线网格宜从部件的面开始；

b.在同一建筑中，可采用多个模数网格，各模数网格间可重叠、交叉、中断，且互相可不平行，原点可相互独立；

c.模数网格间可用中断区调整两个或两个以上模数网格之间的关系，网格中断区可是模数的，也可是非模数的（图 1.21、图 1.22）。

②部件所占空间的模数协调应按下列规定进行处理：

a.需要装配并填满模数部件的空间，应优先保证为模数空间；

b.不需要填满或不严格要求填满模数部件的空间，可以是非模数空间；

c.当模数部件用于填满非模数空间时，应采用技术尺寸空间处理。

③部件安装后剩余空间的模数协调应按下列规定进行处理：

a.部件根据安装基准面定位时，应优先保证剩余空间为模数空间；

b.在模数空间中，上道工序部件的安装应为下道工序留出模数空间，下道工序安装部件的标志尺寸应符合模数空间的要求（图 1.23）。

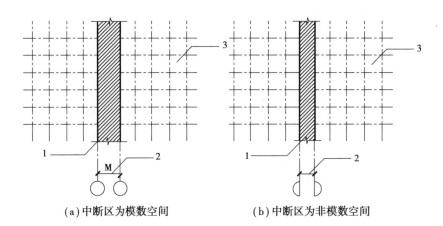

(a)中断区为模数空间　　　　　(b)中断区为非模数空间

图 1.21　模数网格中断区
1—分隔部件;2—中断区;3—模数网格

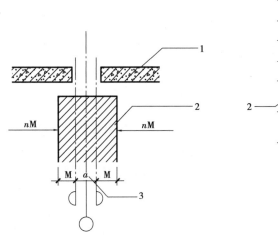

图 1.22　模数网格中断区
1—水平部件;2—垂直部件(承重支点);
3—非模间隔中断区

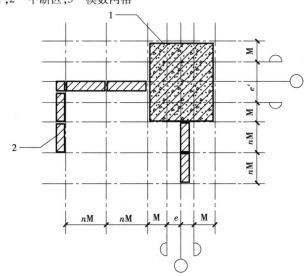

图 1.23　部件所占空间的模数协调
1—结构柱;2—墙板;e,e'—模数中断区

小　结

1.建筑是指建筑物与构筑物的总称,是人工创造的空间环境,直接供人使用的建筑是建筑物,不直接供人使用的建筑物是构筑物。建筑既是一门科学,同时又是一门艺术。

2.建筑功能、建筑技术和建筑形象构成建筑的三个基本要素,三者之间是辩证统一的关系。

3.建筑物按照其使用性质分为工业建筑、农业建筑和民用建筑。按照民用建筑的使用功能分为居住建筑和公共建筑,按规模和数量大小分为大量性建筑和大型性建筑,按照层数分为低层、多层、高层和超高层建筑。建筑的耐久年限分类分为四级,分级的依据是主体结构确定的耐久年限。

4.建筑设计是指设计一个建筑物和建筑群体所做的工作,一般包括建筑设计、结构设计、设备设计等几方面内容。建筑设计由建筑师完成,建筑师是龙头,常常处于主导地位。

5.建筑设计是有一定程序和要求的工作,因此设计工作必须按照其设计程序和设计要求做好设计的过程工作,对收集资料、初步设计、技术设计、施工图设计等几个阶段,应根据工程规模大小、难易程度而定。

6.建筑设计的依据是做好建筑设计的关键,是满足使用功能、体现以人为本的原则,同时又是创造出良好的室内外空间环境,合理的技术和经济指标的基础,这些依据主要有使用功能和自然条件两方面的因素。

7.《建筑模数协调标准》(GB/T 50002—2013)是为了实现建筑工业化大规模生产,推进建筑工业化的发展而制定出的。其主要内容包括建筑模数、基本模数、导出模数、模数数列以及模数数列的适用范围。

复习思考题

1.建筑的含义是什么?构成建筑的基本要素是什么?

2.什么叫大量性建筑和大型性建筑?低层、多层、高层建筑按什么界限进行划分?

3.建筑的耐久等级如何划分?

4.两阶段设计与三阶段设计的含义和适用范围是什么?

5.建筑工程设计包括哪几方面的内容?

6.实行建筑模数协调标准的意义何在?基本模数、扩大模数、分模数的含义和适用范围是什么?

7.模数网格的类型有哪些?部件尺寸、部件公差、技术尺寸的含义是什么?

8.对模数网格的选用有哪些规定?

9.部件定位的方法有哪些?怎样确定部件的基准面?

10.部件与模数网格或模数网格之间的调整有哪些规定?

11.部件所占空间的模数协调处理的方式有哪些?

12.怎样处理部件安装后剩余空间的模数协调?

13.我国新的建筑方针是什么?

第 **2** 章

建筑平面设计

建筑物是由若干单体空间有机地组合起来的整体空间,任何空间都具有三个方向的度量关系。因此,在进行建筑设计的过程中,人们常从平面、剖面、立面三个不同方向的投影来综合分析建筑物的各种特征,并通过相应的图示来表达其设计意图。

建筑的平面、剖面、立面设计三者是密切联系而又互相制约的。平面设计是关键,它集中反映了建筑平面各组成部分的特征及其相互关系,同时还不同程度地反映了建筑空间艺术构思及结构布置关系等。一些简单的民用建筑如办公楼、单元式住宅等,其平面布置基本上能反映建筑的空间组合关系。因此,在进行方案设计时,通常则是先从平面入手,同时认真分析剖面及立面的可能性和合理性,及其对平面设计的影响。只有综合考虑平、立、剖三者的关系,按完整的三度空间概念去进行设计,才能做出好的建筑设计。

民用建筑类型繁多,各类建筑房间的使用性质和组成类型也不相同。无论是由几个房间组成的小型建筑物或由几十个甚至上百个房间组成的大型建筑物,从组成平面各部分的使用性质来分析,均可归纳为以下两个组成部分,即使用部分和交通联系部分。

（1）使用部分

使用部分是指各类建筑物中的使用房间,包括主要房间和辅助房间。

主要房间是建筑物的基本空间,由于它们的使用要求不同,形成了不同类型的建筑物,如住宅中的起居室、卧室,教学楼中的教室、办公室,商业建筑中的营业厅,影剧院的观众厅等。

辅助房间是为主要房间配套设置的,与主要房间相比,属于建筑物的次要部分,如公共建筑中的卫生间、储藏室及其他服务性房间,住宅建筑中的厨房、厕所,一些建筑物中的储藏室及各种电气、给排水、采暖、空调通风、消防等设备用房。

（2）交通联系部分

交通联系部分是各类建筑物中各房间之间、楼层之间和室内外之间联系通行的空间,如门厅、走道、楼梯间、电梯间等。

图2.1是某庭院式中学教学楼平面图。该教学楼平面通过中部的天井、门厅和楼梯将各部分连接成有机整体。教室、办公室、实验室、礼堂兼风雨操场显然是主要房间,而男女厕所是辅助房间,门厅、楼梯间、走道则起着交通联系的作用。

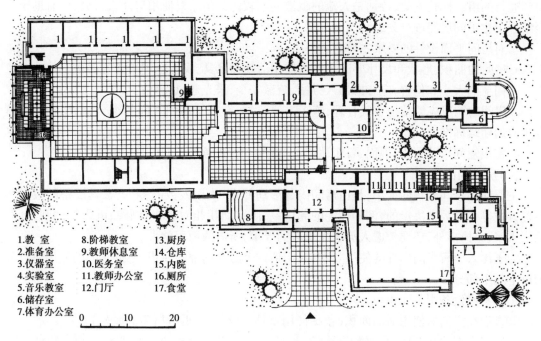

1.教　室　　　8.阶梯教室　　13.厨房
2.准备室　　　9.教师休息室　14.仓库
3.仪器室　　　10.医务室　　　15.内院
4.实验室　　　11.教师办公室　16.厕所
5.音乐教室　　12.门厅　　　　17.食堂
6.储存室
7.体育办公室

图2.1　某庭院式中学教学楼平面图

建筑物的平面面积,除了使用部分和交通联系部分所占面积之外,还有房屋构件所占的面积,即构成房屋承重系统、分隔平面各组成部分的墙、柱以及隔断等构件所占的面积。

以上几个部分由于使用功能不同,在房间设计及平面布置上均有不同,设计中应根据不同要求区别对待,采用不同的方法。建筑平面设计的任务,就是充分研究几个部分的特征和相互关系,以及平面与周围环境的关系,在各种复杂的关系中找出平面设计的规律,使建筑能满足功能、技术、经济、美观的要求。

建筑平面设计包括单个房间平面设计及平面组合设计。

2.1　使用部分的平面设计

建筑物使用部分的各类房间,是构成建筑物的基本单元,单个房间的设计是建筑平面设计的基础。

2.1.1　主要房间的设计

(1)房间的分类和设计要求

①从房间的功能要求来分类有:

a.生活用房:居住建筑中的起居室、卧室等;

b.工作学习用房:各类建筑中的办公室、值班室,学校的教室、实验室等;

c.公共活动用房:商场的营业厅,剧院、电影院的观众厅、休息厅等。

一般说来,生活、工作和学习用房要求安静,少干扰,由于人们在其中停留时间相对较长,因此希望能有较好的朝向;公共活动用房的主要特点是人流比较集中,进出频繁,因此人们活动和通行的组织比较重要,特别是人流的疏散问题较为突出。对使用房间进行分类,有助于平面组合中对不同房间进行分组和功能分区。

②对房间平面设计的要求主要有:

a. 房间的面积、形状和尺寸要满足室内使用活动和家具、设备合理布置的要求;

b. 门窗的大小和位置,应考虑出入方便,疏散安全,采光通风良好;

c. 房间的构成应使结构布置合理,施工方便,也要有利于房间之间的组合,所用材料要符合相应的建筑标准;

d. 室内空间以及顶棚、地面、各个墙面和构件细部,要考虑人们的使用和审美要求。

(2)房间的面积

主要使用房间面积的大小,是由房间内部活动特点、使用人数的多少、家具设备的数量和布置方式等多种因素决定的,例如住宅的起居室、卧室面积相对较小;剧院、电影院的观众厅,除了人多、座椅多外,还要考虑人流迅速疏散的要求,所需的面积就大。

为了深入分析房间内部的使用要求,我们把一个房间内部的面积,根据它们的使用特点分为以下几个部分:

①家具或设备所占面积。

②人们在室内的使用活动面积(包括使用家具及设备时,近旁所需的面积)。

③房间内部的交通面积。

图2.2为教室和住宅卧室中室内使用面积分析示意图。

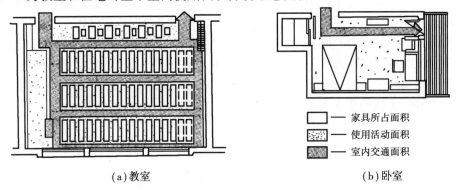

(a)教室   (b)卧室

图2.2　教室和住宅卧室中室内使用面积分析示意图

影响房间面积大小的因素概括起来有以下几点:

1)容纳人数

从图2.2中我们看出房间面积大小与使用要求有关。无论是家具设备所需的面积还是人们活动及交通面积,都与房间的规模及容纳人数有关。如设计一个教室,就必须首先弄清教室的规模,容纳多少学生上课、布置多少课桌椅;确定餐厅的面积大小则主要取决于就餐人数及就餐方式;而图书馆的书库面积大小决定于藏书的册数等。一般说来,规模大、容纳人数多的房间,面积也需要大些。

在实际工作中,房间面积的确定主要是依据我国有关部门及各地区制订的面积定额指标。根据房间的容纳人数及面积定额就可以得出房间的总面积。应当指出:每人所需的面积除面积定额指标外,还需要通过调查研究并结合建筑物的标准综合考虑。表2.1是部分民用建筑房间面积定额参考指标。

表 2.1　部分民用建筑房间面积定额参考指标

项　目 建筑类型	房间名称	面积定额/(m²·人⁻¹)	备　注
中小学	普通教室	1.36 ~ 1.39	小学取下限
办公楼	一般办公室	4.0	—
	会议室	1.0	无会议桌
		2.0	有会议桌
铁路旅客站	普通候车室	1.1 ~ 1.3	—
图书馆	普通阅览室	1.8 ~ 2.5	4 ~ 6 座双面阅览桌

有些建筑的房间面积指标未作规定,使用人数也不固定,如展览室、营业厅等,这就要求设计人员根据设计任务书的要求,对同类型、规模相近的建筑进行调查研究,充分掌握使用特点,结合经济条件,通过分析比较得出合理的房间面积。

2)家具设备及人们使用活动面积

任何房间为满足使用要求,都需要合理布置一定数量的家具、设备。如卧室中的床、桌椅、衣柜等;陈列室中的展板、陈列台、陈列柜等;教室中的课桌椅、黑板、讲台等;卫生间中的大小便器、洗脸盆等。这些家具、设备的数量和布置方式以及人们使用它们所需的活动面积,直接影响房间使用面积的大小。

(3)房间的形状

民用建筑常见的房间形状有矩形、方形、多边形、圆形等。在具体设计中,应从使用要求、结构形式、经济条件、美观等方面综合考虑,选择合适的房间形状。一般民用建筑的房间形状常采用矩形,其主要原因如下:

①矩形平面体型简单,墙体平直,便于家具布置和设备的安排,使用上能充分利用室内有效面积,有较大的灵活性。

②矩形平面结构布置简单,便于施工。一般的民用建筑,常采用墙体承重的梁板构件布置。以中小学教室为例,矩形平面的教室由于进深和面宽较大,如采用预制构件,结构布置方式通常是横墙承重,即纵墙搁梁,楼板支承在大梁和横墙上,这种方式有利于统一构件类型,简化施工工序,提高经济效益。对面积较小的房间,则结构布置更为简单,可将同一长度的板直接支承在横墙或纵墙上。

③矩形平面便于统一开间、进深,有利于平面及空间的组合。如学校、办公楼、旅馆等建筑常采用矩形房间沿走道一侧或两侧布置,统一的开间和进深使建筑平面布置紧凑,用地经济。当房间面积较大时,为保证良好的采光和通风,常采用沿外墙长向布置的组合方式。

当然,矩形也不是唯一的平面形式。就中小学教室而言,在满足视听及通行要求的条件下,也可采用方形及六角形平面(图 2.3)。方形教室的优点是进深加大,长度缩短,外墙减少,交通线路也相应缩短,同时,方形教室缩短了最后一排的视距,视听条件有所改善,但为了保证水平视角的要求,前排两侧均不能布置课桌椅。

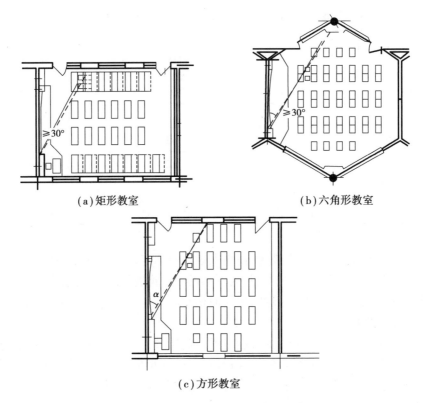

（a）矩形教室　　　　　　　　　（b）六角形教室

（c）方形教室

图 2.3　教室的平面形式及课桌椅的布置

对一些有特殊功能要求的房间如影剧院的观众厅、体育馆的比赛大厅等,则应根据其特殊的使用要求而采用合适的形状。观众厅或比赛大厅的平面形状一般有矩形、钟形、扇形、圆形、多边形等多种形状(图2.4)。

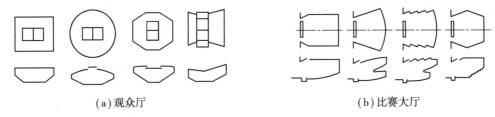

（a）观众厅　　　　　　　　　　　　　　　（b）比赛大厅

图 2.4　影剧院观众厅和体育馆比赛大厅的平面形状及剖面示意图

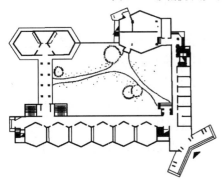

图 2.5　某小学平面图

房间形状的确定,不仅仅取决于功能、结构和施工条件,也要考虑房间的空间艺术效果。在空间组合设计中,常常将圆形、多边形及不规则形状的房间与矩形房间组合在一起,形成强烈的对比,丰富建筑造型。如图2.5所示的某小学平面图,教室、音乐教室、阅览室等采用六角形平面,使整个建筑显得生动活泼,富有朝气。

（4）房间的尺寸

房间尺寸是指房间的面宽和进深,而面宽常常是由一个或多个开间组成。在初步确定了房间的面积和形状之后,确定合适的房间尺寸便是一个重要问题了。房间的平面尺寸一般应从以下几方面进行综合考虑：

1）满足家具设备布置及人们活动要求

如卧室的平面尺寸应考虑床的大小、家具的相互关系、床位布置的灵活性。主要卧室要求床两个方向都可布置，因此开间尺寸应保证床横放后剩余的墙面还能开一扇门，常取 3.30 m；深度方向应考虑横竖两个床中间再加一个床头柜或衣柜，常取 3.90 ~ 4.50 m。小卧室考虑床竖放以后能开一扇门或放床头柜，开间尺寸常取 2.70 ~ 3.00 m（图 2.6）。医院病房主要是满足病床的布置及医护活动的要求，3 ~ 4 人的病房开间尺寸常取 3.30 ~ 3.60 m，6 ~ 8 人的病房开间尺寸常取 5.70 ~ 6.00 m（图 2.7）。

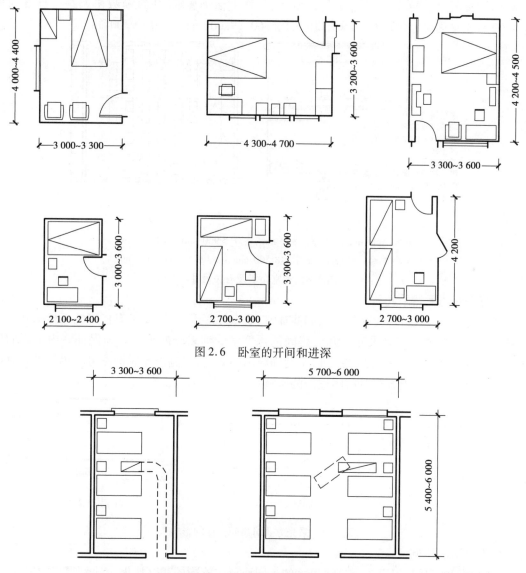

图 2.6　卧室的开间和进深

图 2.7　病房的开间和进深

2）满足视听要求

有的房间如教室、会堂、观众厅等的平面尺寸除满足家具设备布置及人们活动要求外，还应保证有良好的视听条件。为使前排两侧座位不致太偏,后面座位不致太远,必须根据水平视角、视距、垂直视角的要求,充分研究座位的排列,确定合适的房间尺寸。

从视听的功能考虑,教室布置及有关尺寸应满足以下的要求(图2.8):

①为防止第一排座位距黑板太近(垂直视角太小易造成学生近视),第一排座位距黑板的距离必须≥2.00 m,以保证垂直视角≥45°。

②为防止最后一排座位距黑板太远(视距过大影响学生的视觉和听觉),后排距黑板的距离不宜大于8.50 m。

③为避免学生过于斜视而影响视力,水平视角(即前排边座与黑板远端的视线夹角)应≥30°。按照以上要求,并结合家具设备布置、学生活动要求、建筑模数协调统一标准的规定,中学教室平面尺寸常取6.30×9.00(m)、6.60×9.00(m)、6.90×9.00(m)等。

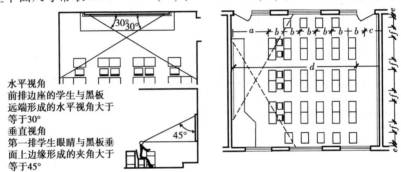

水平视角
前排边座的学生与黑板远端形成的水平视角大于等于30°
垂直视角
第一排学生眼睛与黑板垂面上边缘形成的夹角大于等于45°

$a \geqslant 2\,000$ mm;b 小学 >850 mm,中学 >900 mm;$c>600$ mm;
d 小学 $\leqslant 8\,000$ mm,中学 $\leqslant 8\,500$ mm;$e>120$ mm;$f>550$ mm

图2.8　教室布置及有关尺寸

3)有良好的天然采光

民用建筑除少数特殊要求的房间如演播室、观众厅等以外,均要求有良好的天然采光。一般房间多采用单侧或双侧采光,因此,房间的深度常受到采光的限制。为保证室内采光的要求,一般单侧采光时进深不大于窗上口至地面距离的2倍,双侧采光时进深可较单侧采光时增大一倍。图2.9为采光方式对房间进深的影响。

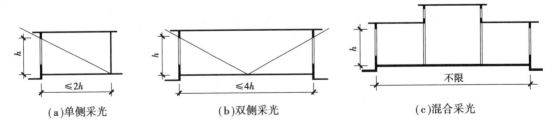

(a)单侧采光　　　　　　(b)双侧采光　　　　　　(c)混合采光

图2.9　采光方式对房间进深的影响

4)有合适的比例

相同面积的房间,因面宽和进深尺寸的不同而形成不同的相互比例。比例得当的房间,常常使用方便而且视觉观感好,而比例失调如面宽较小而进深过大的房间,则常常既不好用也不美观。一般说来,房间的比例在1:2~1:1为宜,能控制在1:1.5左右为最佳。

5）结构布置经济合理

一般民用建筑常采用墙体承重的梁板式结构和框架结构体系。房间的开间、进深尺寸应尽量使构件标准化，同时使梁板构件符合经济跨度要求。较经济的开间尺寸是不大于4.20 m，钢筋混凝土梁较经济的跨度是不大于9.00 m。对由多个开间组成的大房间，如教室、会议室、餐厅等，应尽量统一开间尺寸，减少构件类型。

6）符合建筑模数协调统一标准

为提高建筑工业化水平，必须统一构件类型，减少构件规格，这就需要在房间的开间和进深上采用统一的模数，作为协调建筑构件尺寸的基本标准。按照建筑模数协调统一标准的规定，房间的开间和进深一般宜采用$2n$M，$3n$M（n 为自然数）。

（5）房间的门窗设置

房间门的作用是供人出入和各房间交通联系，有时也兼采光和通风。窗的主要功能是采光、通风，同时门窗也是外围护结构的组成部分。因此，门窗设计是一个综合性的问题，它的大小、数量、位置及开启方式，会直接影响到房间的通风和采光、家具的布置、房间面积的有效利用、人流活动及交通疏散、建筑外观及经济性等各个方面。

1）门的宽度及数量

房间中门的最小宽度，是由通过人流多少及需要搬进房间的家具设备的大小决定的。一般单股人流通行的最小宽度取550 ~ 600 mm，一个人侧身通行需要300 mm 宽。门的最小宽度一般为700 mm，常用于住宅中的厕所、浴室。住宅中卧室门的宽度常取900 mm，这样的宽度可使一个携带物品的人方便地通过，也能搬进床、柜等尺寸较大的家具（图2.10）。厨房、阳台的门宽可取800 mm，这些较小的门窗开启时可以少占室内的使用面积，对于住宅这类平面要求紧凑的建筑，显得尤其重要。住宅入户门考虑家具尺寸增大的趋势，常取1 000 mm。普通教室、办公室等的门应考虑一人正常通行，另一人侧身通行，常采用1 000 mm。

当房间面积较大，使用人数较多时，单扇门宽度小，不能满足通行要求，应相应增加门的宽度或数量。当门宽大于1 000 mm时，为了开启方便和少占使用面积，应根据使用要求采用双扇门或多扇门。双扇门的宽度可为1 200 ~ 1 800 mm，四扇门的宽度可为2 400 ~ 3 600 mm。

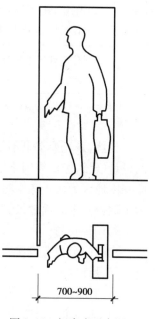

图2.10　门宽度示意图

按照《建筑设计防火规范（2018 年版）》（GB 50016—2014）的要求，公共建筑内房间的疏散门数量经计算确定且不应少于2 个。对一些大型公共建筑如影剧院的观众厅、体育馆的比赛大厅等，由于人流集中，为保证紧急情况下人流迅速、安全地疏散，所有内门、外门、楼梯和走道的各自总净宽度，应根据疏散人数按每100 人的最小疏散净宽度规定计算确定。

2）窗的面积

为获取良好的天然采光，保证房间有足够的照度值，房间必须开窗。窗户面积大小主要根据房间的使用要求、房间面积及当地日照情况等因素来考虑。不同使用要求的房间对采光要求不同。设计时可根据窗地面积比（窗洞口面积之和与房间地面面积之比）进行窗口面积的估算，也可先确定窗口面积，然后按表2.2 中规定的窗地面积比值进行验算。

表2.2　民用建筑采光等级表

采光等级	房间名称	侧面采光窗地面积比
I	—	1:3
II	办公建筑中的设计室、绘图室	1:4
III	教育建筑中的专用教室、实验室、阶梯教室、教师办公室;医疗建筑中的诊室、药房、治疗室、化验室;办公建筑中的办公室、会议室;图书馆建筑中的阅览室、开架书库;旅馆建筑中的会议室;博物馆建筑中的文物修复室*、标本制作室*、书画装裱室;展览建筑中的展厅;交通建筑中的进站厅、候机(车)厅	1:5
IV	住宅建筑中的厨房;医疗建筑中的医生办公室(护士室)、候诊室、挂号处、综合大厅;办公建筑中的复印室、档案室;图书馆建筑中的目录室;博物馆建筑中的陈列室、展厅、门厅;展览建筑中的登录厅、连接通道;交通建筑中的出站厅、连接通道、自动扶梯;体育建筑中的体育馆场地、观众入口大厅、休息厅、运动员休息室、治疗室、贵宾室、裁判用房	1:6
V	住宅建筑中的餐厅;图书馆、博物馆和展览建筑中的库房;交通建筑中的站台;体育建筑中的浴室;以及其他建筑中的卫生间、过道、楼梯间	1:10

注:＊表示采光不足部分应补充人工照明。

当然,采光要求也不是确定窗口面积的唯一因素,还应结合通风要求、朝向、建筑节能、立面设计、建筑经济等因素综合考虑。南方地区气候炎热,可适当增大窗口面积以争取通风量,而寒冷地区为防止冬季热量从窗口过多散失,在保证采光要求下可适当减小窗口面积。有时,为了取得一定立面效果,窗口面积可根据造型设计的要求统一考虑。

3)门窗位置

房间门窗位置直接影响到家具布置、人流交通、采光、通风等。因此,合理地确定门窗位置是房间设计的又一重要环节。

①门窗位置应尽量使墙面完整,便于家具设备布置和合理组织人流通行。图2.11表示观众厅、集体宿舍和卧室中门的位置关系。

②门窗位置应有利于采光通风。窗口在房间中的位置决定了光线的方向及室内采光的均匀性。图2.12为普通教室侧窗的布置。其中图2.12(a)、图2.12(b)三个窗相对集中,窗间设小柱或小段实墙,光线集中在课桌区内,暗角较小,采光均匀。图2.12(c)窗均匀布置在每个相同开间的中部,当窗宽不大时,窗间墙较宽,在墙后形成较大阴影区,会影响该处桌面亮度。

房间的自然通风由门窗来组织,门窗在房间中的位置决定了气流的走向,影响到室内通风效果。因此,门窗位置应尽量使气流通过活动区,加大通风范围,并应尽量使室内形成穿堂风。图2.13为门窗平面位置对气流组织的影响。

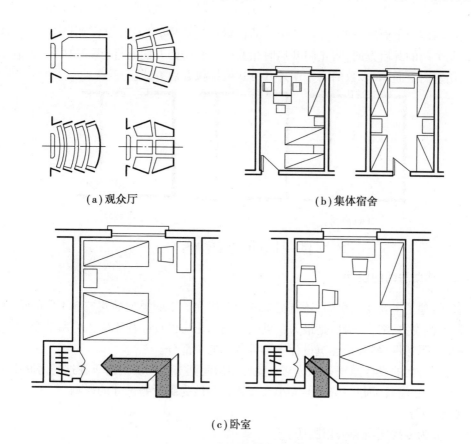

(a) 观众厅 　　　　　　　(b) 集体宿舍

(c) 卧室

图 2.11 观众厅、集体宿舍和卧室中门的位置关系

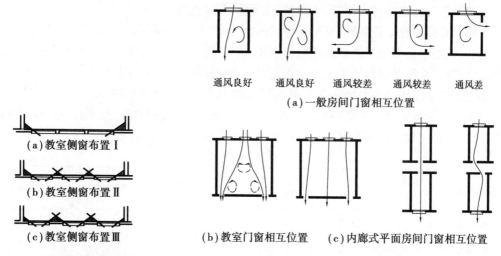

通风良好　　通风良好　　通风较差　　通风较差　　通风差

(a) 一般房间门窗相互位置

(a) 教室侧窗布置 I

(b) 教室侧窗布置 II

(c) 教室侧窗布置 III

(b) 教室门窗相互位置　　(c) 内廊式平面房间门窗相互位置

图 2.12 普通教室侧窗的布置　　　　图 2.13 门窗平面位置对气流组织的影响

③门的位置应方便交通,利于疏散。在使用人数较多的公共建筑中,为便于人流交通和紧急情况下人们迅速、安全地疏散,门的位置必须与室内走道紧密配合,使通行线路便捷。

④门窗的开启方向一般有外开和内开,大多数房间的门均采用内开方式,以防止门开启时影响室外的人行交通。对公共建筑中面积超过 60 m^2,且容纳人数超过 50 人的房间,如观众厅、候车厅、营业厅、合班教室等,为确保安全疏散,这些房间的门必须向外开。

有的房间由于平面组合的需要,几个门的位置比较集中,并且经常需要同时开启,这时要注意协调几个门的开启方向,防止门开启时相互碰撞和妨碍人们通行(图2.14)。为避免窗扇开启时占用室内空间,大多数的窗采用外开方式或推拉开启方式。

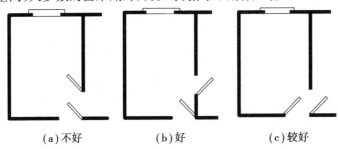

(a)不好　　　　　(b)好　　　　　(c)较好

图2.14　门的相互位置关系

2.1.2　辅助房间的设计

民用建筑除了主要使用房间,还有很多辅助性房间。不同类型的建筑有不同的辅助用房,而其中厕所、盥洗室、浴室、厨房是最为常见的。辅助用房设计往往不为人们所重视,而它们又是不可缺少的服务性房间,是建筑设计中不可忽视的一部分。

辅助使用房间的设计原理和方法与主要使用房间基本相同。但由于在这类房间中大都布置有较多的管道、设备,因此,房间的大小及布置较多地受到设备尺寸的影响。

(1)厕所设计

厕所可分为专用厕所和公用厕所。

1)厕所设备及数量

厕所卫生设备主要有大便器、小便器、洗手盆、污水池等。

大便器有蹲式和坐式两种,可根据建筑标准及使用习惯分别选用。蹲式大便器使用卫生,便于清洁,适用于使用频繁的公共建筑如学校、医院、办公楼、车站等。而标准较高的坐式大便器则适合在宾馆、敬老院等使用人数少或者老年人使用的建筑中采用。

小便器有小便斗和小便槽两种。图2.15为厕所设备及组合所需的尺寸。

卫生设备的数量及小便槽的长度主要取决于使用人数、使用对象、使用特点。经过实际调查和经验总结,一般民用建筑厕所设备可供使用的人数可参考表2.3。

表2.3　部分民用建筑厕所设备参考指标

建筑类型	男小便器 (人/个)	男大便器 (人/个)	女大便器 (人/个)	洗手盆	男女比例
体育馆	80	250	100	150	2:1
影剧院	35	75	50	140	2:1,3:1
中小学	40	40	25	100	1:1
火车站	80	80	50	150	2:1
宿 舍	20	20	15	15	按实际情况
旅 馆	20	20	12	—	按设计要求

注:一个小便器折合为0.6 m长的便槽。

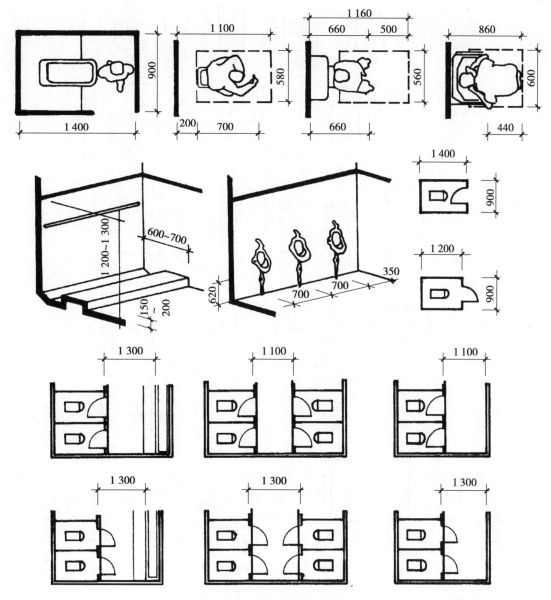

图 2.15 厕所设备及组合尺寸

2）厕所的布置

厕所的平面形式可分为两种：一种是公共厕所；另一种是专用厕所。公共厕所应设置前室，用以改善通往厕所的走道和过厅的卫生条件，并有利于厕所的隐蔽。前室既可男女分设，也可合用，前室内一般设有洗手盆及污水池，为保证必要的使用空间，前室的深度应不小于1.5～2.0 m。专用厕所由于使用的人少，通常是盥洗、浴室、厕所三个部分组成一个卫生间，例如在住宅、旅馆等建筑中就是如此。图 2.16 为住宅卫生间的平面布置实例，图 2.17 为旅馆客房卫生间的布置实例，图 2.18 为公共卫生间的布置实例。

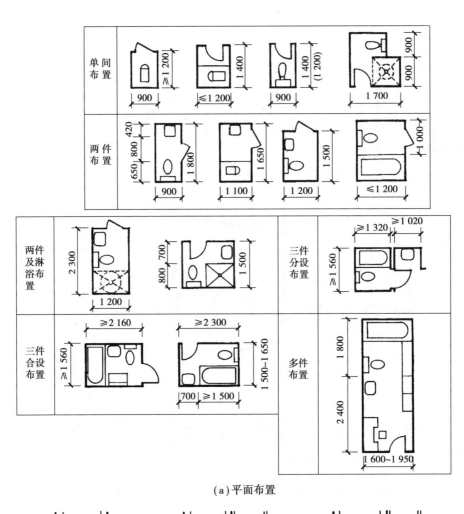

（a）平面布置

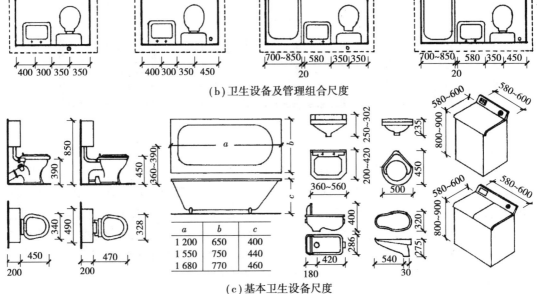

（b）卫生设备及管理组合尺度

（c）基本卫生设备尺度

图2.16 住宅卫生间的平面布置实例

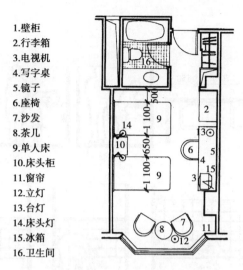

1. 壁柜
2. 行李箱
3. 电视机
4. 写字桌
5. 镜子
6. 座椅
7. 沙发
8. 茶几
9. 单人床
10. 床头柜
11. 窗帘
12. 立灯
13. 台灯
14. 床头灯
15. 冰箱
16. 卫生间

图 2.17　旅馆客房卫生间的布置实例

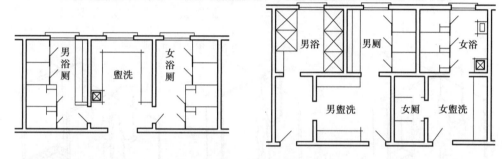

图 2.18　公共卫生间的布置实例

(2)浴室、盥洗室设计

浴室和盥洗室的主要设备有洗脸盆、污水池、淋浴器、浴盆等。除此之外,公共浴室还有更衣室,其中主要设备有挂衣钩、衣柜、更衣凳等。设计时可根据使用人数确定卫生器具的数量(表2.4),同时结合设备尺寸及人体活动所需的空间尺寸进行房间布置。图 2.19 表示洗脸盆、浴盆设备及组合尺寸,图 2.20 表示沐浴设备及组合尺寸。

表2.4　浴室、盥洗室设备个数参考指标

建筑类型	男浴器 (人/个)	女浴器 (人/个)	洗脸盆或龙头 (人/个)	备　注
旅馆	9	9	每1个大便器配置1个, 每5个蹲便器配置1个	男女比例按需求
托幼	每班2个		6	

(3)厨房设计

这里主要讲住宅、公寓内每户使用的专用厨房,而食堂、餐厅、饭店等的厨房,其基本原理和设计方法与家用厨房是基本相同的,不同之处在于使用人数多,面积更大,设备更多,技术要求也更为复杂。家用厨房的主要设备有灶台、案台、洗涤池、储藏设施及排烟装置等,从使用情

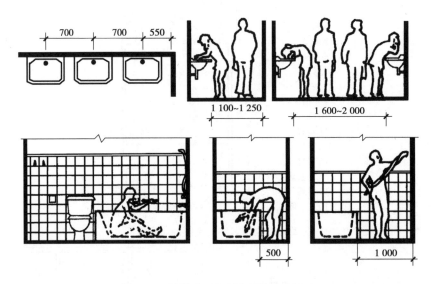

图2.19　洗脸盆、浴盆设备及组合尺寸

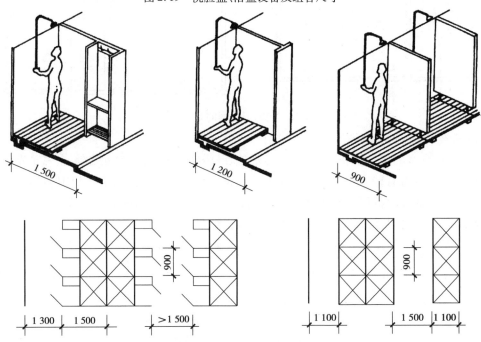

图2.20　沐浴设备及组合尺寸

况来看,家用厨房包括厨房、餐厅合用和厨房、餐厅分开两种情况。

厨房设计应解决好采光和通风、储藏设施、排水等问题。

厨房的布置形式有单排、双排、L形、U形等几种,图2.21为厨房布置的几种形式。

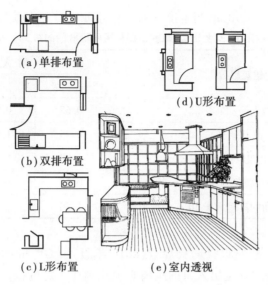

(a)单排布置

(d)U形布置

(b)双排布置

(c)L形布置

(e)室内透视

图 2.21 厨房布置的几种形式

2.2 交通联系部分的设计

一幢建筑物除了要满足使用要求的各种房间外,还需要有交通联系部分把各种房间联系起来。交通联系部分包括水平交通空间(走道),垂直交通空间(楼梯、电梯、自动扶梯、坡道),交通枢纽空间(门厅、过厅)等。一幢建筑物是否适用,除使用部分(主要房间与辅助房间)的设计是否合理之外,很大程度上取决于交通联系部分的设计是否合理。

交通联系部分应有足够的通行宽度,流线畅通、联系便捷,互不干扰,并满足一定的通风采光要求,此外,在满足使用需要的前提下,要尽量减少交通面积以提高平面的利用率。

2.2.1 走道

走道又称过道、走廊,是用来联系同层内各房间用的,有时也兼有其他的附属功能。

走道按使用性质的不同,可以分为以下两种情况:

①完全为交通需要而设置的走道,如办公楼、旅馆、电影院、体育馆的安全走道等都是供人通行用的,这类走道一般不允许安排作其他用途。

②兼有其他功能的走道,如教学楼中的走道,除了用作交通联系,还可作为学生课间休息活动的场所;医院门诊部的走道除了供人流通行,还可供病人候诊之用。这种走道的宽度和面积应相应增加。

走道的宽度和长度主要根据人流通行需要、安全疏散要求以及空间感受来综合考虑。为了满足人的通行和紧急情况下的疏散要求,我国《建筑设计防火规范(2018 年版)》(GB 50016—2014)规定,学校、商店、办公楼等建筑的疏散走道、楼梯、外门的各自总宽度不应低于表 2.5 的规定。

一般民用建筑常用走道宽度如下:当走道两侧布置房间时,教学楼为 2.10 ~ 3.00 m,门诊部为 2.40 ~ 3.00 m,办公楼为 2.10 ~ 2.40 m,旅馆为 1.50 ~ 2.10 m,作为局部联系的走道或住宅内部走道宽度不应小于 0.90 m;当走道一侧布置房间时,走道的宽度应相应减小。

表 2.5　每层疏散走道、安全出口、疏散楼梯和房间疏散门的每 100 人所需净宽度/m

建筑层数	耐 火 等 级		
	一、二级	三级	四级
地上一、二层	0.65	0.75	1.00
地上三层	0.75	1.00	—
地上四层及以上	1.00	1.25	—
与地面出入口地面的高差不大于 10 m 的地下层	0.75	—	—
与地面出入口地面的高差大于 10 m 的地下层	1.00	—	—

走道的长度应满足《建筑设计防火规范(2018 年版)》(GB 50016—2014)的安全疏散要求,最远房间的门到楼梯间安全出入口的距离必须控制在一定的范围内,见表 2.6 和图 2.22 (a)。

表 2.6　直通疏散走道的房间疏散门至最近安全出口的距离/m

名　　称		位于两个安全出口之间的疏散门(L_1)			位于袋形走道两侧或尽端的疏散门(L_2)		
		耐火等级			耐火等级		
		一、二级	三级	四级	一、二级	三级	四级
托儿所、幼儿园老年人建筑		25	20	15	20	15	10
歌舞娱乐放映游艺场所		25	20	15	9	—	—
医院建筑	单层或多层	35	30	25	20	15	10
	高层 病房部分	24	—	—	12	—	—
	其他部分	30	—	—	15	—	—
教学建筑	单层或多层	35	30	25	22	20	10
	高层	30	—	—	15	—	—
高层旅馆、展览建筑		30	—	—	15	—	—
其他建筑	单层或多层	40	35	25	22	20	15
	高层	40	—	—	20	—	—

注:①建筑内开向敞开式外廊的房间疏散门至最近安全出口的直线距离可按本表的规定增加 5 m[图 2.22(b)]。

　　②直通疏散走道的房间疏散门至最近敞开楼梯间的直线距离,当房间位于两个楼梯间之间时,应按本表的规定减少

　　5 m,当房间位于袋形走道两侧或尽端时,应按本表的规定减少 2 m[图 2.22(c)]。

　　③建筑物内全部设置自动喷水灭火系统时,其安全疏散距离可按本表的规定增加 25%。

走道的采光和通风应尽量依靠天然采光和自然通风。外走道由于只有一侧布置房间,可以获得较好的采光通风效果;内走道由于两侧均布置有房间,采光、通风条件相对较差,一般是通过走道尽端开窗,利用楼梯间、过厅或走道两侧房间设高窗来解决。

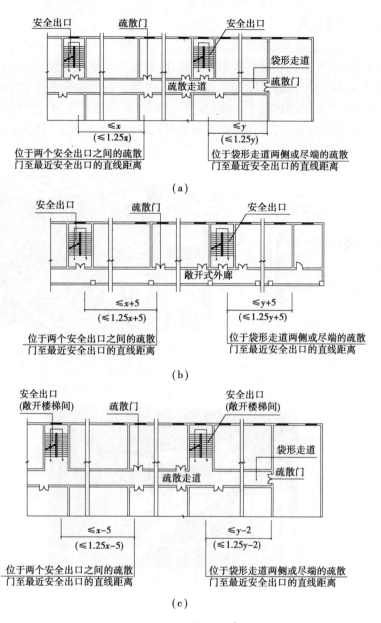

图 2.22 安全疏散距离的控制

注:①x 为表 2.6 中位于两个安全出口之间的疏散门至最近安全出口的最大直线距离（m）；

y 为表 2.6 中位于袋形走道两侧或尽端的疏散门至最近安全出口的最大直线距离（m）。

②建筑物内全部设自动喷水灭火系统时,安全疏散距离按括号内数字进行控制。

2.2.2 楼梯

楼梯是多层建筑中各楼层间的垂直交通联系部分,楼梯设计主要是根据使用需要和安全疏散要求选择合适的形式,布置恰当的位置,确定楼梯的宽度及数量。

（1）楼梯的形式与位置

楼梯的形式主要有直跑梯、双跑梯、三跑梯等。直跑梯方向单一，不转向，构造简单，常给人以严肃向上的感觉，除常用于层高较小的建筑外，大型公共建筑为解决人流疏散问题和加强大厅的气氛也常采用这种形式；双跑梯因面积紧凑，使用方便而成为民用建筑中最为常用的一种形式，通常布置在单独的楼梯间中；三跑梯梯井较大，面积浪费较多，当建筑物的层高较大，或利用楼梯间顶部天窗采光时，采用三跑梯可取得较好的效果。此外，楼梯还有弧形、螺旋形、剪刀式等多种形式（图2.23）。

（a）直跑楼梯　　　　　　　　　　　　　　　（b）三跑楼梯

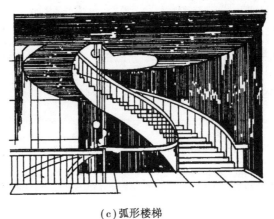

（c）弧形楼梯

图2.23　楼梯实例

民用建筑楼梯的位置按其使用性质可分为主要楼梯和次要楼梯，在大规模的公共建筑特别是高层建筑中有时还设置专用的消防楼梯。图2.24为某职工医院平面图中楼梯的布置。

（2）楼梯的宽度和数量

楼梯的宽度和数量主要根据使用要求和防火规范来确定。和走道一样，楼梯梯段的宽度应首先满足人流通行需要，当考虑两人相对通过时，应不小于1 100～1 200 mm，但住宅内部楼梯考虑到两人上下时能有侧身避让的余地，其最小宽度可减小到750～900 mm（图2.25）。所有楼梯梯段宽度的总和应按照《建筑设计防火规范（2018年版）》（GB 50016—2014）的最小宽度进行校核，见表2.7。

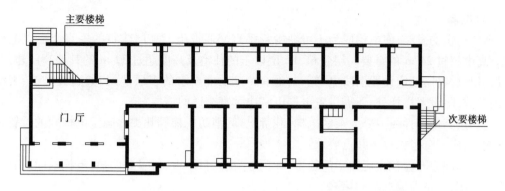

图 2.24　某职工医院平面图中楼梯的布置

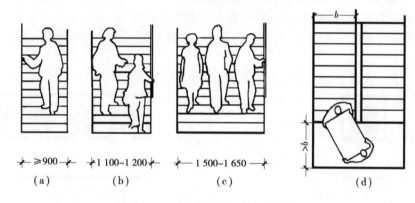

图 2.25　楼梯梯段和平台的宽度

楼梯的数量应根据使用人数及防火规范要求来确定,必须满足关于走道内房间门至楼梯间的最大距离的限制(表 2.7)。在通常情况下,为满足双向疏散的要求,每一幢公共建筑均应设两个或两个以上的楼梯。对使用人数少或除幼儿园、托儿所、医院、老年人照料设施以外的二层和三层建筑,当符合表 2.8 的要求时,也可以只设一个疏散楼梯。

表 2.7　高层公共建筑内楼梯间的首层疏散门、首层疏散外门、疏散走道和疏散楼梯的最小净宽度/m

建筑类别	楼梯间的首层疏散门、首层疏散外门	走　道		疏散楼梯
		单面布房	双面布房	
高层医疗建筑	1.3	1.4	1.5	1.3
其他高层公共建筑	1.2	1.3	1.4	1.2

表 2.8　设置一个疏散楼梯的条件

耐火等级	层　数	每层最大建筑面积/m²	人　数
一、二级	三层	200	第二层和第三层人数之和不超过 50 人
三级	三层	200	第二层和第三层人数之和不超过 25 人
四级	二层	200	第二层人数不超过 15 人

（3）电梯

高层建筑的发展，使电梯成为不可缺少的垂直交通设施。高层建筑的垂直交通以电梯为主，对高度超过 24 m 的重要高层建筑，12 层以上的住宅及高度超过 32 m 的其他高层建筑，除设置客用电梯外，还应设置消防电梯。其他有特殊功能要求的多层建筑，如高级宾馆、大型商场、医院等，除设置楼梯外，还需设置电梯以解决垂直交通的需要。

电梯按其使用性质可分为乘客电梯、载货电梯、消防电梯等几类。确定电梯间的位置及布置方式时，应充分考虑以下几点要求：

①电梯间应布置在人流集中的地方，如门厅、出入口附近，位置要明显，电梯前面应有足够的等候面积，以免造成拥挤和堵塞。

②按防火规范的要求，设计电梯时应配置辅助楼梯，供电梯发生故障或维护检修时使用。布置时可将两者靠近，以便灵活使用，并有利于人群安全疏散。

③电梯井道无天然采光要求，布置较为灵活。电梯等候厅由于人流集中，最好有天然采光及自然通风。

电梯的布置方式有单面布置和双面布置，如图 2.26 所示。

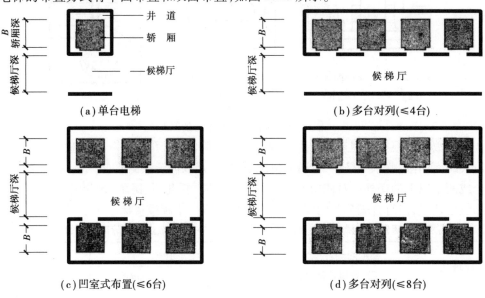

（a）单台电梯　　（b）多台对列（≤4台）

（c）凹室式布置（≤6台）　　（d）多台对列（≤8台）

图 2.26　电梯的布置方式

（4）扶梯及坡道

自动扶梯是一种在一定方向上能大量、连续输送客流的装置。除了提供乘客一种既方便又舒适的上下楼层间的服务外，自动扶梯还可引导乘客走一些既定路线，以引导乘客和顾客游览、购物，并具有良好的装饰效果。在人流频繁而连续的大型公共建筑如百货大楼、展览馆、游乐场、火车站、地铁站、航空港等建筑中将自动扶梯作为主要垂直交通工具考虑，如图 2.27 所示。

自动扶梯的驱动速度一般为 0.45 ~ 0.50 m/s，可正向、逆向运行。由于自动扶梯运行的人流都是单向，不存在侧身避让的问题，因此，其梯段宽度较楼梯更小，通常为 600 ~ 1 000 mm。

垂直交通联系部分除楼梯、电梯和自动扶梯外还有坡道。室内坡道的特点是上下比较省力（楼梯的坡度为 30° ~ 40°，室内坡道的坡度通常小于 10°），通行人流的能力几乎和平地相当

（人群密集时，楼梯由上往下人流通行速度为 10 m/min，坡道人流通行速度接近于平地的 16 m/min），但是坡道的最大缺点是所占面积比楼梯面积大得多。一些医院为了病人上下和手推车通行的方便，可采用坡道；有的建筑物为方便儿童上下，也可采用坡道；有些人流量集中的公共建筑，如大型体育馆的部分疏散通道，也可用坡道来解决垂直交通联系。

图 2.27 自动扶梯示例

（5）门厅

门厅作为交通枢纽，其主要作用是接纳、分配人流，过渡室内外空间及衔接过道、楼梯等交通。同时，根据建筑物使用性质不同，门厅还兼有其他功能，如医院门厅常设挂号、收费、取药的房间，旅馆门厅兼有接待、登记、休息、会客、小卖部等功能。除此以外，门厅作为建筑物的主要出入口，其不同空间处理可体现出不同的意境和形象，诸如庄严、雄伟与小巧、亲切等不同气氛。因此，门厅是民用建筑设计中需要重点处理的部分。

门厅的大小应根据各类建筑的使用性质、规模及标准等因素来确定，设计时可参考有关面积定额指标。表 2.9 为部分民用建筑门厅面积设计参考指标。

表 2.9 部分民用建筑门厅面积设计参考指标

建筑名称	面积定额	备　注
中小学校	$0.06 \sim 0.08 \ m^2/生$	
食堂	$0.08 \sim 0.18 \ m^2/座$	包括洗手、小卖部
城市综合医院	$11 \ m^2/日百人次$	包括衣帽和问询
旅馆	$0.2 \sim 0.5 \ m^2/床$	
电影院	$0.13 \ m^2/座$	

门厅的布局可分为对称式与非对称式两种。对称式的布置常采用轴线对称的方法表示空间的方向感，将楼梯布置在主轴线上或对称布置在主轴线两侧，具有严肃的气氛；非对称式门厅布置没有明显的轴线，布置灵活，楼梯可根据人流交通布置在大厅中任意位置，室内空间富有变化。在建筑设计中，常常根据地形约束、布局特点、功能要求、建筑性格等各种因素的影响来决定采用对称式门厅或非对称式门厅（图 2.28、图 2.29）。

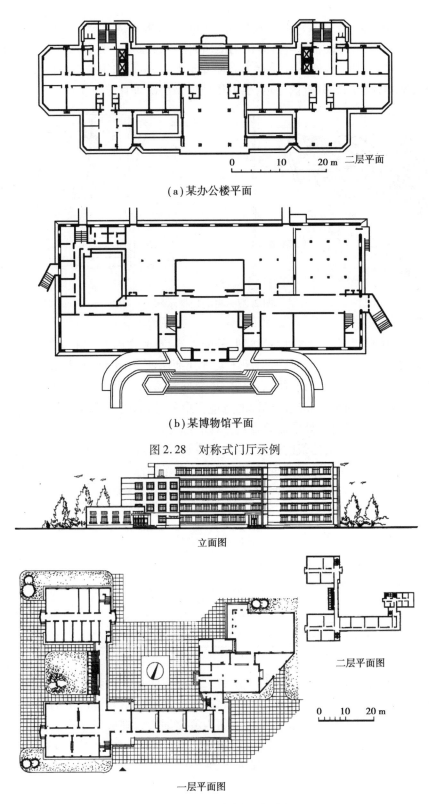

（a）某办公楼平面

（b）某博物馆平面

图 2.28　对称式门厅示例

立面图

二层平面图

一层平面图

图 2.29　非对称式门厅示例

门厅设计应注意以下几方面的问题：

①门厅应处于总平面中明显而突出的位置，一般应面向主干道，使人流出入方便。

②门厅内部设计要有明确的导向性，使人进入门厅后能比较容易地找到走道和楼梯口，同时交通流线组织明确便捷，尽量减少交叉干扰。

③门厅是人们进入建筑物首先到达并经常停留的地方，门厅的设计除了合理地解决好作为建筑物交通枢纽的功能要求外，厅内的空间组合和建筑造型要求，也是公共建筑中重要的设计内容之一。

④门厅对外出口的宽度按防火规范的要求不得小于通向该门厅的走道、楼梯宽度的总和。外门的开启方向一般宜向外或采用弹簧门。

2.3　建筑平面的组合设计

每一幢建筑物都是由若干房间组合而成的。建筑平面的组合，实际上是建筑空间在水平方向的组合，这一组合必然导致建筑物内外空间和建筑形体，在水平方向予以确定，因此在进行平面组合设计时，可以及时勾画建筑物形体的立体草图，考虑这一建筑物在三度空间中可能出现的空间组合及其形象，即本章开始叙述时着重指出的——从平面设计入手，但是着眼于建筑空间的组合。如何将单个房间与交通联系部分组合起来，使之成为一个使用方便、结构合理、体型简洁、构图完整、造价经济及与环境协调的建筑物，这就是平面组合设计的任务。建筑平面组合涉及的因素很多，如基地环境、使用功能、物质技术、经济条件、建筑美学等。进行组合设计时，必须在熟悉各组成部分的基础上，紧密结合具体情况，通过调查研究综合分析各种制约因素，分清主次，认真处理好各方面的关系，如建筑物与总体环境的关系，建筑物内部各房间之间的关系，建筑使用要求与物质技术、经济条件之间的关系等。在组合过程中要反复思考，不断调整修改，使平面设计趋于完善。

2.3.1　影响平面组合的因素

(1)使用功能

不同的建筑有不同的功能要求。一幢建筑物的合理性不仅体现在单个房间上，而且很大程度取决于各种房间按功能要求的组合上。如教学楼设计中，虽然教室、办公室本身的大小、形状、门窗布置均满足使用要求，但它们之间的相互关系及走道、门厅、楼梯的布置不合理，就会造成不同程度的干扰，导致人流交叉、使用不便。因此，可以说使用功能是平面组合设计的核心。

平面组合的优劣主要体现在合理的功能分区及明确的流线组织两个方面。当然，采光、通风、朝向等要求也应予以足够的重视。

1)功能分区

合理的功能分区是将建筑物若干部分按不同的功能要求进行分类，并根据它们之间的密切程度加以划分，使之分区明确，联系方便。在分析功能关系时，常借助于功能分析图来形象地表示各类建筑的功能关系及联系顺序。按照功能分析图将性质相同、联系密切的房间邻近布置或组合在一起，将使用中有干扰的部分适当分隔。这样，既满足相互联系的要求，又能创造相对独立的使用环境。

具体设计时,可根据建筑物不同的功能特征,从以下几个方面进行分析:

①主次关系。

组成建筑物的各房间,按使用性质及重要性,必然存在着主次之分。在平面组合时应分清主次、合理安排。如教学楼中,教室、实验室是主要房间,办公室、管理用房、厕所等是次要房间;居住建筑中的居室是主要房间,厨房、厕所、储藏室是次要房间;商业建筑中的营业厅、影剧院中的观众厅、舞台皆属主要房间,其余则属于次要房间。平面组合中,一般是将主要使用房间布置在朝向较好的位置,以获得良好的采光通风条件,次要房间可布置在条件相对较差的位置。

图2.30和图2.31分别表示居住建筑功能空间的主次关系和商业建筑功能空间的主次关系。

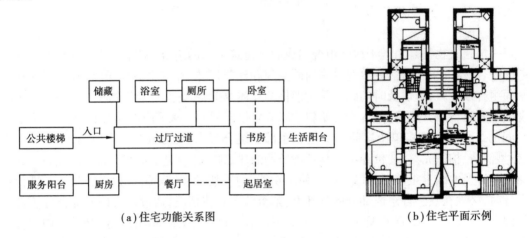

(a)住宅功能关系图　　　　　　　(b)住宅平面示例

图2.30　居住建筑功能空间的主次关系

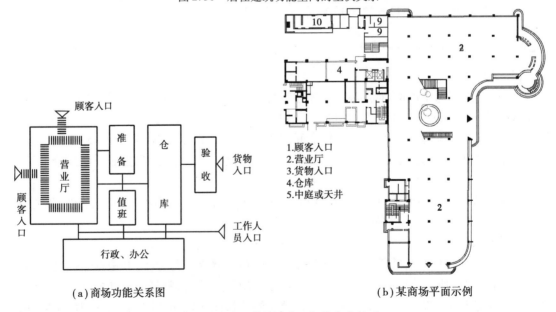

(a)商场功能关系图　　　　　　　(b)某商场平面示例

图2.31　商业建筑功能空间的主次关系

②内外关系。

各类建筑的组成房间中,有的对外联系密切,直接为外来人员服务,有的对内关系密切,供内部使用。如食堂的餐厅对外,而厨房和各种库房则对内;又如影剧院的观众厅、售票房、休息厅、公共厕所是对外,而办公室、管理用房是对内的。平面组合时应妥善处理功能分区的内外关系。图 2.32 表示食堂功能空间的内外关系。

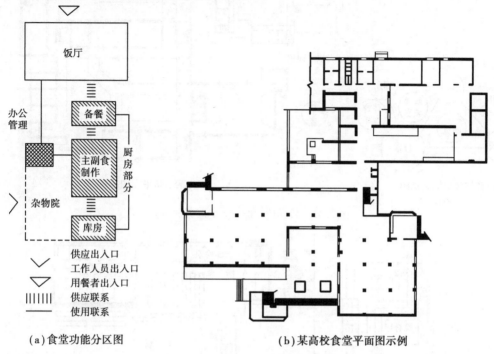

（a）食堂功能分区图　　　　　　（b）某高校食堂平面图示例

图 2.32　食堂功能空间的内外关系

③联系与分隔。

在分析功能关系时,常根据房间的使用性质如"动"与"静"、"洁"与"污"等方面反映的特性进行功能分区,使其既有分隔而互不干扰,又有适当的联系。如教学楼中的普通教室和音乐教室同属教室,但它们动静有别,为防止声音干扰,必须适当隔开;教室与办公室之间要求联系方便,但为了避免学生影响教师的工作,也需适当隔开。因此,教学楼平面组合设计中,对以上三个不同要求部分的联系与分隔处理,是功能组合的关键所在(图 2.33)。

2)流线组织

各类民用建筑,因使用性质不同,往往存在着多种流线,归纳起来,分为人流及货流两类。流线组织的目的就是要使各种流线简捷通畅,不迂回逆行,尽量避免相互交叉。

在建筑平面设计中,各房间一般是按使用流线的顺序关系有机地组合起来的。因此,流线组织合理与否,直接影响到平面组合是否紧凑、合理,平面利用是否经济。如展览馆建筑,各展室常常是按人流参观路线的顺序连贯起来;火车站建筑有旅客进出站路线、行包托取线,旅客路线按先后顺序为到站→问讯→售票→候车→检票→上车,出站时经由站台验票出站。建筑物的流线组织主要通过房间位置的安排以及组织一定方式的交通路线来实现。如图 2.34 为小型火车站的流线关系及平面图示例,图 2.35 为医院门诊部的流线关系及平面图示例。

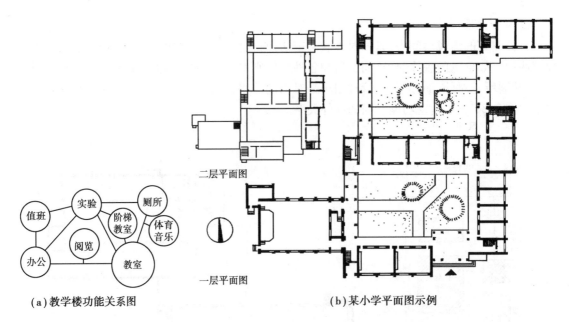

（a）教学楼功能关系图 　　　　　（b）某小学平面图示例

图 2.33　教学楼功能空间的联系与分隔

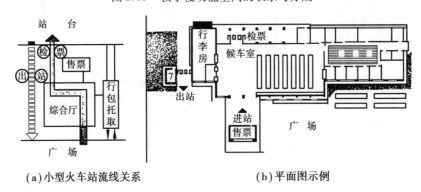

（a）小型火车站流线关系 　　　　　（b）平面图示例

图 2.34　小型火车站的流线关系及平面图示例

（2）结构类型

建筑结构与材料是构成建筑物的物质基础,在很大程度上影响着建筑的平面组合。因此,平面组合在考虑满足使用功能要求的前提下,应选择经济合理的结构方案,并使平面组合与结构布置协调一致。

目前民用建筑常用的结构类型有三种,即混合结构、框架结构、空间结构。

1）混合结构

建筑物的主要承重构件有墙、柱、梁板、基础等,以砖墙和钢筋混凝土梁板的混合结构为最普遍。这种结构形式的优点是构造简单、造价较低,其缺点是房间尺寸受钢筋混凝土梁板经济跨度的限制,室内空间小,开窗也受到限制,仅适用于房间开间和进深尺寸较小、层数不多的中小型民用建筑,如住宅、中小学校、医院及办公楼等。

混合结构根据结构布置方式可分为横墙承重、纵墙承重、纵横墙承重三种方式。当房间开间尺寸重复较多,且符合钢筋混凝土板经济跨度时,常采用横墙承重;当房间开间尺寸多样但进深尺寸较统一,且符合钢筋混凝土板的经济跨度时,可采用纵墙承重;当一部分房间的开间尺寸和另一部分房间的进深尺寸符合钢筋混凝土板的经济跨度时,可采用纵横墙承重。图 2.36—图 2.38 分别为横墙承重、纵墙承重、纵横墙承重的结构布置。

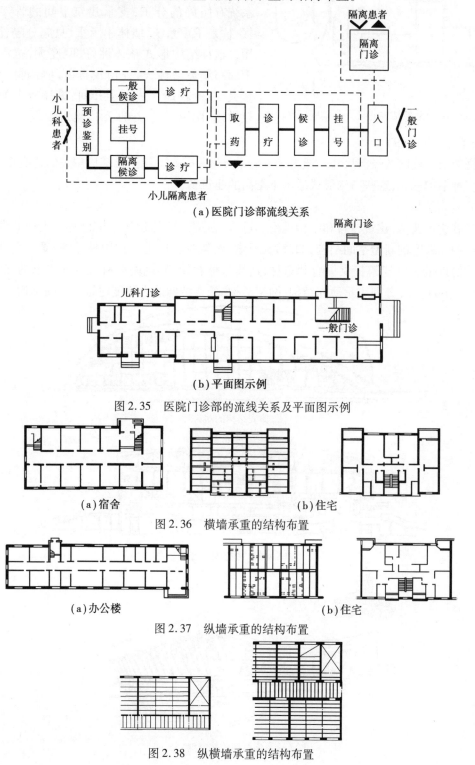

(a)医院门诊部流线关系

(b)平面图示例

图 2.35　医院门诊部的流线关系及平面图示例

(a)宿舍　　　　　　　　　　　　　　　(b)住宅

图 2.36　横墙承重的结构布置

(a)办公楼　　　　　　　　　　　　　　(b)住宅

图 2.37　纵墙承重的结构布置

图 2.38　纵横墙承重的结构布置

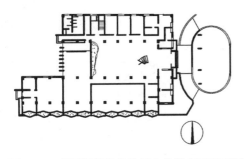

图 2.39 采用框架结构的某办公楼底层平面图

2)框架结构

框架结构的主要特点是:承重系统与非承重系统有明确的分工,支承建筑空间的骨架如梁、板、柱是承重系统,墙体不承重,只起分隔、围护作用。这种结构形式整体性好,刚度大,抗震性好,平面布局灵活性大,开窗较自由,但钢材、水泥用量大,造价较高。适用于开间、进深较大的商店、教学楼、图书馆之类的公共建筑以及多、高层住宅、旅馆等(图 2.39)。

框架结构柱网的经济尺寸一般为(6~8)m×(4~6)m。与框架结构相关的还有框架剪力墙等多种结构形式,这些结构形式适用于更高的建筑物。

3)空间结构

随着建筑技术、建筑材料和结构理论的进步,新型高效的建筑结构也有了飞速的发展,出现了各种大跨度的新型空间结构,如薄壳、悬索、网架等。这类结构用材经济,受力合理,并为解决大跨度的公共建筑提供了有利条件,适用于体育馆、影剧院等有大空间要求的建筑。图 2.40(a)、(b)、(c)分别表示薄壳结构、网架结构、悬索结构的大跨度建筑的空间结构。

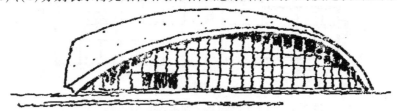

(a)薄壳结构的演讲厅

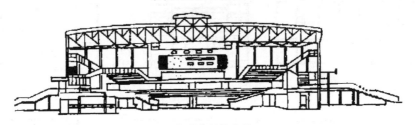

(b)网架结构的体育馆

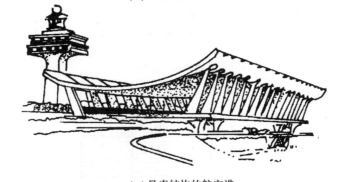

(c)悬索结构的航空港

图 2.40 大跨度建筑的空间结构

（3）设备管线

民用建筑中的设备管线主要包括给水排水、采暖通风、空气调节以及电气照明、电信等所需的设备管线，它们都占有一定的空间。在进行平面组合时，除应考虑一定的设备位置，恰当地布置相应的房间外，对于设备管线比较多的房间，如住宅中的厨房、厕所，学校、办公楼中的厕所、盥洗间，旅馆中的客房卫生间、公共卫生间等，在满足使用要求的同时，应尽量将设备管线集中布置、上下对齐，以方便施工和节约管线。否则将会造成浪费，并影响施工和使用。

图2.41中旅馆卫生间成组布置，利用两个卫生间中间的竖井作为管道垂直方向布置的空间，管道井上下叠合，管线布置集中。

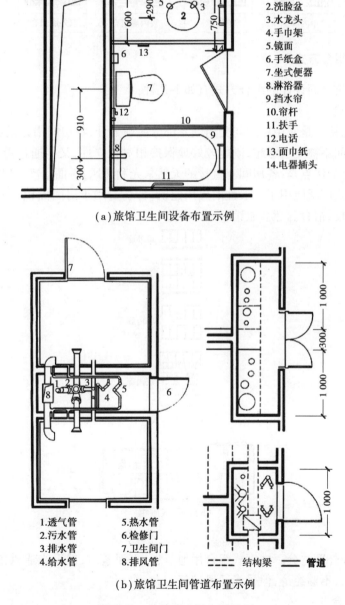

1. 灯具
2. 洗脸盆
3. 水龙头
4. 手巾架
5. 镜面
6. 手纸盒
7. 坐式便器
8. 淋浴器
9. 挡水帘
10. 帘杆
11. 扶手
12. 电话
13. 面巾纸
14. 电器插头

（a）旅馆卫生间设备布置示例

1. 透气管　　5. 热水管
2. 污水管　　6. 检修门
3. 排水管　　7. 卫生间门
4. 给水管　　8. 排风管

==== 结构梁　━━ 管道

（b）旅馆卫生间管道布置示例

图2.41　旅馆卫生间布置示例

(4)建筑造型

建筑平面组合除受到使用功能、结构类型、设备管线的影响外,建筑造型在一定程度上也影响到平面组合。当然,造型本身是离不开功能要求的,它一般是内部空间的直接反映,但是,不同建筑的外部特征和造型要求又会反过来影响到平面布局及平面形状。一般说来,简洁、完整的建筑造型无论对缩短内部交通流线,还是对于节约用地、降低造价、简化结构等都是有利的。

| 单内廊 | 单外廊 | 双内廊组合 | 双外廊组合 |

2.3.2 平面组合方式

归纳起来,建筑平面设计的组合方式有如下几种:

(1)走道式组合

走道式组合的特点是使用房间与交通联系部分明确分开,各房间沿走道(走廊)一侧或两侧并列布置,各房间不被交通穿越,既能较好地保持相对独立性,又能通过走道保持着必要的联系。走道式组合的优点是:各房间有直接的天然采光和通风,平面紧凑,结构简单,施工方便等。因此,这种形式广泛应用于一般性的民用建筑,特别适用于房间面积不大、数量较多的重复空间组合,如学校、宿舍、医院、旅馆(图2.42)。

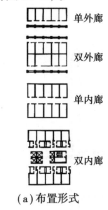

（a）布置形式

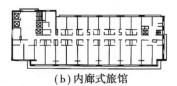

（b）内廊式旅馆

图 2.42　走道式组合示例

走道有内廊和外廊之分。内廊式组合用地节省、平面紧凑,但采光通风条件相对较差;外廊式组合占地较大,不够经济,但采光通风较好。

(2)套间式组合

套间式组合的特点是用穿套的方式按一定的序列组织空间。房间与房间之间相互穿套,不再通过走道联系。这种形式通常适用于房间的使用顺序和连续性较强,使用房间不需要单独分隔的情况,如展览馆、火车站、浴室等建筑类型。套间式组合按其空间序列的不同又可分为串联式和放射式两种。串联式是按一定的顺序关系将房间连接起来,放射式则将各房间围绕交通枢纽呈放射状布置(图 2.43、图 2.44)。

串联式空间组合

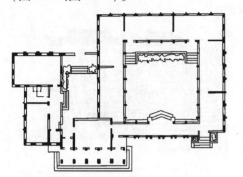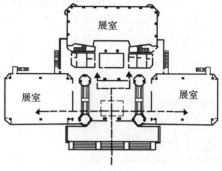

放射式空间组合

图 2.43　串联式空间组合示例(某展览馆)　　图 2.44　放射式空间组合示例(某纪念馆)

(3)大厅式组合

大厅式组合以公共活动的大空间为主,辅助房间围绕大空间布置。这种组合的特点是大空间的使用人数多、面积大、层高大,其主体地位十分突出,如影剧院、会场、体育馆等(图 2.45)。

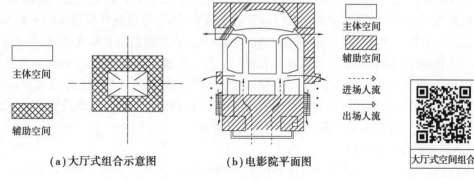

(a)大厅式组合示意图　　(b)电影院平面图

图 2.45　大厅式空间组合示例

(4)单元式组合

将关系密切的房间组合在一起成为一个相对独立的整体,称为单元。将一种或多种单元按地形和环境情况重复组合起来成为一幢建筑,这种组合方式称为单元式组合。

单元式组合的优点是平面布置紧凑,单元与单元之间相对独立,互不干扰。此外,单元式组合布局灵活,能适应不同的地形,形成多种不同的组合平面,因此,广泛用于大量的民用建筑,如住宅、建筑等(图 2.46)。

(5)混合式组合

除少数功能单一建筑只需采用一种平面组合方式外,大多数功能复杂的建筑都常常以一种方式为主,局部采用其他的方式进行组合,从而形成两种或两种以上的组合方式,即所谓混合式平面组合。

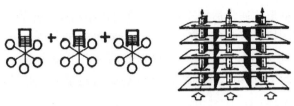

(a)单元组合及交通组织示意图

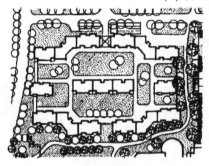

(b)单元拼接方式

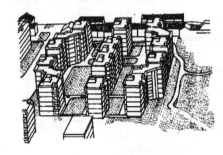

(c)透视图

图2.46　单元式住宅组合示例

2.3.3　建筑平面组合与总平面的关系

任何一幢建筑物(或建筑群)都不是孤立存在的,而是处于一个特定的环境之中。建筑物在基地上的位置、形状、朝向、流线组织、出入口的布置及建筑造型等都必然受到总体规划及基地条件的制约。如果说建筑功能是平面组合的内在因素,那么基地条件则是影响平面组合的外部因素。由于基地条件不同,相同类型和规模的建筑会有不同的组合形式,即使是基地条件相同,由于周围环境不同,其组合形式也不会相同。为了使建筑既满足使用要求,又能与基地环境协调一致,首先必须做好总平面设计,即根据使用功能要求,结合城市规划的要求,场地的地形地质条件、朝向、绿化以及周围建筑等进行总体布置,确定主要出入口的位置,进行总平面功能分区,在功能分区的基础上进行单体建筑的平面设计。

(1)功能分区与基地环境

总平面功能分区是将各部分建筑按不同的功能要求进行分类,将性质相同、功能相近、联系密切、对环境要求一致的部分划分在一起,组成不同的功能区,各功能区相对独立并相互联系成为一个有机的整体。

进行总平面功能分析,一般应考虑以下几点要求:

①各区之间的相互联系。如中小学的教室、实验室、办公室、操场等之间是如何联系的,它们之间的交通关系又是如何组织的。

②各区之间的相对独立与分隔。如学校的教师用房(办公、备课及教工宿舍)既要考虑与教室有较方便的联系又要求有相对的独立性,避免干扰,并适当分隔。

③建筑室内空间与室外场地的关系。可通过交通组织,合理布置各出入口来加以解决。

如某小学(图2.47)位于环境宁静的梯形地段上,周围是住宅区,交通方便,学校由普通教室、多功能教室、办公室、电化教室、图书室、运动场等组成,处在这样一个特定地段上将如何进行总平面布置呢?

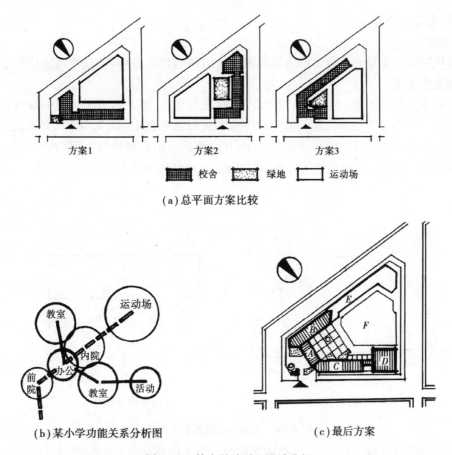

（a）总平面方案比较

（b）某小学功能关系分析图　　（c）最后方案

图 2.47　某小学总平面设计分析

A—办公区；B—教学楼；C—多功能教室；D—多功能教室；E—扩建教学楼；F—操场

从图 2.47（b）某小学功能关系分析图中可以知道小学需要安静的学习环境，但小学本身也是一个噪声源，应尽量避免与周围环境相互之间的干扰。为此，平面组合应注意：

①教室与办公室及与多功能教室（供体育与文娱集会等用）之间，操场与教学楼之间的联系与分隔。

②教学楼应具有良好的采光和通风，教室应争取较好的朝向。

③学校与周围环境和谐、安静。

④有方便的内外交通联系。

从图 2.47（a）、（c）几个方案的分析比较中可以得出较好的方案。方案 1、2 平面布置紧凑，但运动场对教室干扰较大，教学楼朝向较差，与环境结合不紧密。方案 3 教学楼朝向较好，与环境结合也较前两个好，但运动场对教学干扰大，同时由于运动场受教室遮挡，日照受影响。最后方案是将建筑分为 4 个部分，B、C 两翼为教学楼，其中 1~3 层为教室，4 层为电化教室及图书馆；A 在 B、C 之间，布置楼梯间和年级办公室；D 为多功能教室、布置在大楼一端。这样组合的优点是：

①教学楼各区之间既方便联系，又适当分隔，教学楼与操场之间干扰小。

②大部分教室都有好的朝向，操场日照不受影响。

③建筑采用对内封闭的周边式布置，主要出入口面对街道交汇中心，保证了学校与周围环

境的协调、美化与安静。

（2）朝向

建筑物的朝向主要是综合考虑太阳辐射强度、日照时间、主导风向、建筑使用要求及地形条件等因素来确定。

在不同季节与时间里，太阳的位置、高度都在发生变化，阳光射进房间里的深度和日照时间也不相同。太阳在天空的位置可以用高度角和方位角来确定（图 2.48）。太阳高度角是指太阳射到地球表面的光线与地平面的夹角 h，方位角是太阳射到地球表面的光线与南北轴线所成的夹角 A。方位角在南北轴线之西标注正值，在南北轴线之东标注负值。

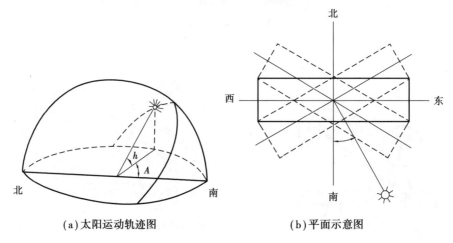

（a）太阳运动轨迹图　　　　（b）平面示意图

图 2.48　太阳的高度角和方位角

我国大部分地区处于夏季热、冬季冷的状况。为了改善室内卫生条件，人们常将主要房间朝南或南偏东、偏西少许角度。这是因为在我国，夏季南向太阳高度角大，射入室内光线很少、深度小，冬季太阳高度角小，射入室内光线多、深度大，这就有利于做到冬暖夏凉。但设计时不可能所有的房间都能满足理想的朝向，如内廊式平面当一侧房间朝南向时，另一侧房间则为北向。

在确定建筑朝向时，还可根据主导风向的不同适当加以调整，这样可以改变室内气候条件，创造舒适的室内环境。

在寒冷地区，由于冬季时间长、夏季不热，应争取日照，建筑朝向以东、南、西为宜，同时避免正对冬季的主导风向。

对于人流集中的公共建筑，房屋朝向主要考虑人流走向、道路位置和与邻近建筑的关系，对于风景区建筑，则应以创造优美的景观作为考虑朝向的主要因素。所以合理的建筑朝向，还应考虑建筑物的性质、基地环境等因素。

（3）间距

建筑物之间的距离，主要应根据日照、通风等卫生条件与建筑防火安全要求来确定。除此以外，还应综合考虑防止声音和视线的干扰，绿化、道路及室外工程所需要的间距以及地形利用、建筑空间处理等问题。

日照间距是为了保证房间有一定的日照时数，建筑物彼此互不遮挡所必须具备的距离。从图 2.49 中可以看出，从早晨到晚上太阳的高度角在不断变化，春夏秋冬太阳的位置也在不断变化。为保证日照的卫生要求,一般以冬至日正午 12 时太阳能照到南向房屋底层窗台高度为设计依据,来计算并控制建筑的日照间距(图 2.49)。

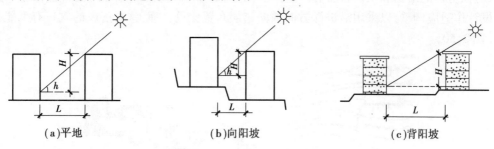

（a）平地　　　　　　　（b）向阳坡　　　　　　　（c）背阳坡

图 2.49　建筑物的日照间距

日照间距的计算公式为:

$$L = \frac{H}{\tan h}$$

式中　L——房屋间距;

　　　H——南向前排房屋檐口至后排房屋底层窗台的高度;

　　　h——冬至日正午的太阳高度角(当房屋正南向时)。

我国大部分地区日照间距为 $1.0H \sim 1.7H$。越往南日照间距越小,越往北则日照间距越大,这是因为太阳高度角在南方要大于北方。

正面间距,可按日照标准确定的不同方位的日照间距系数控制,也可采用表 2.10 中不同方位间距折减系数进行换算。

表 2.10　不同方位间距折减系数换算表

方　位	0°~15°(含)	15°~30°(含)	30°~45°(含)	45°~60°(含)	>60°
折减值	1.0L	0.9L	0.8L	0.9L	0.95L

注:①表中方位为正南向(0°)偏东、偏西的方位角。

②L 为当地正南向住宅的标准日照间距(m)。

③本表指标仅适用于无其他日照遮挡的平行布置条式住宅之间。

对于大多数的民用建筑,日照是确定房屋间距的主要依据,因为在一般情况下,只要满足了日照间距,其他要求也就能满足。

有的建筑物对房屋间距有特殊要求,如教学楼为了保证教室的采光和防止声音、视线的干扰,当教室长边相对时,间距要求不小于 25 m。

对日照间距没有严格要求的建筑,其房屋间距则应满足防火规范中规定的防火间距。

(4)地形条件

地形大致可以分为平地和坡地两类。对地势平坦的基地,建筑的平面交通和高度关系处理较为容易,而在坡地上建造房屋则相对来说困难和复杂一些。然而对于建筑设计来说,坡地建筑如果处理得好,将可能获得比平地建筑更为丰富的空间关系和更为独特的建筑形象。

根据建筑物和地形等高线的相互关系,坡地建筑主要有以下两种布置方式:

1)平行于等高线布置

当基地坡度比较平缓(坡度 $i \leqslant 10\%$)时,最简便的方法是平整基地以降低设计难度。当

基地坡度 $i \leqslant 25\%$ 时,房屋可以平行于等高线布置,这种布置方式能减少工程土方量,降低基础造价,通往房屋的道路和入口台阶容易解决。当 $i > 25\%$ 时,如仍平行等高线布置,则应对平、剖面设计作适应调整,以采用沿进深方向横向错层布置比较合理,这时房屋的入口有可能分层设置(图 2.50)。

图 2.50 建筑物平行于等高线的布置

2)与等高线垂直或斜交布置

当基地坡度 $i > 25\%$ 时,常采用与等高线垂直或斜交的布置方式,并以沿开间方向纵向错层的布置比较合理,这时应利用房屋中部的楼梯间解决错层部分的垂直交通联系,单元或住宅也可以按住宅单元纵向错层(图 2.51)。

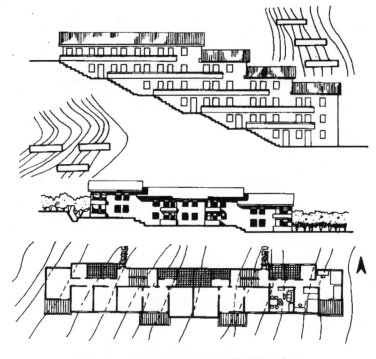

图 2.51 建筑物垂直或斜交于等高线的布置

坡地建筑的日照间距,随坡地的朝向和坡度的大小而改变。向阳坡的日照间距比平地所需的间距小,坡度越大,相应所需的日照间距越小;背阳坡则相反(图 2.49)。

小 结

1. 民用建筑的平面设计包括房间设计和平面组合设计两部分。各种类型的民用建筑,其平面组成均可归纳为使用部分和交通联系部分两个基本组成部分。

2. 主要使用房间设计涉及房间面积、形状、尺寸、良好的朝向、采光、通风及疏散等问题,同时还应符合建筑模数统一标准的要求,并保证经济合理的结构布置等。

3. 辅助使用房间也是建筑平面设计的重要内容之一。其设计原理和设计方法与主要使用房间是基本相同的。但是这类房间设备管线较多,设计中要特别注意房间的布置和与其他房间的位置关系。

4. 建筑物内部各房间之间以及室内外之间需要通过交通联系部分组合成有机的整体,交通联系部分在满足消防要求的前提下,应具有足够的尺寸,流线简捷、明确,有明确的导向性,有足够的高度和舒适感。

5. 建筑平面组合设计时,满足不同类型建筑的功能要求是首要的原则,应做到功能分区合理,流线组织明确,平面布置紧凑,结构经济合理,设备管线布置集中。

6. 民用建筑平面图和常用的组合方式有走道式、套间式、大厅式、单元式和混合式等。但是,随着时代的前进,新的形式还将层出不穷,因此,在学习中应不断地总结和提高。

7. 建筑组合设计必须密切结合环境,做到因地制宜,单体建筑都将建造在一个特定的建筑地段上,基地环境、大小、形状、地形起伏变化、气象、道路及城市规划的要求是制约建筑组合设计的重要因素。建筑组合设计使得日照通风条件、防火安全、噪声、污染等条件,对确定建筑物之间的距离有很大的影响。然而,对于一般性建筑而言,日照间距是确定建筑物之间的间距的主要依据。

复习思考题

1. 平面设计包含哪些基本内容?

2. 确定房间面积大小时应考虑哪些因素? 试举例分析。

3. 影响房间形状的因素有哪些? 举例说明为什么矩形房间被广泛采用。

4. 房间尺寸指的是什么? 确定房间尺寸应考虑哪些因素?

5. 如何确定房间门窗数量、面积大小、具体位置?

6. 辅助间包括哪些房间? 辅助房间设计应注意哪些问题?

7. 交通联系部分包括哪些内容? 如何确定楼梯的数量、宽度和选择楼梯的形式?

8. 举例说明走道的类型、特点及适用范围。

9. 影响平面组合的因素有哪些? 如何运用功能分析法进行平面组合?

10. 走道式、套间式、大厅式、单元式等各种组合形式的特点和适用范围是什么?

11. 基地环境对平面组合有什么影响? 试举例说明。

12. 建筑物如何争取好的朝向? 建筑物之间的间距如何确定?

第3章
建筑剖面设计

剖面设计的任务是确定建筑物各部分高度，建筑层数，建筑空间的组合与利用，以及建筑剖面中的结构、构造关系等，它与平面设计是从两个不同的方面来反映建筑物的内部空间关系。平面设计着重解决内部空间在水平方向上的问题，而剖面设计则主要研究竖向空间的处理，两者都涉及建筑的使用功能、技术经济条件、建筑形式美等诸多方面。

剖面设计主要包括以下内容：

①确定房间的剖面形状、尺寸及比例关系。

②确定房屋的层数和各部分的标高，如层高、净高、窗台高度、室内外地面标高。

③解决天然采光、自然通风、保温、隔热、屋面排水及选择建筑构造方案。

④进行房屋竖向空间的组合，研究建筑空间的利用。

3.1 房间的剖面形状

房间的剖面形状分为矩形和非矩形两类，大多数民用建筑均采用矩形。这是因为矩形剖面简单、规整，便于竖向空间的组合，容易获得简洁而完整的体型，同时结构简单，施工方便。非矩形剖面常用于有特殊功能要求的房间。

房间的剖面形状主要是根据使用要求和特点来确定，同时也要结合具体的物质技术、经济条件及特定的艺术构思来考虑，使之既满足使用要求又能达到一定的艺术效果。

3.1.1 使用要求

在民用建筑中，绝大多数的建筑是属于一般功能要求的，如住宅、学校、办公楼、旅馆、商店等。这类建筑房间的剖面形状多采用矩形，这是因为矩形剖面不仅能满足这类建筑的要求，而且具有上面谈到的一些优点。对某些有特殊功能要求（如视线、音质等）的房间，则应根据使用要求选择适合的剖面形状。

有视线要求的房间主要是指影剧院的观众厅、体育馆的比赛大厅、教学楼中的阶梯教室等。这类房间除平面形状、大小满足一定的视距、视角要求外，地面应有一定的坡度，以保证视线没有遮挡。

地面的升起坡度与设计视点的选择、座位排列方式（即前排与后排对位或错位排列）、排距、

视线升高值 C(即后排与前排的视线升高值)等因素有关。

设计视点是指按设计要求所能看到的极限位置,以此作为视线设计的主要依据。各类建筑由于功能不同,观看对象不同,设计视点的选择也不一致。如电影院的视点定在荧幕底边的中点,这样可以保证观众看清荧幕的全部;体育馆的视点定在篮球场边线或边线上空 300 ~ 500 mm 处等。设计视点选择是否合理,直接影响到地面升起的坡度和经济性。设计视点越低,视觉范围越大,但房间地面升起坡度也越大;设计视点越高,视野范围越小,地面升起坡度就越平缓。图 3.1 表示电影院和体育馆设计视点与地面坡度的关系。

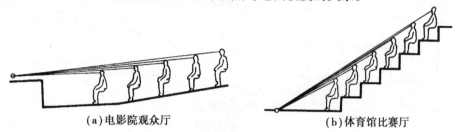

（a）电影院观众厅　　　　　　（b）体育馆比赛厅

图 3.1　电影院和体育馆设计视点
与地面坡度的关系示意

视线升高值 C 的确定与人眼到头顶的高度和视觉标准有关,一般定为 120 mm。当错位排列(即后排人的视线擦过前面隔一排人的头顶而过)时,C 值取 60 mm;当对位排列(即后排人的视线擦过前排人的头顶而过)时,C 值取 120 mm。以上两种座位排列均可保证视线无遮挡的要求(图 3.2)。图 3.3 表示某中学阶梯教室的地面升起,其中图 3.3(a)为对位排列,逐排升高,地面起坡大,图 3.3(b)为错位排列,每两排升高一级,地面起坡小。一般情况下,当地面坡度大于 1:6 时,应做成台阶形。

地面升起坡度

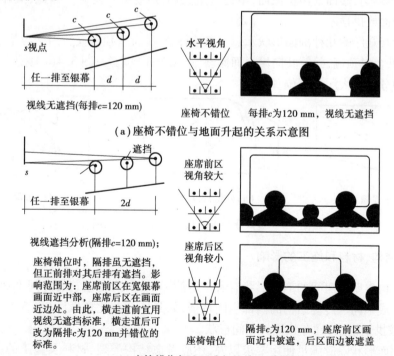

（a）座椅不错位与地面升起的关系示意图

（b）座椅错位与地面升起的关系示意图

图 3.2　礼堂标准与地面升起的关系示意图

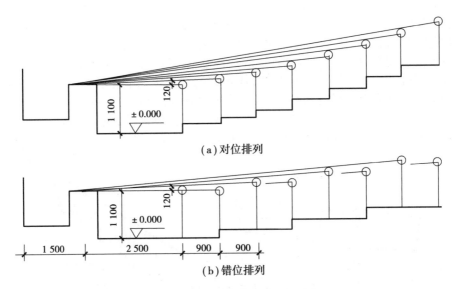

（a）对位排列

（b）错位排列

图 3.3　某中学阶梯教室的地面升起

剧院、电影院、会堂等建筑，房间的剖面形状对大厅的音质影响很大。为保证室内声场分布均匀，防止出现声音空白区、回声和声聚焦等现象，在剖面设计中要注意顶棚、墙面和地面的处理。为有效地利用声能，加强各处直达声，必须使大厅地面逐渐升高，对于剧院、电影院、会堂等，声学上的这种要求和视线上的要求是一致的，按照视线要求设计的地面一般能满足声学要求。除此以外，顶棚的高度和形状是保证听得清、听得好的一个重要因素，它的形状应使大厅各座位都能获得均匀的反射声，同时应能加强声压不足的部位。一般说来，凹面易产生聚焦，声场分布不均匀；凸面是声扩散面，不会产生聚焦，声场分布均匀。因此，大厅顶棚应尽量避免采用凹曲面或拱顶。

图 3.4 为观众厅的几种剖面形状示意。其中图 3.4（a）平顶棚仅适用于容量小的观众厅；图 3.4（b）降低台口顶棚，并使其向舞台面倾斜，声场分布较均匀；图 3.4（c）采用波浪形顶棚，反射声能均匀分布到大厅各座位。

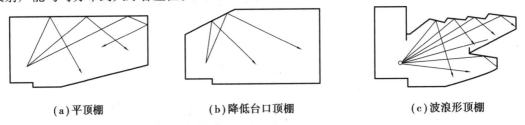

（a）平顶棚　　　　　　　　（b）降低台口顶棚　　　　　　　　（c）波浪形顶棚

图 3.4　观众厅顶棚的几种剖面形状示意图

3.1.2　结构、材料和施工的影响

不同的结构类型对房间的剖面形状有着一定的影响，大跨度建筑的房间剖面由于结构形式的不同而形成不同于砖混结构的内部空间特征，如某体育馆比赛大厅（图 3.5）采用跨度为50 多米的三铰拱钢桁架，具有独特的空间形状。

房间的剖面形状除应满足使用要求以外，还应考虑结构类型、材料及施工的影响，长方形的剖面形状规整，有利于梁板结构布置，同时施工也较简单。即使有特殊要求的房间，在能满足使用要求的前提下,也宜优先考虑采用矩形剖面。

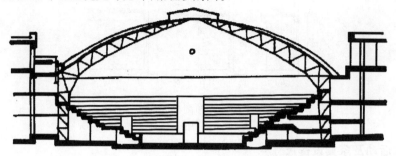

图 3.5　某体育馆比赛大厅剖面示意图

3.1.3　采光、通风的要求

一般进深不大的房间,采用侧窗采光和通风已足够满足室内卫生的要求。当房间进深较大,侧窗不能满足要求时,常设置各种形式的天窗,从而形成了各种不同的剖面形状。

有的房间虽然进深不大,但具有特殊要求,如展览馆中的陈列室,为使室内照度均匀、稳定、柔和,并减轻和消除眩光的影响,避免直射阳光损害陈列品,常设置各种形式的采光窗。图 3.6 为不同采光方式对剖面形状的影响。

对于厨房等在操作过程中散发出大量蒸汽、油烟的房间,可在顶部设置排气窗以加速排除有害气体(图 3.7)。

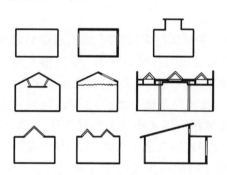

图 3.6　不同采光方式对剖面形状的影响

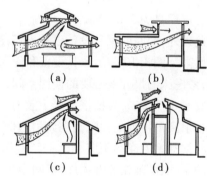

图 3.7　设置顶部排气窗的厨房剖面形状

3.2　房屋各部分的高度

3.2.1　房间的净高和层高

房间的剖面设计,首先需要确定房间的净高和层高。房间的净高是指楼地面到结构层(梁、板)底面或顶棚下表面之间的距离。层高是指该层楼地面到上一层楼面之间的距离(图 3.8)。房间的高度恰当与否,直接影响到房间的使用、经济以及室内空间的艺术效果,在通常情况下,房间高度的确定主要考虑以下几个方面。

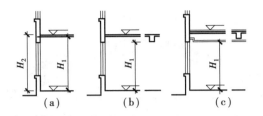

图 3.8　净高与层高

H_1—净高；H_2—层高

（1）人体活动及家具设备尺寸

房间的净高与人体活动尺度有很大关系。为保证人们的正常活动，一般情况下，室内最小净高应使人举手不接触到顶棚为宜，为此，房间净高应不低于 2.20 m（图 3.9）。

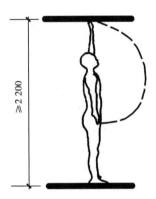

图 3.9　房间最小净高

不同类型的房间，由于使用人数不同、房间面积大小不同，对房间的净高要求也不相同。卧室使用人数少、面积不大，又无特殊要求，故净高较低，常取 2.6～2.8 m，但不应小于 2.4 m；教室使用人数多，面积相应增大，净高宜高一些，一般常取 3.3～3.6 m；公共建筑的门厅是联系各部分的交通枢纽，也是人们活动的集散地，人流较多，高度可较其他房间适当提高；商店营业厅净高受房间面积及客流量多少等因素的影响，国内大中型商店营业厅底层层高为 4.2～6.0 m，二层层高为 3.6～5.1 m。

除此以外，房间的家具设备以及人们使用家具设备所需的必要空间，也直接影响到房间的净高和层高。图 3.10 表示家具设备和使用活动要求对房间高度的影响。学生宿舍通常设有双层床，考虑床的尺寸及必要的使用空间，净高应比一般住宅适当提高，结合楼板层高度考虑，层高不宜小于 3.2 m；演播室顶棚下装有若干灯具，要求距顶棚有足够的高度，同时为避免灯光直接投射到演讲人的视野范围而引起眩光，灯光源距演讲人头顶至少有 2.0～2.5 m 的距离，因此，演播室的净高不应小于 4.5 m；医院手术室净高应考虑手术台、无影灯以及手术操作所必要的空间；游泳馆比赛大厅，房间净高应考虑跳水台的高度、跳水台至顶棚的最小高度；对于有空调要求的房间，通常在顶棚内布置有水平风管，确定层高时应考虑风管尺寸及必要的检修空间。

（2）采光、通风

房间的高度应有利于天然采光和自然通风，以保证必要的学习、生活及卫生条件。室内光线的强弱和照度是否均匀，除了和平面中窗户的宽度及位置有关外，还和窗户在剖面中的高低有关。房间里光线的照射深度，主要靠窗户的高度来解决，进深越大，要求窗户上沿的位置越高，即相应房间的净高也要高一些。当房间采用单侧采光时，通常窗户上沿离地的高度，应大于房间进深长度的一半［图 3.11（a）］；当房间允许两侧开窗时，房间的净高不小于总深度的1/4［图 3.11（d）］。

房间的通风要求，室内进出风口在剖面上的高低位置，也对房间净高有一定影响。潮湿和炎热地区的房屋，经常利用空气的气压差来组织室内穿堂风，如在内墙上开设高窗，或在门上设置亮子等改善室内的通风条件，在这些情况下，房间净高就相应要高一些。

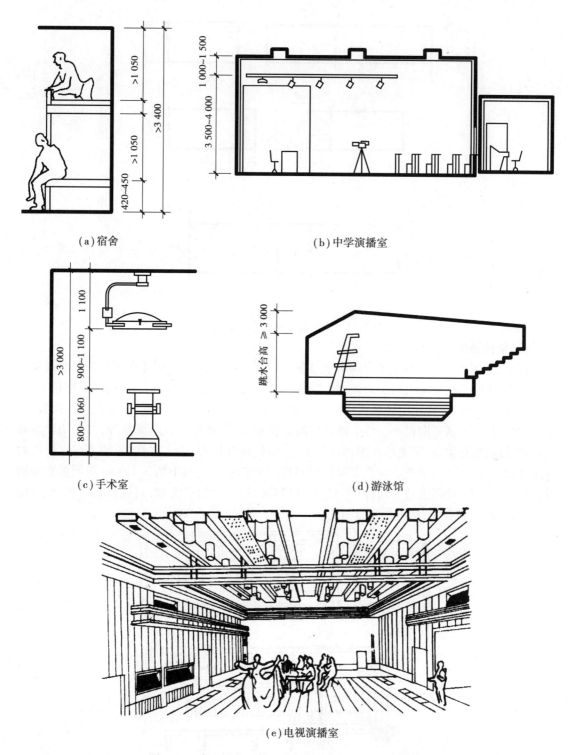

图 3.10　家具设备和使用设备要求对房间高度的影响

　　除此以外,容纳人数较多的公共建筑,应考虑房间正常的空气容量,保证必要的卫生条件。根据房间的容纳人数、面积大小及空气容量标准,可以确定出符合卫生要求的房间净高。

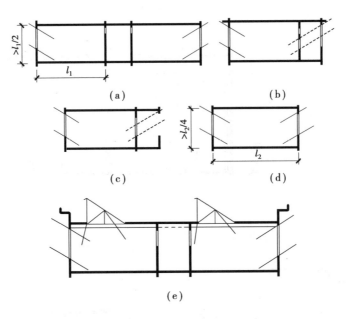

图 3.11　学校教室的采光方式示意图

(3) 结构高度

从图 3.8 中可知,层高等于净高加上楼板层(结构层)的高度。因此在满足房间净高要求的前提下,其层高尺寸随结构层的高度而变化。结构层越高,则层高越大;结构层高度越小,则层高相应也越小。一般住宅建筑由于房间开间进深小,多采用墙体承重,在墙上直接搁板,由于结构高度小,层高可取得小一些。随着房间面积加大,如教室、餐厅、商店等,多采用梁板布置方式,板搁置在梁上,梁支承在墙体或柱子上,结构高度较大,确定层高时,应考虑梁所占的空间高度。图 3.12 为梁板结构高度对房间高度的影响示意。其中图 3.12(a)预制板直接搁置在墙上,节省了梁所占的空间,图 3.12(b)房间面积大,增加了大梁,板搁置在墙和梁上,图 3.12(c)房间面积更大,结构高度也更大。

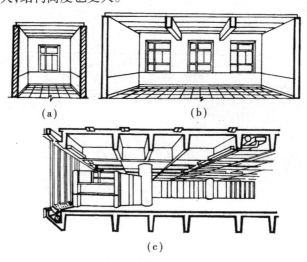

图 3.12　梁板结构高度对房间高度的影响示意图

(4)经济效果

层高是影响建筑造价的一个重要因素。在满足使用要求和卫生要求的前提下,适当降低层高可相应减小房屋的间距,节约用地,减轻房屋自重,改善结构受力情况,节约材料,从而降低建筑造价。实践表明,普通砖混结构的建筑物,层高每降低 100 mm 可节省投资的 1%。寒冷地区以及有空调要求的建筑,从减少空调费用、节约能源出发,层高也宜适当降低。

(5)室内空间比例

按照上述要求合理地确定房间高度的同时,还应注意房间的高宽比例,给人以适宜的空间感觉。一般地说,面积大的房间高度要高一些,面积小的房间则可适当降低。同时,不同的比例尺度往往给人们不同的心理感受,高大的空间具有严肃感,但过高就会让人觉得不亲切;低矮的空间具有亲切感,但过低又会让人觉得压抑。居住建筑要求空间具有小巧、亲切、安静的感觉;纪念性建筑则要求高大的空间以造成严肃、庄重的气氛;大型公共建筑的休息厅、门厅则要求给人以开阔、大度的感受。巧妙地运用空间比例的变化,使物质功能与精神感受结合起来,就能获得理想的效果。图 3.13(a)所示的门廊空间运用高而窄的比例处理,从而获得庄严、雄伟的效果。图 3.13(b)所示的大厅宽而相对较矮,使人感到亲切与开阔。

(a)高而较窄的空间比例　　　　　　　(b)宽而较矮的空间比例

图 3.13　不同空间比例的不同感受

3.2.2　窗台高度

窗台高度与使用要求、人体尺度、家具尺寸及通风要求有关。大多数的民用建筑,窗台高度主要考虑方便人们工作、学习,保证书桌上有充足的光线。窗台过高,书桌将全部或大部分处在阴影区,影响使用效果。窗台高度一般常取 900 mm 左右,这样窗台距桌面高度控制在 100～200 mm,保证了桌面上有充足的光线,并使桌上纸张不致被风吹出窗外[图 3.14(a)]。对于有特殊要求的房间[图 3.14(b)]设有高侧窗的陈列室,为消除和减少眩光,应避免陈列品靠近窗台布置。实践中总结出窗台到陈列品的距离要使保护角大于 14°,为此,一般将窗下口提高到离地 2.5 m 以上。厕所、浴室窗台可提高到 1.8 m 左右[图 3.14(c)]。托儿所、幼儿园窗台高度应考虑儿童的身高及较小的家具设备,医院儿童病房为方便护士照顾患儿,窗台高度均应较一般民用建筑低一些[图 3.14(d)、(e)]。

除此以外,某些公共建筑的房间如餐厅、休息厅、娱乐活动场所,以及疗养建筑和旅游建筑,为使室内阳光充足和便于观赏室外景色,丰富室内空间,常将窗台做得很低,甚至采用落地窗。

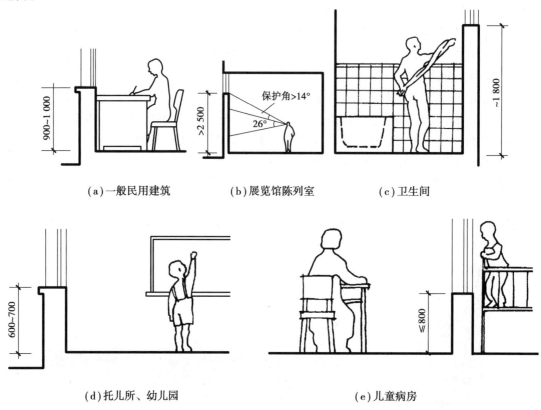

（a）一般民用建筑   （b）展览馆陈列室   （c）卫生间

（d）托儿所、幼儿园   （e）儿童病房

图 3.14　窗台高度

3.2.3　室内外地坪高差

为了防止室外雨水流入室内,并防止墙身受潮,一般民用建筑常把室内地坪适当提高,以使建筑物室内外地面形成一定高差。确定室内外高差主要考虑以下因素。

（1）内外联系方便

建筑物室内外应有方便的联系,一般住宅、商店、医院等建筑的室内外地面高差不大于600 mm。对于仓库一类建筑,为便于运输,在入口处常设置坡道,为不使坡道过长,室内外地面高差以不超过 300 mm 为宜。

（2）防水、防潮要求

为了防止室外雨水流入室内,并防止墙身受潮,底层室内地面应高于室外地面至少150 mm。对于地下水位较高或雨量较大的地区以及要求较高的建筑物,应适当加大室内外地面高差。

（3）地形及环境条件

位于山地和坡地的建筑物,应结合地形的起伏变化和室外道路布置来确定底层地坪标高,使其既方便内外联系,又有利于室外排水和减少土石方工程量。

（4）建筑物性格特征

一般民用建筑如住宅、旅馆、学校、办公楼等,是人们工作、学习和生活的场所,应具有亲切、平易近人的感觉,因此室内外高差不宜过大。纪念性建筑除在平面空间布局及造型上反映出它独自的性格特征以外,还常借助于室内外高差值的增大,如采用高的台基和较多的踏步处理,以增强严肃、庄重、雄伟的气氛。

在建筑设计中,一般将底层室内地坪标高定为 ±0.000,高于它的为正值,低于它的则为负值。

3.2.4　房屋的层数

确定房屋层数的因素很多,概括起来有以下几方面。

(1)使用要求

建筑物的使用性质对房屋的层数有一定要求。住宅、办公楼、旅馆等建筑,使用人数不多、室内空间高度较低,多由若干面积不大的房间组成,这一类建筑可采用多层和高层,利用楼梯、电梯作为垂直交通工具。

对于托儿所、幼儿园等建筑,考虑到儿童的生理特点和安全需要,同时为便于室内与室外活动场所的联系,其层数不宜超过三层。医院门诊部为方便病人就诊,层数也以不超过三层为宜。

影剧院、体育馆这一类公共建筑都具有面积和高度较大的房间,人流集中,为迅速而安全地进行疏散,宜建成低层。

(2)结构类型和建筑材料

建筑结构类型和材料是决定房屋层数的基本因素。如一般混合结构的建筑多以墙体承重,结构自重大,整体性差,层数不宜过多,常用于低层和多层的大量性民用建筑。

多层和高层建筑,可采用梁柱承重的框架结构、剪力墙结构或框架剪力墙结构等结构体系。表 3.1、图 3.15 分别表示各种结构体系的适用层数和高层建筑的结构体系示意。

表 3.1　各种结构体系的适用层数

体系名称	框架	框架剪力墙	剪力墙	框筒	筒体	筒中筒	束筒	带刚臂框筒	巨形支撑
适用功能	商业娱乐办公	酒店办公	住宅公寓	办公酒店公寓	办公酒店公寓	办公酒店公寓	办公酒店公寓	办公酒店公寓	办公酒店公寓
适用高度	12 层 50 m	24 层 80 m	40 层 120 m	30 层 100 m	100 层 400 m	110 层 450 m	110 层 450 m	120 层 500 m	150 层 800 m

(3)建筑基地环境与城市规划的要求

城市总体规划从改善城市面貌和节约用地考虑,常对城市内各个地段特别是沿街部分或城市广场的新建房屋,明确规定建筑物的修建层数,确定房屋的层数时必须满足城市规划部门的要求。

(4)建筑防火要求

建筑物的层数还受到建筑耐火等级的限定。按照《建筑设计防火规范(2018 年版)》(GB 50016—2014)的规定,耐火等级为一、二级的民用建筑,原则上层数不受限制;三级民用建筑,允许层数为1 ~5 层;四级的民用建筑则不得超过 2 层(详见第 13 章表 13.2)。

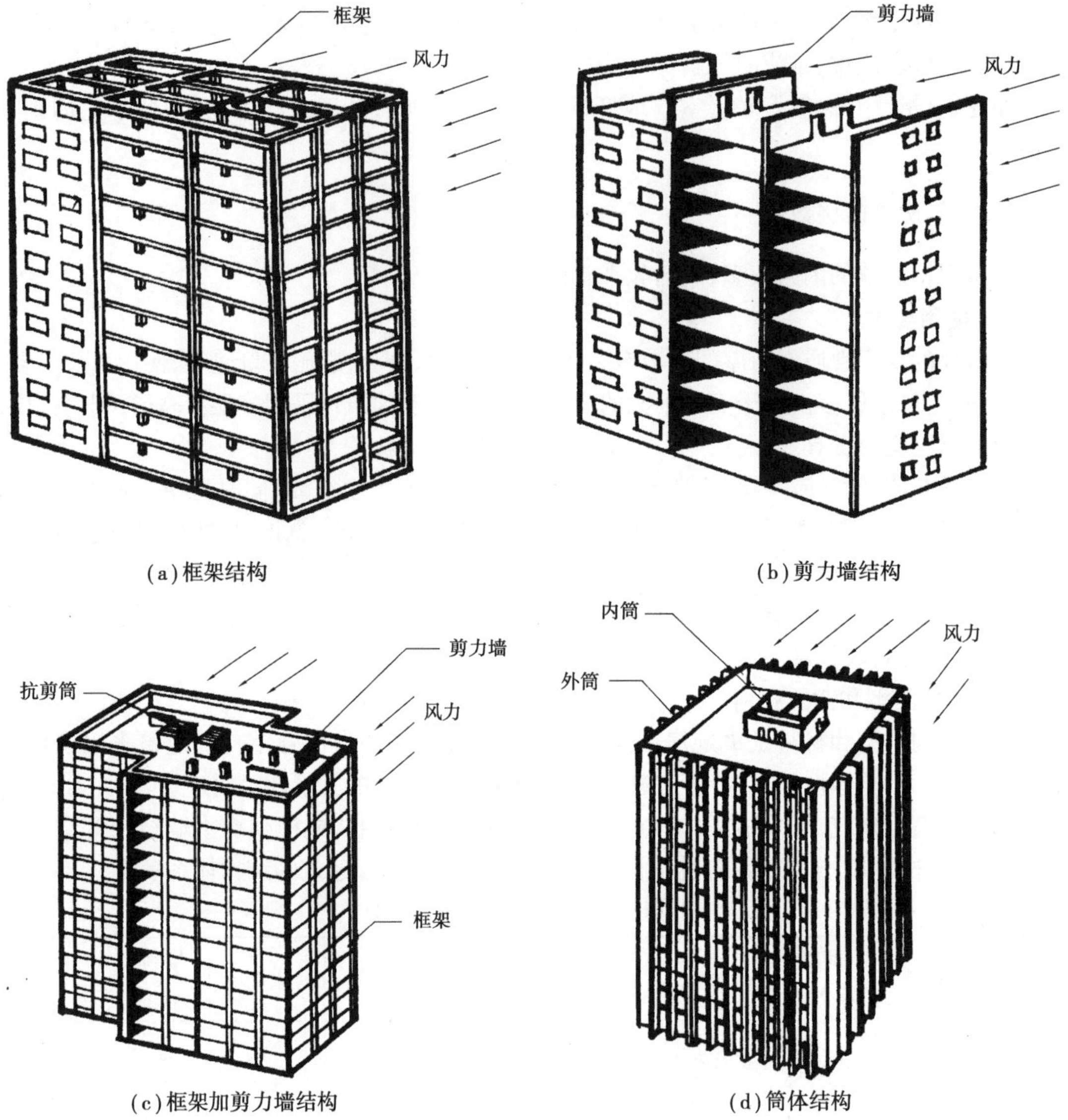
框架
风力
剪力墙
风力
(a)框架结构
(b)剪力墙结构
抗剪筒
剪力墙
风力
框架
内筒
外筒
风力
(c)框架加剪力墙结构
(d)筒体结构

图 3.15　高层建筑的结构体系示意

3.3　建筑空间的剖面组合

建筑空间组合就是根据内部使用要求,结合基地环境等条件将各种不同形状、大小、高低的空间组合起来,使之成为使用方便、结构合理、体型简洁完美的整体。空间组合包括水平方向及垂直方向的组合关系,剖面组合即指垂直方向的组合。

3.3.1　**建筑空间的剖面组合**

在进行建筑空间组合时,应根据使用性质和使用特点将各房间进行合理的垂直分区,做到分区明确,使用方便,流线清晰,合理利用空间,同时应注意结构合理,设备管线集中。对于不同空间类型的建筑也应采取不同的组合方式。

(1)重复小空间的组合

在住宅、医院、学校、办公楼等建筑中,高度相同、大小相等、使用性质相近的房间常采用走道式和单元式的组合方式组合在同一层上,用楼梯将各层空间垂直联系起来构成一个整体。由于空间的大小、高低相等且重复较多,对统一各层楼地面标高、简化结构是有利的。

有的建筑由于使用要求或房间大小不同,出现了高低差别。如教学楼中教室的高度通常就比办公室大。为了节约空间、降低造价,可将它们分别集中布置,采取不同的层高,以楼梯或踏步来解决两部分空间的联系(图 3.16)。

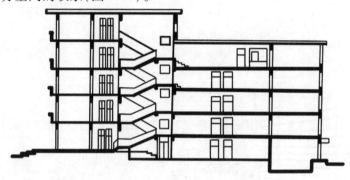

图 3.16 教学楼不同层高的剖面处理

(2)大小悬殊空间的组合

1)以大空间为主体穿插布置小空间

影剧院、体育馆等建筑虽然有多个空间,但其中有一个大空间(观众厅或比赛大厅)是主体,其面积和高度都比其他房间大得多。空间组合常以大空间为中心,在其周围布置小空间,或将小空间布置在大厅看台下面,如图 3.17 所示的某体育馆剖面示意,以比赛大厅为中心将运动员休息室、更衣室、贵宾室以及设备用房等布置在看台下,并利用四周的休息走廊将辅助空间和比赛大厅、门厅联系起来。

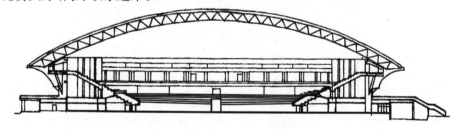

图 3.17 某体育馆剖面示意图

2)以小空间为主灵活布置大空间

某些类型的建筑,虽然绝大部分房间为小空间,但由于功能要求还需布置少量大空间,如教学楼中的阶梯教室,办公楼中的大会议室,旅馆中的餐厅、临街住宅中的营业厅等。这类建筑在空间组合中常以小空间组合形成主体,将大空间附建于主体建筑旁,从而不受层高与结构的限制;或将大小空间上下叠合起来,分别将大空间布置在主体的顶部或底部(图 3.18)。

3）错层式空间组合

有的公共建筑，如教学楼、办公楼、旅馆等主要使用房间的空间高度并不高，为了丰富门厅空间变化并得到合适的空间比例，常将门厅地面降低。这种高差不大的空间联系常借助于少量踏步来解决（图3.19）。

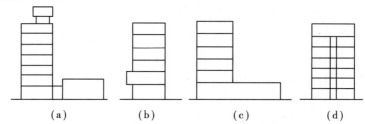

（a）　　　　（b）　　　　（c）　　　　（d）

图 3.18　大小、高低不同的空间组合

图 3.19　用踏步解决错层高差

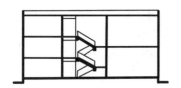

图 3.20　用楼梯间解决错层高差

当组成建筑物的两部分空间高差较大，或由于地形起伏变化，房屋几部分之间楼地面高低错落时，常利用楼梯间解决错层高差，即通过调整梯段踏步的数量，使楼梯平台与错层楼地面标高一致。图3.20中两部分房间层高比为3∶2，分别通过楼梯两端平台进入各层房间。

3.3.2　建筑空间的利用

充分利用室内空间不仅可以增加使用面积、节约投资，还可以起到改善室内空间比例、丰富室内空间艺术的效果。

（1）房间内空间的利用

在大型商场、体育馆、影剧院、候机楼等公共建筑中，常常有平面尺寸和空间高度都很大的空间,由于功能要求,其主体空间与辅助空间的面积和层高通常不一致,为了充分利用空间及丰富室内空间的效果,常采取在大空间周围布置夹层的方式(图3.21)。

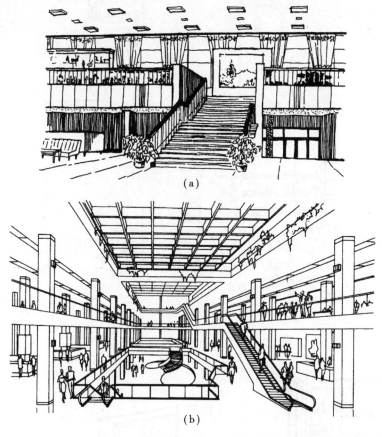

图 3.21　夹层空间的利用示例

住宅中常利用房间上部空间设置搁板、吊柜作为储藏之用(图3.22)。在一些房间中还利用墙体空间设置壁龛、窗台柜(图3.23),利用角柱布置书架及工作台。

(2)楼梯间及走道空间的利用

一般民用建筑楼梯间的底部和顶部,通常都有可以利用的空间。楼梯间底层休息平台下至少有半层高,为了充分利用这部分空间,可采取降低平台下地面标高或增加第一梯段高度以加大平台下的净空高度,作为布置储藏室或出入口之用。另外,楼梯间顶层有一层半空间高度,可以利用部分空间布置一个小储藏间。

民用建筑的走道主要用于人流通行,其面积和宽度都较小,因此高度也相应要求低些。但从简化结构考虑,走道和其他房间往往采取相同的层高。为充分利用走道上部多余的空间,常利用走道上空布置设备管道及照明线路。居住建筑中常利用走道上空布置储藏空间,这样处理不但充分利用了空间,也使走道的空间比例尺度更加协调。

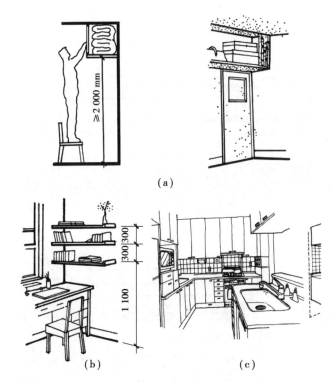

图 3.22　房间内空间的利用(搁板、吊柜)

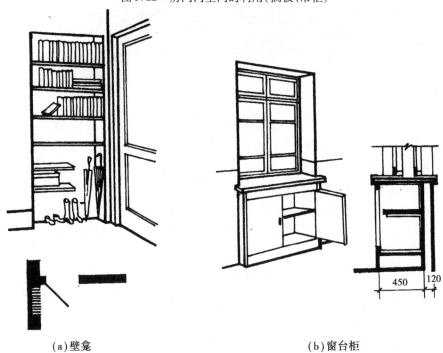

(a)壁龛　　　　　　　　　　　　(b)窗台柜

图 3.23　房间内空间的利用(壁龛、窗台柜)

小　结

1. 剖面设计包括剖面造型、层数、层高及各部门高度的确定,建筑空间的组合与利用等。

2. 房间剖面形状的确定应考虑房间的使用要求、结构、材料和施工的影响,采光通风等因素。大多数房间采用矩形,这是因为矩形规整,对使用功能、结构、施工及工业化均有利。

3. 建筑物层数的确定应考虑使用功能的要求、结构、材料和施工的影响,城市规划及基地环境的影响,建筑的防火及经济等的要求。

4. 层高与净高的确定应考虑使用功能、采光通风、结构类型、设备布置、空间比例、经济等主要因素的影响。窗台高度与房间使用要求、人体尺度、家具设计及通风要求有关。室内外地坪高差应考虑内在联系方便,防水、防潮要求,地形基地环境条件,建筑物性格特征等因素。

5. 剖面空间组合包括重复小空间的组合、大小悬殊空间的组合、错层式空间组合等方式。充分利用空间的处理方式有:房间内空间的利用、楼梯间及走道空间的利用。

复习思考题

1. 如何确定房间的剖面形状? 试举例说明。

2. 什么是层高、净高? 确定层高与净高应考虑哪些因素? 试举例说明。

3. 房间窗台高度如何确定? 试举例说明。

4. 室内外地面高差由什么因素确定?

5. 确定建筑物的层数应考虑哪些因素? 试举例说明。

6. 建筑空间的剖面组合有哪几种处理方式? 试举例说明。

7. 建筑空间的利用有哪些处理手法?

第 4 章
建筑体型和立面设计

4.1 建筑体型和立面设计的要求

建筑的体型和立面设计是建筑外形设计的两个主要组成部分,它们之间有着密切的联系,贯穿于整个建筑设计始终,既不是内部空间被动地直接反映,也不是简单地在形式上进行表面加工,更不是建筑设计完成后的外形处理。建筑体型设计主要是对建筑外形总的体量、形状、比例、尺度等方面的确定,并针对不同类型建筑采用相应的体型组合方式;立面设计主要是对建筑体型的各个方面进行深入刻画和处理,使整个建筑形象趋于完善。为更好地完成建筑体型和立面设计,就要遵循一定的设计原则,灵活运用各种设计方法,从建筑的整体到局部反复推敲、相互协调、力争达到完美的地步。

4.1.1 反映建筑功能要求和建筑个性特征

不同功能要求的建筑类型,具有不同的内部空间组合特点,建筑的外部体型和立面应该正确表现这些建筑类型的特征,如建筑体型的大小、高低、体型组合的简单或复杂,墙面门窗位置的安排以及大小和形式等。采用适当的建筑艺术处理方法来强调建筑的个性,使其更为鲜明、突出,有效地区别于其他建筑。例如,住宅建筑由于内部房间较小,通常体型上进深较浅,立面上常以较小的窗户和入口,分组设置的楼梯和阳台反映其特征[图4.1(a)]。学校建筑中的教学楼,由于室内采光要求较高,人流出入多,立面上常形成高大明快、成组排列的窗户和宽敞的入口[图4.1(b)]。影剧院建筑由于观演部分声响和灯光设施等要求,以及观众场间休息所需的空间,在建筑体型上,常以高耸封闭的舞台部分和宽广开敞的休息厅形成对比[图4.1(c)]。底层设置大片玻璃面的陈列橱窗和大量人流的明显出入口,成为商业建筑形象立面特征[图4.1(d)]。

房屋外部的形象特征反映建筑类型内部空间的组合特点,美观问题紧密地结合功能要求,正是建筑艺术有别于其他艺术的特点之一。脱离功能要求,片面追求外部形象的美观,违反适用、经济、美观三者的辩证统一关系,必然导致建筑形式和内部的分离。

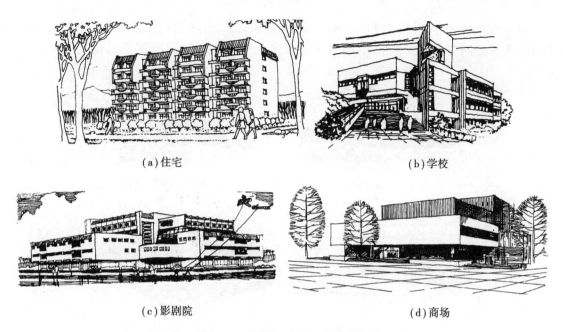

(a)住宅　　　　　　　　　　　　(b)学校

(c)影剧院　　　　　　　　　　　(d)商场

图 4.1　不同类型建筑的外形特征

4.1.2　反映物质技术条件

　　建筑不同于一般的艺术品,它必须运用大量的材料并通过一定的结构施工技术条件等手段才能建成。因此建筑体型及立面设计必然在很大程度上受到物质技术条件的制约,并反映出结构、材料和施工的特点。

　　一般中小型民用建筑多采用混合结构,由于受到墙体承重及梁板经济跨度的限制,室内空间小,层数不多,开窗面积受到限制。这类建筑的立面处理可通过外墙面的色彩、材料质感、水平与垂直线条及门窗的合理组织等来表现混合结构建筑简洁、朴素、稳重的外观特征[图 4.2(a)]。钢筋混凝土框架结构由于墙体仅起围护作用,这就给空间处理赋予了较大的灵活性。它的立面开窗较自由,既可形成大面积独立窗,也可组成带形窗,甚至底层可以全部取消窗间墙而形成完全通透的形式。框架结构建筑具有简洁、明快、轻巧的外观形象[图 4.2(b)]。

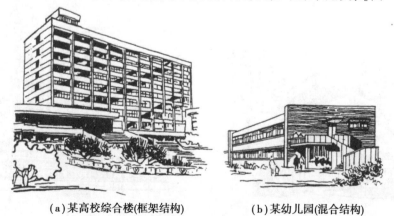

(a)某高校综合楼(框架结构)　　　　(b)某幼儿园(混合结构)

图 4.2　砖混结构、框架结构建筑的外部特征

随着现代新结构、新材料、新技术的发展,给建筑外形设计提供了更大的灵活性和多样性。特别是各种空间结构的大量运用,更加丰富了建筑物的外观形象,使建筑造型千姿百态(图4.3)。

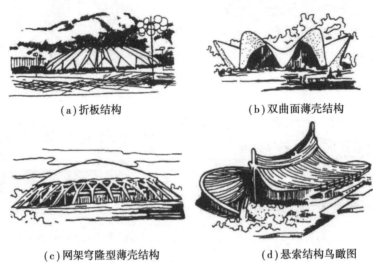

(a)折板结构 　　　　　　　　　(b)双曲面薄壳结构

(c)网架穹隆型薄壳结构 　　　　　　(d)悬索结构鸟瞰图

图4.3　各种空间结构的建筑形象

由于施工技术本身的局限性,各种不同的施工方法对建筑造型都具有一定的影响。如采用各种工业化施工方法的建筑:滑模建筑、升板建筑、盒子建筑等都具有自己不同的外形特征。

建筑本身就是构成城市空间和环境的重要因素,它不可避免地要受到城市规划、基地环境的某些制约。另外,任何建筑都必定坐落在一定的基地环境之中,要处理得协调统一,与环境融为一体,就必须和环境保持密切的联系。所以建筑基地的地形、地质、气候、方位、朝向、形状、大小、道路、绿化以及原有建筑群的关系等都对建筑外部形象有极大影响。

位于自然环境中的建筑要因地制宜,结合地形起伏变化使建筑高低错落、层次分明、并与环境融为一体。如美国建筑师弗兰克·劳埃德·赖特设计的流水别墅(图4.4),建于幽雅的山泉峡谷之中,造型多变,高低悬挑的钢筋混凝土平台纵横错落、互相穿插,凌跃于奔泻而下的瀑布之上,建筑与山石、流水、树林的巧妙结合使建筑融于环境之中。

图4.4　流水别墅 　　　　　　　　图4.5　某综合办公建筑

4.1.3　满足基地环境及城市规划要求

位于城市街道和广场的建筑物,一般由于用地紧张,受城市规划约束较多,建筑造型设计要密切结合城市道路、基地环境、周围原有建筑物的风格及城市规划部门的要求等。如图 4.5 所示的某综合办公建筑结合基地朝向,采用建筑端部朝外的布置方式,保证了办公楼有良好的通风和朝向,并打破了街道一侧屏风式的处理手法,建筑物高低错落,丰富了城市面貌。

4.1.4　符合社会经济条件

建筑物从总体规划、建筑空间组合、材料选择、结构形式、施工组织直到维修管理等都包含着经济因素。建筑外形设计应本着勤俭的精神,严格掌握质量标准,尽量节约资金。对于大量性民用建筑、大型公共建筑或国家重点工程等不同项目,应根据它们的规模、重要程度和地区特点等分别在建筑用材、结构类型、内外装修等方面加以区别对待,防止滥用高级材料造成不必要的浪费。同时,也要防止片面节约,盲目追求低标准从而造成使用功能不合理,导致破坏建筑形象和增加建筑物的经常维修管理费用。一般来说,对于大量性建筑,标准可以低一些,而国家重点建造的某些大型公共建筑,标准则可高一些。

应当提出:建筑外形的艺术美并不是以投资的多少为决定因素。事实上只要充分发挥设计者的主观能动性,在一定的经济条件下,巧妙地运用物质技术手段和构图法则,努力创新,完全可以设计出适用、经济、绿色、美观的建筑物来。

4.1.5　符合建筑构图的基本规律

在日常生活中,人们对一幢建筑的外观形象总是会产生美与不美的印象。究竟什么样的建筑才算美? 如何才能创造形式美的建筑? 这是每一个设计工作者都非常关心的问题。建筑造型是有其内在规律的,人们要创造出美的建筑,就必须遵循建筑美的法则,如统一、均衡、稳定、对比、韵律等。不同时代、不同地区、不同民族,尽管建筑形式千差万别,尽管人们审美观各不相同,但这些建筑美的基本法则都是一致的,是被人们普遍承认的客观规律,因而具有普遍性。下面将分别介绍建筑构图的一些基本规律。

(1)统一与变化

建筑物在客观上普遍存在着统一与变化的因素。一座建筑物中相同使用功能的房间在层高、开间、门窗及其他方面采取统一的做法和处理方式。工业化生产要求在建筑结构设计时尽可能地采取统一的构件和做法,外形上也必然有所反映。这些都是一些统一的因素。而不同使用功能的房间的不同处理方式,组成建筑的不同构件,如门窗、墙柱、屋顶、雨篷、凹凸阳台等,由于其不同的内容而在外形上反映出多样化的形式,这些则是一些变化的因素。在这些客观存在着的统一与变化的因素中,如何处理它们之间的相互关系,就成为建筑构图中的一个非常重要的问题。所谓“多样统一”“统一中有变化”“变化中求统一”都是为了取得整齐、简洁、有序而又不至于单调、呆板,体型丰富而又不至于杂乱无章的建筑形象。

在建筑处理上,统一的概念并不仅局限在一栋建筑物的外形上,而必须是外部形象和内部空间及使用功能的有机统一。优秀的建筑作品,从总体到个体,从外形到内部,从形式到内容,从体型到立面和细部处理都必须是和谐统一的有机整体。

统一与变化是古今中外优秀建筑师必然要遵循的一个共同准则,是建筑构图的一条重要原则,也是艺术领域里各种艺术形式都要遵循的一般原则。它是一切形式美的基本规律,具有广泛的普遍性和概括性。其他如主从、对比、比例、均衡等构图诸要点,实际上是统一与变化在某一方面的体现,或者说是作为达到统一与变化的手段。

1)以简单的几何形状求统一

任何简单的容易被人们辨认的几何形体都具有一种必然的统一性,如圆柱体、圆锥体、长方体、正方体、球体等[图4.6(a)],这些形体也常常用于建筑上。由于它们的形状简单,很自然取得统一。如我国古代的天坛、园林建筑中的亭台也常以简单的几何形体而给人以明确统一的印象。如图4.6(b)所示的某银行,以简单的几何形体获得高度统一、稳定的效果。如图4.6(c)所示的某体育馆,以简单的长方形为基本形体,达到统一、稳定的效果。

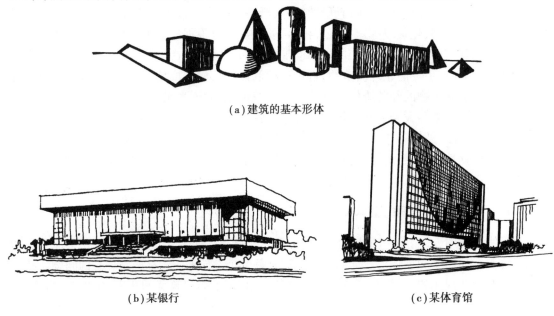

(a)建筑的基本形体

(b)某银行　　　　　　　　　　　(c)某体育馆

图4.6　以简单的几何形体求统一

2)主从分明,以陪衬求统一

复杂体量的建筑根据功能的要求常包括有主要部分和从属部分,如果不加以区别对待,则建筑必然显得平淡、松散、缺乏统一性。在外形设计中,恰当地处理好主要与从属、重点与一般的关系,使建筑形成主从分明,以次衬主的特点,就可以加强建筑的表现力,取得完整统一的效果。

①运用轴线的处理突出主体。

从古到今,对称手法在建筑中的运用较为普遍,图4.7中利用中央主轴线的高大空廊将两翼对称的陈列室联系起来,通过两翼对空廊的衬托,既突出了主体,又创造了一个完整统一的外观形象。一些纪念性建筑和大型办公楼也常采取这种手法。

②以低衬高突出主体。

在建筑外形设计中,可以充分利用建筑功能要求上所形成的高低不同,并有意识加以强调某个部分使之形成重点,而其他部分则明显处于从属地位。这种采取体量差别形成以低衬高、以高控制整体的处理手法也是取得完整统一的有效措施。荷兰建筑师杜多克设计的希尔弗瑟姆市政厅以高塔形成明显的主从关系。这种以低衬高、以高控制全体的巧妙构图技巧使建筑取得了完整统一的优美形象(图 4.8)。除此以外,在近代机场建筑中也常常以较高体量的瞭望塔与低而平的候机大厅体量的对比,取得主从分明、完整统一的体型组合。

图 4.7　对称手法在建筑中的运用

图 4.8　荷兰希尔弗瑟姆市政厅

图 4.9　加拿大多伦多市政厅

③利用形象变化突出主体。

一般说来,弯曲的部分要比直的部分更引人注目,更易于激发人们的兴趣。在建筑造型上运用圆形、折线形或比较复杂的轮廓线都可取得突出主体、控制全局的效果,如加拿大多伦多市政厅(图 4.9)。

(2)均衡与稳定

均衡与稳定既是力学概念也是建筑形象概念。如果一个建筑物看起来摇摇欲坠,或动荡不安、紧张吃力,就很难谈得上美观问题。因此均衡与稳定也是建筑构图中的一个重要原则。均衡主要是研究建筑物各部分前后左右的轻重关系,并使其组合起来给人以安定、平稳的感觉;稳定则指建筑整体上下之间的轻重关系,应给人以安全可靠、坚如磐石的效果。均衡与稳定是相互联系的。

在处理建筑物的均衡与稳定关系时,还应考虑各建筑造型要素之间轻重感的处理关系。一般来说,墙、柱等实体部分感觉要重一些,门、窗、敞廊等空虚部分感觉要轻一些;材料粗糙的感觉要重一些,材料光洁的感觉要轻一些;色暗而深的感觉要重一些;色明而浅的感觉要轻一些;此外经过装饰(如绘画雕刻等)或线条分割后的实体比没有处理的实体,在轻重感上也有很大的区别。

在建筑构图中,均衡与力学的杠杆原理是有联系的。图 4.10 中的支点表示均衡中心,根据均衡中心的位置不同,可分为对称的均衡与不对称的均衡。

(a)绝对对称平衡   (b)基本对称平衡   (c)不对称平衡   (d)不对称平衡

图 4.10   均衡的力学原理

对称的建筑是绝对均衡的,以中轴线为中心并加以重点强调,两侧对称容易取得完整统一的效果,给人以端庄、雄伟、严肃的感觉,常用于纪念性建筑或者其他需要表现庄严、隆重的公共建筑。如人民大会堂等都是通过对称均衡的形式体现出不同建筑的特征,获得明显的完整统一。图 4.11 为对称均衡的示例。

(a)对称均衡示意图   (b)对称均衡建筑物示例

图 4.11   对称均衡的示例

建筑物由于受到功能、结构、材料、地形等各种条件的限制,不可能都采用对称形式。同时随着科学技术的进步以及人们审美观念的发展变化,要求建筑更加灵活、自由,因此,不对称的均衡得以广泛采用。

不对称均衡是将均衡中心(视觉上最突出的主要出入口)偏于建筑的一侧,利用不同体量、材质、色彩、虚实变化等的平衡达到不对称均衡的目的。它与对称均衡相比显得轻巧、活泼。图 4.12 为不对称均衡的示例。

(a)不对称均衡示意图   (b)不对称均衡建筑物示例

图 4.12   不对称均衡的示例

　　图 4.12(b)中的建筑物采用大雨篷、入口门厅宽敞明亮的落地窗等突出均衡中心,并以一侧高而窄的垂直体量和另一侧低矮的水平体量相平衡,取得了不对称均衡的效果。

　　建筑物达到稳定往往要求有较宽大的底面,上小下大、上轻下重使整个建筑重心尽量下降而达到稳定的效果,许多建筑在底层布置宽阔的平台式雨篷形成一个形似稳固的基座,或者逐层收分形成上小下大的三角形或阶梯形状(图 4.13)。但是现代新结构、新材料的发展,引起了人们审美观的变化。传统的砖石结构上轻下重、上小下大的稳定观念也在逐渐发生变化。近代建造了不少底层架空的建筑,利用悬臂结构的特性、粗糙材料的质感和浓郁的色彩加强底层的厚重感,同样达到稳定的效果(图 4.14)。

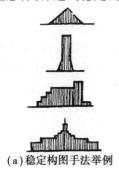

(a)稳定构图手法举例

(b)中国美术馆

图 4.13　体型组合的稳定构图

(a)稳定构图手法举例

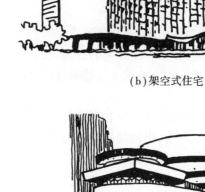

(b)架空式住宅

(c)古根海姆博物馆

图 4.14　体型组合的稳定构图

(3)韵律

　　所谓韵律,常指建筑构图中有组织的变化和有规律的重复。变化与重复形成有节奏的韵律感,从而可以给人以美的感受。建筑造型中,常用的韵律手法有连续韵律、渐变韵律、起伏韵律和交错韵律等(图 4.15)。建筑物的体型、门窗、墙柱等的形状、大小、色彩、质感的重复和有组织的变化,都可形成韵律来加强和丰富建筑形象。

（a）连续的韵律　　　　　　　（b）渐变的韵律　　　　　（c）起伏的韵律

图 4.15　韵律的类型

1）连续的韵律

这种手法在建筑构图中,强调一种或几种组成部分的连续运用和重复出现的有组织排列所产生的韵律感。如图 4.16 所示,建筑外观上利用环梁和连续排列的相同折板构件形成这种韵律,是将某些组成部分,如体量的大小、高低,色彩的冷暖、浓淡,质感的粗细、轻重等,作有规律的增减,以造成统一和谐的韵律感。如图 4.17 所示,建筑体型由下向上逐层缩小,取得渐变的韵律。

图 4.16　连续的韵律　　　　　　　　图 4.17　渐变的韵律

2）交错的韵律

此种韵律是指在建筑构图中,运用各种造型因素,如体型的大小、空间的虚实、细部的疏密等手法,作有规律的纵横交错、相互穿插的处理,形成一种丰富的韵律感。如图 4.18 所示,在立面处理上,利用规则的凹入小窗构成交错的韵律,具有生动的图案效果。

3）起伏的韵律

这种手法也是将某些组成部分作有规律的增减变化所形成的韵律感,但它与渐变的韵律有所不同,而是在体型处理中,更加强调某一因素的变化,使体型组合或细部处理高低错落、起伏生动。如图 4.19 所示,某公共建筑屋顶结构,利用筒壳结构的高低变化、起伏波动,形成一种起伏的韵律感。

图 4.18　交错的韵律　　　　　　　　图 4.19　起伏的韵律

（4）对比与微差

一个有机统一的整体,各种要素除按照一定秩序结合在一起外,必然还有各种差异,对比与微差所指的就是这种差异性。在体型及立面设计中,对比指的是建筑物各部分之间显著的差异,而微差则是指不显著的差异,即微弱的对比。对比可以借助相互之间的烘托、陪衬而突出各自的特点以求得变化;微差可以借彼此之间的连续性以求得协调,只有把这两方面巧妙地结合,才能获得统一性(图4.20)。

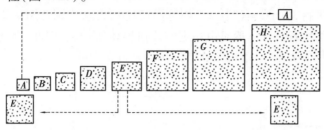

图4.20　对比与微差——大小关系的变化

建筑造型设计中的对比与微差因素,主要有量的大小、长短、高低、粗细的对比,形的方圆及锐钝的对比、方向对比、虚实对比、色彩、质地、光影对比等。同一因素之间通过对比,相互衬托,就能产生不同的外观效果。对比强烈,则变化大,突出重点;对比小,则变化小,易于取得相互呼应、协调统一的效果。如巴西国会大厦(图4.21),体型处理运用了竖向的两片板式办公楼与横向体量的对比,一正一反两个碗状的议会厅的对比,以及整个建筑体型的直与曲、高与低、虚与实的对比,给人留下强烈的印象。又如某些建筑物(图4.22),由于自身功能特点及当地的气候条件,实墙面积很大而开窗极小,虚实对比极为强烈。此外,这组建筑还充分运用了钢筋混凝土的雕塑感、玻璃窗洞的透明感以及大型坡道的流畅感,从而协调了整个建筑的统一气氛。图4.23运用了对比与协调区的统一。

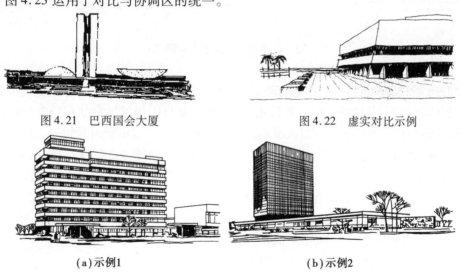

图4.21　巴西国会大厦　　　　　　　　图4.22　虚实对比示例

(a)示例1　　　　　　　　　　(b)示例2

图4.23　对比与协调区的统一

(5)比例

比例是指长、宽、高三个方向之间的大小关系,所谓推敲比例就是指通过反复比较而寻求出这三者之间最理想的关系。建筑体型中,无论是整体或局部,以及整体与局部之间,局部与局部之间都存在着比例关系。如整幢建筑与单个房间长、宽、高之比;门窗或整个立面的高宽比;立面中的门窗与墙面之比;门窗本身的高宽比等。良好的比例能给人以和谐、完美的感受,反之,比例失调就无法使人产生美感。

一般来说,抽象的几何形状以及若干几何形状之间的组合,处理得当就可获得良好的比例而易于为人们所接受。如圆形、正方形、正三角形等具有肯定的外形而引起人们的注意;"黄金率"的比例关系(即长宽之比为1∶1.618)要比其他长方形好;大小不同的相似形,它们之间对角线互相垂直或平行,由于具有"比率"相等而使比例关系协调。图4.24以相似的比例求得和谐统一。建筑物的各部分一般是由一定的几何形体所构成,因此,在建筑设计中,有意识地注意几何形体的相似关系,对于推敲和谐的比例是有帮助的。

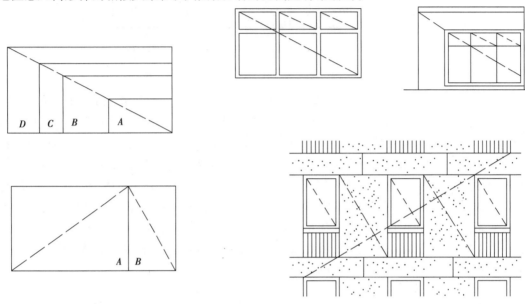

图4.24 以相似的比例求得和谐统一

(6)尺度

尺度所研究的是建筑物的整体与局部给人感觉上的大小印象与真实大小之间的关系。抽象的几何形体显示不了尺度感,但一经尺度处理,人们就可以通过这种处理感觉出它的大小来。在建筑设计过程中,人们常常以人或与人体活动有关的一些不变因素如门、台阶、栏杆等作为比较标准,通过与它们的对比而获得一定的尺度感。如窗台、栏杆高度一般为900~1 000 mm,门扇高度为2 000~2 400 mm,踏步高为150~175 mm等,通过将这些固定的尺度与建筑整体或局部进行比较,就会得出很鲜明的尺度感。图4.25表示建筑物的尺度感,其中图4.25(a)表示抽象的几何形体,没有任何尺度感,图4.25(b)、图4.25(c)、图4.25(d)通过与人的对比就可以得出建筑物的大小、高低。

在设计工作中,尺度的处理通常有三种方法:

①自然的尺度:以人体大小来度量建筑物的实际大小,从而给人的印象与建筑物真实大小一致。常用于住宅、办公楼、学校等建筑。

②夸张的尺度:运用夸张的手法给人以超过真实大小的尺度感。常用于纪念性建筑或大型公共建筑,以表现庄严、雄伟的气氛。

③亲切的尺度:以较小的尺度获得小于真实的感觉,从而给人以亲切宜人的尺度感。常用来创造小巧、亲切、舒适的气氛,如庭院建筑。

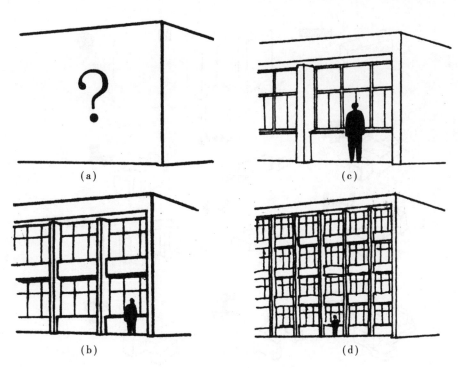

图 4.25　建筑物的尺度感

4.2　建筑体型的设计方法

体型是指建筑物的轮廓形状,反映了建筑物总的体量大小、组合方式以及比例尺度等。

4.2.1　建筑体型的组合

不论建筑体型的简单与复杂,它们都是由一些基本的几何形体组合而成,基本上可以归纳为单一体型和组合体型两大类(图 4.26)。设计中,采用哪种形式的体型,并不是按建筑物的规模大小来区别的,如中小型建筑,不一定都是单一体型,大型公共建筑也不一定都是组合体型,而应视具体的功能需求和设计者的意图来确定。

(1)单一体型

所谓单一体型是指整幢房屋基本上是一个比较完整的、简单的几何形体。采用这类体型的建筑,特点是平面和体型都较为完整单一,复杂的内部空间都组合在一个完整的体型中。平面形式多采用对称的正方形、三角形、圆形、多边形、风车形和"Y"形等单一几何形状(图 4.27、图 4.28)。单一体型的建筑常给人以统一、完整、简洁大方、轮廓鲜明和印象强烈的效果。

绝对单一几何体型的建筑通常并不是很多的,往往由于建筑地段、功能、技术等要求或建筑美观上的考虑,在体量上作适当的变化或加以凹凸起伏的处理,用以丰富房屋的外形,如住宅建筑,可通过阳台、凹廊和楼梯间的凹凸处理,使简单的房屋体型产生韵律变化(图 4.29)。有时结合一定的地形条件还可按单元处理成前后或高低错落的体型。

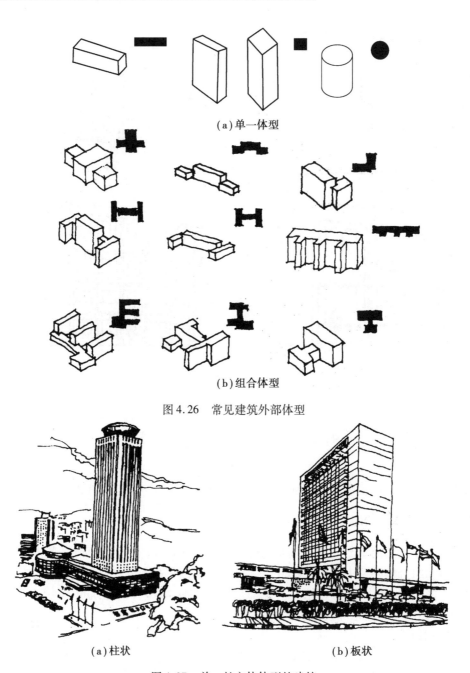

（a）单一体型

（b）组合体型

图 4.26　常见建筑外部体型

（a）柱状　　　　　　　　　　　（b）板状

图 4.27　单一长方体体型的建筑

图 4.30 所示某航空港将候机厅、贵宾接待室、餐厅、商店、宿舍、辅助用房等不同功能的房间组合在一个长方体的空间中，简洁的外形，四周有规律的倾斜列柱衬以大面积的玻璃窗，加上顶部的弧形大挑檐，形成了鲜明、轻盈的外观形象。

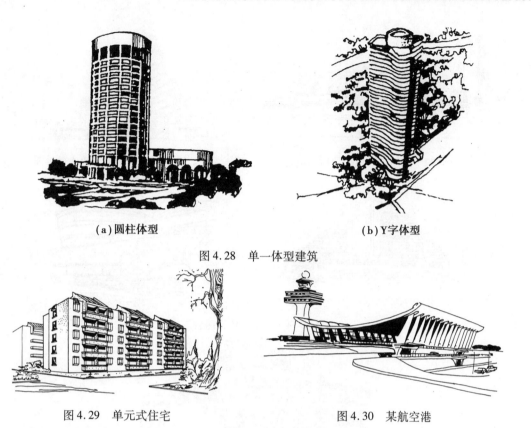

（a）圆柱体型　　　　　　　　　　　　　　　　（b）Y字体型

图 4.28　单一体型建筑

图 4.29　单元式住宅　　　　　　　　　图 4.30　某航空港

（2）组合体型

所谓组合体型是指由若干个简单体型组合在一起的体型（图 4.31）。当建筑物规模较大或内部空间不易在一个简单的体量内组合，或者由于功能要求需要内部空间组成若干相对独立的部分时，常采用组合体型。组合体型中各体量之间存在着相互协调统一的问题，设计中应根据建筑内部功能要求、体量大小和形状，遵循统一变化、均衡稳定、比例尺度等构图规律进行体量组合设计（图 4.32—图 4.35）。

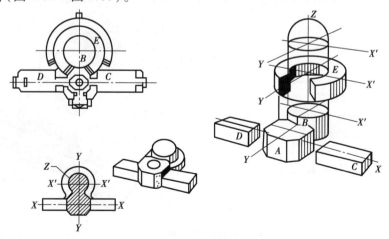

图 4.31　北京天文馆的体型组合

图 4.32　运用统一规律的体型组合

图 4.33　运用对比规律的体型组合

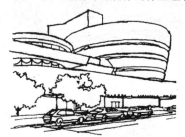

图 4.34　稳定的体型组合

图 4.35　主从关系的体型组合

组合体型通常有对称的组合和不对称的组合两种方式。

①对称式:对称式体型组合具有明确的轴线与主从关系。主要体量及主要出入口,一般都设在中轴线上(图 4.36),这种组合方式常给人以比较严谨、庄重、匀称和稳定的感觉。一些纪念性建筑、行政办公建筑或要求庄重一些的建筑常采用这种组合方式。

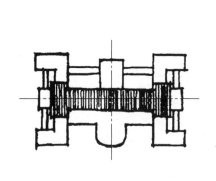

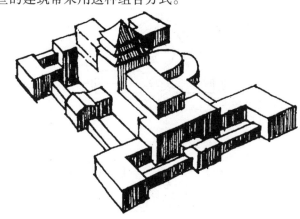

(a)对称体型组合（一）

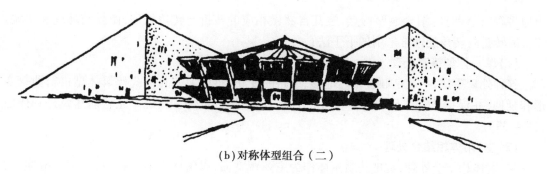

(b)对称体型组合（二）

图4.36　对称体型组合

②非对称式：根据功能要求、地形条件等情况，常将几个大小、高低、形状不同的体量较自由灵活地组合在一起、形成不对称体型（图4.37）。非对称式的体型组合没有显著的轴线关系，布置比较灵活自由，有利于解决功能要求和技术要求，给人以生动、活泼的感觉。

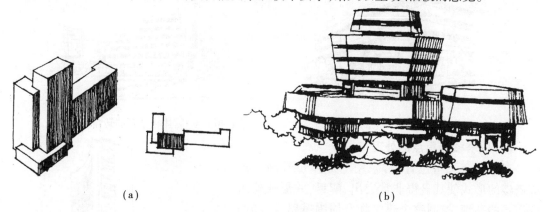

(a)　　　　　　　　　　　　　　　　　　　(b)

图4.37　非对称体型组合

随着建筑技术的发展和建筑内部空间组合方法的变化，建筑体型的组合出现了很多新的组合形式，使建筑面貌发生了很大变化（图4.38）。

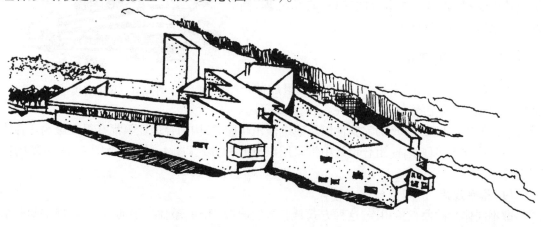

图4.38　新的体型组合

4.2.2　建筑体型的转折与转角处理

建筑体型的组合往往也受到特定的地形条件限制，如丁字路口、十字路口或任意角落的转

角地带等,设计时应结合地形特点,顺其自然做相应的转折与转角处理,做到与环境相协调。体型的转折与转角处理常采用如下手法:

(1)单一体型等高处理

这种处理手法,一般是顺着自然地形、道路的变化,将单一的几何式建筑体型进行曲折变形和延伸,并保持原有体型的等高特征,形成简洁流畅、自然大方、统一完整的建筑外观体型(图4.39)。

(2)主、附体相结合处理

主、附体相结合处理,常把建筑主体作为主要观赏面,以附体陪衬主体,形成主次分明、错落有序的体型外观(图4.40)。

图4.39 单一体型的等高处理   图4.40 主、附体相结合的转角处理

(3)以塔楼为重点的处理

在道路交叉口位置,常采用局部体量升高以形成塔楼的形式使其显得非常突出、醒目,并形成建筑群布局的高潮,控制整个建筑物及周围道路、广场的体型(图4.41)。

除以上几种处理手法外,还有许多种其他的转折与转角处理,如单元体组合的转折、转角处理,高低起伏地形的特殊处理等。

4.2.3 体量的连接

由不同大小、高低、形状、方向的体量组成的复杂建筑体型,都存在着体量间的联系和交接问题。

图4.41 高层塔楼

如果连接不当,对建筑体型的完整性以及建筑使用功能、结构的合理性等都有很大影响。各体量间的连接方式多种多样,组合设计中常采用以下几种方式(图4.42)以及图4.38中新的体型组合。

(1)直接连接

即不同体量的面直接相连,这种方式具有体型简洁、明快、整体性强的特点,内部空间联系紧密。

(2)咬接

各体量之间相互穿插,体型较复杂,组合紧凑、整体性强,较易获得有机整体的效果。

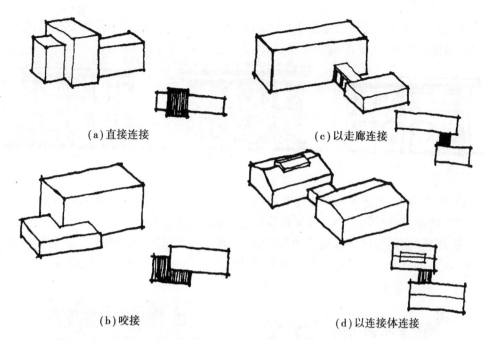

（a）直接连接　　　　　　　　　　　（c）以走廊连接

（b）咬接　　　　　　　　　　　（d）以连接体连接

图 4.42　建筑各体量间连接方式

（3）以走廊或连接体连接

这种方式的特点是各体量间相对独立而又互相联系,体型给人以轻快、舒展的感觉。

4.3　建筑立面设计

建筑立面是表示建筑物四周的外部形象,它是由许多部件组成的,如门窗、墙柱、阳台、雨篷、屋顶、檐口、台基、勒脚、花饰等。建筑立面设计就是恰当地确定这些部件的尺寸大小、比例关系、材料质感和色彩等,运用节奏、韵律、虚实对比等构图规律设计出体型完整、形式与内容统一的建筑立面。它是对建筑体型设计的进一步深化,在立面设计中,不能孤立地处理每个面,因为人们观赏建筑时,并不是只观赏某一个立面,而要求的是一种透视效果,应考虑实际空间的效果,使每个立面之间相互协调、形成有机统一的整体。

建筑立面设计的步骤,通常先根据初步确定的房屋内部空间组合的平、剖面关系,如建筑的大小、高低,门窗位置等,描绘出建筑各个立面的基本轮廓,然后以此为基础,推敲立面各部分总的比例关系,几个立面之间的统一,相邻立面间的连接和协调。再着重分析各个立面上墙面的处理,门窗的调整安排,最后对入口、门廊、建筑装饰等进一步作重点及细部处理,从整体到局部,从大面到细部,反复推敲逐步深入。

下面着重叙述有关建筑美观的一些问题:

4.3.1　立面的比例尺度处理

比例适当和尺度正确,是使立面完整统一的重要方面。立面各部分之间比例以及墙面的划分都必须根据内部功能特点,在体型组合的基础上,考虑结构、构造、材料、施工等因素,仔细

91

推敲,设计与建筑性格相适应的建筑立面比例效果。图 4.43 为某住宅立面比例关系的处理,建筑开间、窗面积相同,由于不同的处理,取得了不同的比例效果。

图 4.43　某住宅立面比例关系的处理

立面的尺度恰当,可正确反映出建筑物的真实大小,否则便会出现失真现象,建筑立面常借助于门窗、踏步、栏杆等的尺度,反映建筑物的正确尺度感,如图 4.44 表示正常的立面尺度,层高为一般建筑的两倍,由于采用了拱形大窗,并加以适当划分,从而获得了应有的尺度感,图 4.45 表示夸大的立面尺度,采取了夸大尺度的处理手法,使人感到建筑高大、雄伟、肃穆、庄重。

图 4.44　正常的立面尺度

图 4.45　夸大的立面尺度

4.3.2　立面的虚实凹凸处理

建筑立面中"虚"是指立面上的玻璃、门窗洞口、门廊、空廊、凹廊等部分,能给人以轻巧、通透的感觉;"实"是指墙面、柱面、檐口、阳台、栏板等实体部分,给人以封闭、厚重、坚实的感觉。根据建筑的功能、结构特点,巧妙处理好立面的虚实关系,可取得不同的外观形象。以虚为主的手法,可获得轻巧、开朗的感觉(图 4.46);以实为主的手法,则能给人以厚重、坚实的感觉(图 4.47);若采用虚实均匀分布的处理手法,将给人以平静安全的感受(图 4.48)。

图 4.46　以虚为主的处理

图 4.47　以实为主的处理

建筑立面上的凸凹部分,如凸出的阳台、雨篷、挑梁、凸柱等,凹进的凹廊、门洞等,通过凹凸关系的处理,可加强光影变化,增强建筑物的体积感和突出重点、丰富立面效果,如住宅中常利用阳台、凹廊来形成凹凸虚实变化(图4.49)。

图4.48　虚实均匀分布的处理

4.3.3　立面的线条处理

建筑立面上由于体量的交接,立面的凹凸起伏以及色彩和
材料的变化,结构与构造的需要,常形成若干方向不同、大小不
等的线条,如水平线、垂直线等。恰当运用这些不同类型的线
条,并加以适当的艺术处理,将对建筑立面韵律的组织、比例尺

图4.49　住宅立面凹凸虚实处理

度的权衡带来不同的效果。以水平线条为主的立面,常给人以轻快、舒展、宁静与亲切的感觉
(图4.50);以竖线条为主的立面形式,则给人以挺拔、高耸、庄重、向上的气氛(图4.51)。

图4.50　水平线条的立面处理　　　　　图4.51　垂直线条的立面处理

4.3.4　立面的色彩与质感处理

色彩和质感都是材料表面的某种属性,建筑物立面的色彩与质感对人的感受影响极大,通
过材料色彩和质感的恰当选择和配置,可产生丰富、生动的立面效果。不同的色彩给人以不同
的感受,如暖色使人感到热烈、兴奋;冷色使人感到清晰、宁静;浅色给人以明快;深色又使人感
到沉稳。运用不同的色彩处理还可以表现出不同的建筑性格、地方特点及民族风格。

立面色彩处理中应注意以下问题:

①色彩处理要注意和谐统一且富有变化。一般建筑外形可采取大面积基调色为主,局部
运用其他色彩形成对比而突出重点。

②色彩运用应符合建筑性格。如医院建筑常采用白色或浅色基调,给人以安定感;商业建
筑则常用暖色调,以增加热烈气氛。

③色彩运用要与环境相协调,与周围相邻建筑、环境气氛相适应。

④色彩处理应考虑民族传统文化和地方特色。

建筑立面设计中,材料的运用、质感的处理也是极其重要的。表面的粗糙与光滑都能使人
产生不同的心理感受,如粗糙的混凝土和毛石面显得厚重、坚实;光滑平整的面砖、金属及玻璃

材料表面,使人感觉轻巧、细腻。立面处理应充分利用材料质感的特性,巧妙处理、有机结合,加强和丰富建筑的表现力(图4.52)。

图4.52　立面中材料质感处理

4.3.5　立面的重点与细部处理

在建筑立面的处理中,根据功能和造型需要,对需要引人注意的一些部位,如建筑物的主要出入口、商店橱窗、房屋檐口等需进行重点处理,以吸引人们的视线,同时也能起到画龙点睛的作用,以增强和丰富建筑立面的艺术处理。图4.53(a)在入口上方布置局部花格及醒目的数字标记,以强烈的虚实对比使入口更加突出;图4.53(b)采用大理石的门套突出了主要入口;图4.53(c)在入口上方处理大片实墙及竖向凹窗,形成了强烈的虚实、凹凸对比,从而使入口更加突出。图4.54为住宅建筑入口及楼梯间立面处理示例。

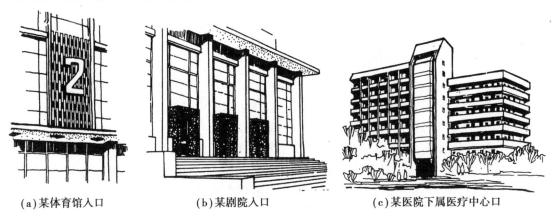

(a)某体育馆入口　　　(b)某剧院入口　　　(c)某医院下属医疗中心口

图4.53　入口重点处理

局部和细部都是建筑整体中不可分割的组成部分,如建筑入口一般包括檐口、踏步、雨篷、大门、花台等局部,而其中每一部分都包括许多细部的做法。在造型设计上,要首先从大局着手、仔细推敲、精心设计,才能使整体和局部达到完善统一的效果。图4.55为建筑立面上的檐口处理示例。

图 4.54　住宅建筑的入口及楼梯间立面处理示例

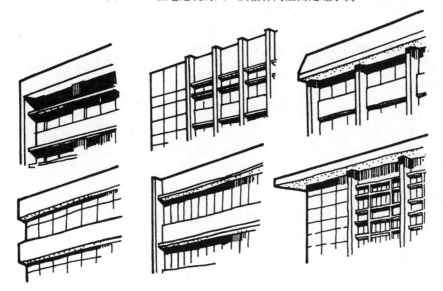

图 4.55　建筑立面上的檐口处理示例

小　结

1. 建筑体型和立面设计不能脱离物质技术发展水平和特定的功能、环境而任意塑造,它在很大程度上要受到使用功能、材料、结构、施工技术、经济条件及周围环境的制约。因此,每一幢建筑物都具有自己独特的形式和特点。

2.一幢建筑物从整体到立面均由不同部分、不同材料组成,各部分既有区别,又有内在联系。他们是通过一定的规律组合成为一幢完整统一的建筑物。这些规律包含有建筑构图中统一与变化、均衡与稳定、韵律、对比、比例和尺度等法则。

3.建筑体型的造型组合,包括单一体型、单元组合体型、复杂体型的不同的组合方式。

4.在特定的环境下,根据功能与造型需要,采用主附体组合,以附体陪衬主体,或局部体量升高等方式进行转折与转角处理,不仅可以扩大组合的灵活性以适应新的变化,而且可以使建筑物显得更加完整统一。

5.体量的组合设计常采用直接连接、咬接、以走廊或连接体连接的连接方式。

6.立面设计中应注意:立面比例尺度的处理,立面虚实与凹凸处理,立面的线条处理,立面的色彩与质感处理,立面的重点与细部处理。

复习思考题

1.影响体型及立面设计的因素有哪些?

2.建筑构图中的统一与变化、均衡与稳定、韵律、对比、比例、尺度等的含义是什么? 并用图例加以说明。

3.建筑体型组合有哪几种方式? 并以图例进行分析。

4.简要说明建筑立面的具体处理手法。

5.体量的联系与咬接有哪几种方式? 试举例说明。

建筑设计任务书

题目一:某中学教学楼设计

(1)目的要求

通过理论教学、参观和设计实践,使学生初步了解一般民用建筑的设计原理、初步掌握建筑设计的基本方法与步骤,进一步训练和提高绘图技巧。

(2)设计条件

①建设地点:本建筑位于城市街道一侧或城市新建的居住小区内,基地平坦。也可根据各地区情况自拟;

②建筑层数:1~4层;

③结构类型:自定;

④房间组成及使用面积;

分项	房间名称	使用面积/m²	备　注
教学用房	普通教室	55~56	
	音乐教室	53~55	
	乐器室	15~20	
	多功能教室	100~120	两班公用,可做成阶梯教室应与多功能教室毗连
	电教器材储存修理兼放映室	35~40	
	物理实验室	75~85	
	生化实验室	75~85	
	实验准备室	30~40	共两间,应与实验室靠近
	语言教室	80~90	
	语言准备室和控制室	30~40	应与语言教室靠近
	语言准备室和控制室	30~40	应与语言教室靠近
	阅览室	75~85	
	书库	30~40	应与阅览室毗连
	科技活动室	15~20	
行政管理用房	教员休息室	12~16	
	办公室	12~16	共12间
	档案室	12~16	
	会议室	32~48	
	广播室	12~16	
	体育器材室	12~16	
	医务室	12~16	
	总务仓库	12~16	
	传达值班室	12~16	
生活辅助用房	单身教工宿舍	70	在总平面中布置
	教职工食堂	80	在总平面中布置
	杂物储藏	24	在总平面中布置
	开水房及浴室	24	在总平面中布置
	木工修理	30	在总平面中布置
	厕所	按计算确定	在教学楼中按层设置

⑤总平面组成:

a. 教学主楼;

b. 运动场:设250 m环形跑道(附100 m直跑道)田径场1个,篮球场2个,排球场1个;

c. 绿化用地(兼生物园地)300~500 m²;

d. 附属用房:传达室、职工食堂及储藏、木工房等。根据各地情况可设自行车棚。

(3)设计内容及深度要求

本设计按初步设计深度要求进行。

①各层平面图:1:100、1:200;

②立面图:主要立面及侧立面1:200~1:100;

③剖面图1个:1:100;

④屋顶平面图:1:200;

⑤总平面图:1:500、1:1 000;

⑥简要说明:技术经济指标(总建筑面积、平均每个学生所占建筑面积)、标高定位、用料做法等。

(4)参考资料

①《中小学校设计规范》(GB 50099—2011);

②《建筑设计资料集》(第三版);

③《中小型民用建筑图集》;

④《建筑制图》教材的施工图部分;

⑤各地区通用的民用建筑配件图。

题目二:单元式多层住宅设计

(1)目的要求

通过理论教学、参观和设计实践,使学生初步了解一般民用建筑的设计原理、初步掌握建筑设计的基本方法与步骤,进一步训练和提高绘图技巧。

(2)设计条件

①本设计为城市型住宅,位于城市居住小区一工矿住宅区内。具体地点自定;

②面积指标:平均每套建筑面积70~100 m²;

③套型及套型比由设计者自定;

④层数:5层;

⑤结构类型:自定;

⑥房间组成及要求:

a. 居室:包括卧室和起居室。卧室之间不宜相互串通,其面积不宜小于下列规定:主卧室12 m²,单人卧室6 m²,兼起居室的卧室14 m²;

b. 厨房:每户独用,房内设案台、灶台、洗池(燃料:煤、煤气、天然气自定);

c. 卫生间:每户独用,设蹲位、淋浴(或盆浴),也可设洗脸盆;

d. 阳台:每户设生活阳台和服务阳台各一个;

e. 储藏设施:根据具体情况设搁板、用柜、壁龛、壁柜等。

(3)设计内容及深度要求

本设计按初步设计深度要求进行。

①单元底层平面图:1:50;

②标准层平面图:1:100;

③立面图:主要立面及侧立面1:100(可画两单元组合立面);

④剖面图1个:1:100;

⑤阳台平、立、剖面及节点详图,比例自定;

⑥简要说明:

a. 技术经济指标

$$套型建筑面积 = 总建筑面积(m^2)/总套数$$

$$标准层使用面积系数 = 标准层使用面积(m^2)/标准层总建筑面积(m^2) \times 100\%$$

b. 设计依据、标高定位、用料做法等。

(4)参考资料

①《建筑设计资料集》(第三版);

②《住宅建筑设计原理》;

③各地区及全国的住宅方案图集;

④各地区通用的民用建筑配件图。

第5章

民用建筑构造概论

5.1 概 述

5.1.1 建筑构造研究的对象及其任务

建筑构造是研究建筑物各组成部分的构造原理和构造方法的学科,是建筑设计不可分割的一部分。它具有实践性强和综合性强的特点,在内容上是对实践经验的高度概括,并且涉及建筑材料、建筑物理、建筑力学、建筑结构、建筑施工以及建筑经济等有关方面的知识。因此研究的主要任务在于根据建筑物的功能要求,提供符合适用、安全、经济、美观要求的构造方案,以作为建筑设计中综合解决技术问题及进行施工图设计、绘制大样图等的依据。

一座建筑物是由许多部分所构成,而这些构成部分在建筑工程上被称为构件或配件。

建筑构造原理就是综合多方面的技术知识,根据多种客观因素,以选材、选型、工艺、安装为依据,研究各种构、配件及其细部构造的合理性(包括适用、安全、经济、绿色、美观)以及能更有效地满足建筑使用功能的理论。

构造方法则是在理论指导下,进一步研究如何运用各种材料,有机地组合各种构、配件,并提出解决各构、配件之间相互连接的方法和这些构、配件在使用过程中的各种保护措施。

5.1.2 建筑物的组成及各组成部分的作用

民用建筑,一般是由基础、墙、楼板层、地坪、楼梯、屋顶和门窗等几大部分构成的,如图5.1所示。它们在不同的部位,发挥着各自的作用。

房屋构造组成

(1)基础

基础是位于建筑物最下部的承重构件。承受着建筑物的全部荷载,并将这些荷载传给地基。因此,作为基础,必须具有足够的强度,并能抵御地下各种因素的侵蚀。

(2)墙

墙是建筑物的承重构件和围护构件。作为承重构件,承受着建筑物由屋顶或楼板层传来的荷载,并将这些荷载再传给基础。作为围护构件,外墙起着抵御自然界各种因素对室内侵袭的作用;内墙起着分隔房间、创造室内舒适环境的作用。为此,要求墙体根据功能的不同分别具有足够的强度、稳定性、保温、隔热、隔声、防水、防火等能力以及具有一定的经济性和耐久性。

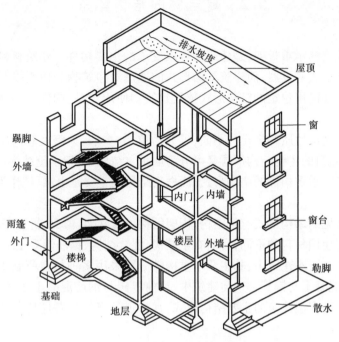

图 5.1　民用建筑的构造组成

(3)楼板层

楼板层是楼房建筑中水平方向的承重构件。按房间层高将整幢建筑物沿水平方向分为若干部分。楼板层承受着家具、设备和人体的荷载以及本身自重,并将这些荷载传给墙;同时,还对墙身起着水平支撑的作用。作为楼板层,要求具有足够的强度、刚度和隔声能力。同时,对有水侵蚀的房间,则要求楼板层具有防潮、防水的能力。

(4)地坪

地坪是底层房间与土层相接触的部分,它承受底层房间内的荷载。不同地坪,要求具有耐磨、防潮、防水和保温等不同的性能。

(5)楼梯

楼梯是楼房建筑的垂直交通设施,供人们上下楼层和紧急疏散之用。故要求楼梯具有足够的通行能力以及防水、防滑的功能。

(6)屋顶

屋顶是建筑物顶部的外围护构件和承重构件。抵御着自然界雨、雪及太阳热辐射等对顶层房间的影响;承受着建筑物顶部荷载,并将这些荷载传给垂直方向的承重构件。作为屋顶必须具有足够的强度、刚度以及防水、保温、隔热等的能力。

(7)门窗

门主要供人们内外交通和隔离房间之用;窗则主要是采光和通风,同时也起分隔和围护作用。门和窗都属于非承重构件。因此,要求门、窗具有保温、隔热、隔声的能力。

一座建筑物除上述基本组成构件外,对不同使用功能的建筑,还有各种不同的构件和配件,如阳台、雨篷、烟囱、散水、垃圾井等。有关构件的具体构造将于以后各章详述。

5.2 建筑物的结构体系

结构是指建筑物的承重骨架,是建筑物赖以支承的主要构件。建筑材料和建筑技术的发展决定着建筑结构形式的发展;而建筑结构形式的选用对建筑物的使用以及建筑形式又有着极大的影响。大量性民用建筑的结构形式依其建筑物使用规模、构件所用材料及受力情况的不同而有各种类型。

依建筑物本身使用性质和规模的不同,可分为单层、多层、大跨度和高层建筑等。这些建筑中,单层及多层建筑的主要结构形式又可分为墙承重结构、框架承重结构。墙承重结构是指由墙体来作为建筑物承重构件的结构形式;而框架结构则主要是由梁、柱作为承重构件的结构形式。

大跨度建筑常见的结构形式有拱结构、桁架结构以及网架、薄壳、折板、悬索等空间结构形式。依结构构件所使用材料的不同,目前有木结构、混合结构、钢筋混凝土结构和钢结构之分。

混合结构是指在一座建筑中,其主要承重构件分别采用多种材料所制成,如砖与木、砖与钢筋混凝土、钢筋混凝土与钢等。这类建筑中,目前以砖与钢筋混凝土居多,故习惯上又称为砖混结构。目前它是多层建筑的主要结构形式,其特点是可根据各地情况,因地制宜,就地取材,降低造价。

钢筋混凝土结构是指建筑物的主要承重构件均采用钢筋混凝土制成。由于钢筋混凝土的骨料也可就地取材,耗钢量少,加之水泥原料丰富,造价亦较便宜,防火性能和耐久性能好,而且混凝土构件既可现浇,又可预制,为构件生产的工厂化和安装机械化提供了条件。所以钢筋混凝土结构是运用较广的一种结构形式,也是我国目前多、高层建筑所采用的主要结构形式。

钢结构则是指建筑物的主要承重构件用钢材制作的结构。它具有强度高、构件质量轻、且平面布局灵活、抗震性能好、施工速度快等特点。由于钢材造价高,目前主要用于大跨度、大空间以及高层建筑中。随着钢铁工业的发展,今后钢结构在建筑上的应用将会逐步扩大。此外,目前由于轻型冷轧薄壁型材及压型钢板的发展迅速,也使得轻钢结构在低层以及多、高层建筑的围护结构中得以广泛应用。

5.3 影响建筑构造的因素

一座建筑物建成并投入使用后,要经受着自然界各种因素的检验。为了提高建筑物对外界各种影响的抵御能力,延长建筑物的使用寿命,以便更好地满足使用功能的要求,在进行建筑构造设计时,必须充分考虑到各种因素对它的影响,以便根据影响程度,来提供合理的构造方案。影响的因素很多,归纳起来大致可分为以下几方面,如图5.2所示。

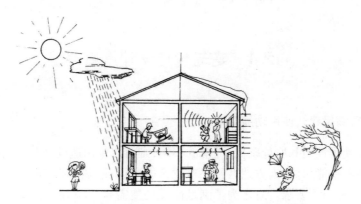

图 5.2 自然环境与人为环境对建筑的影响示意

5.3.1 外力作用的影响

作用到建筑物上的外力称为荷载。荷载有静荷载(如建筑物的自重)和动荷载之分。动荷载又称活荷载如人流、家具、设备、风、雪以及地震荷载等。荷载的大小是结构设计的主要依据,也是结构选型的重要基础,它决定着构件的尺度和用料。而构件的选材、尺寸、形状等又与构造密切相关,所以在确定建筑构造方案时,必须考虑外力的影响。

在外荷载中,风力的影响不可忽视,风力往往是高层建筑水平荷载的主要因素,特别是沿海地区,影响更大。此外,地震作用是目前自然界中对建筑物影响最大也最严重的一种因素。我国是多地震国家之一,地震分布也相当广泛,因此必须引起重视。在构造设计中,应该根据各地区的实际情况,予以设防。

5.3.2 自然气候的影响

我国幅员辽阔,各地区地理环境不同,大自然的条件也多有差异。由于南北纬度相差较大,从炎热的南方到寒冷的北方,气候差别悬殊。因此,气温变化,太阳的热辐射,自然界的风、霜、雨、雪等均构成了影响建筑物使用功能和建筑构件使用质量的因素,如图 5.2 所示。有的因材料热胀冷缩而开裂,严重的遭到破坏;有的出现渗、漏水现象;还有的因室内过冷或过热而影响工作等,总之均影响到建筑物的正常使用。为防止由于大自然条件的变化而造成建筑物构件的破坏和保证建筑物的正常使用,往往在建筑构造设计时,针对所受影响的性质与程度,对各有关部位采取必要的防范措施,如防潮、防水、保温、隔热、设变形缝、设隔蒸汽层等,以防患于未然。

5.3.3 人为因素和其他因素的影响

人们所从事的生产和生活的活动,往往会对建筑物产生影响,如机械振动、化学腐蚀、战争、爆炸、火灾、噪声等,都属于人为因素的影响。因此,在进行建筑构造设计时,必须针对各种可能的因素,从构造上采取隔振、防腐、防爆、防火、隔声等相应的措施,以避免建筑物和使用功能遭受不应有的损失和影响。

另外,鼠、虫等也能对建筑物的某些构、配件造成危害,如白蚁等对木结构的影响等,因此,也必须引起重视。

5.4 建筑构造设计原则

5.4.1 必须满足建筑使用功能要求

由于建筑物使用性质和所处条件、环境的不同,则对建筑构造设计有不同的要求。如北方地区要求建筑在冬季能保温;南方地区则要求建筑能通风、隔热;对要求有良好声环境的建筑物则要考虑吸声、隔声等要求。总之为了满足使用功能需要,在构造设计时,必须综合有关技术知识,进行合理的设计,以便选择、确定最经济合理的构造方案。

5.4.2 必须有利于结构安全

建筑物除根据荷载大小、结构的要求确定构件的必须尺度外,对一些零、部件的设计,如阳台、楼梯的栏杆;顶棚、墙面、地面的装修;门、窗与墙体的结合以及抗震加固等,都必须在构造上采取必要的措施,以确保建筑物在使用时的安全。

5.4.3 必须适应建筑工业化的需要

为了提高建设速度,改善劳动条件,保证施工质量,在构造设计时,应大力推广先进技术,选用各种新型建筑材料,采用标准设计和定型构件,为构、配件的生产工厂化、现场施工机械化创造有利条件,以适应建筑工业化的需要。

5.4.4 必须讲求建筑经济的综合效益

在构造设计中,应该注意整体建筑物的经济效益问题,既要注意降低建筑造价,减少材料的能源消耗,又要有利于降低经常运行、维修和管理的费用,考虑其综合的经济效益。另外,在提倡节约、降低造价的同时,还必须保证工程质量,绝不可为了追求效益而偷工减料,粗制滥造。

5.4.5 必须注意美观

构造方案的处理还要考虑其造型、尺度、质感、色彩等艺术和美观问题。如有不当往往会影响建筑物的整体设计的效果,因此,亦需事先周密考虑。

总之,在构造设计中,全面考虑坚固适用,技术先进,经济合理,绿色设计,美观大方,是最基本的原则。

5.5 建筑保温、防热和节能

5.5.1 建筑保温

保温是建筑设计十分重要的内容之一,寒冷地区各类建筑和非寒冷地区有空调要求的建筑,如宾馆、实验室、医疗用房等都要考虑保温措施。

　　建筑构造设计是保证建筑物保温质量和合理使用投资的重要环节。合理的设计不仅能保证建筑的使用质量和耐久性,而且能节约能源,降低采暖、空调设备的能耗和使用时的运行费用。

　　在寒冷季节里,热量通过建筑物外围护构件(墙、屋顶、门窗等)由室内高温一侧向室外低温一侧传递,使热量损失,室内变冷。热量在传递过程中将遇到阻力,这种阻力称为热阻,其单位是 $m^2 \cdot K/W$[平方米·开(尔文)/瓦(特)]。热阻越大,通过围护构件传出的热量越少,说明围护构件的保温性能越好;反之,热阻越小,保温性能就越差,热量损失就越多(图5.3)。因此,对有保温要求的围护构件须提高其热阻。通常采取下列措施可以提高热阻。

　　(1)增加厚度

　　单一材料围护构件热阻与其厚度成正比,增加厚度可提高热阻即提高抵抗热流通过的能力。如 240 mm 厚双面抹灰砖墙的传热阻大约为 $0.55\ m^2 \cdot K/W$,而 490 mm 厚双面抹灰砖墙的传热阻约为 $0.91\ m^2 \cdot K/W$。但是,增加厚度势必增加围护构件的自重,材料的消耗量也相应增多,且减小了建筑有效面积。

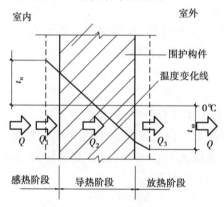

图5.3　围护构件传热的物理过程

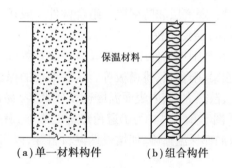

图5.4　保温构件示意图

　　(2)合理选材

　　在建筑工程中,一般将导热系数小于 $0.12\ W/(m \cdot K)$ 的材料称为保温材料。导热系数的大小说明材料传递热量的能力。选择容重轻、导热系数小的材料,如加气混凝土、浮石混凝土、膨胀陶粒、膨胀珍珠岩、膨胀蛭石等为骨料的轻混凝土以及岩棉、玻璃棉和泡沫塑料等可以提高围护构件的热阻。其中轻混凝土具有一定强度,可做成单一材料保温构件,这种构件构造简单、施工方便。也可采用组合保温构件提高热阻,它是将不同性能的材料加以组合,各层材料发挥各自不同的功能。通常用岩棉、玻璃棉、膨胀珍珠岩、泡沫塑料等容重轻、导热系数小的材料起保温作用,而用强度高、耐久性好的材料,如砖、混凝土等作承重和护面层(图5.4)。

　　(3)防潮防水

　　冬季由于外围护构件两侧存在温度差,室内高温一侧水蒸气分压力高,水蒸气就向室外低温一侧渗透,遇冷达到露点,温度低时就会凝结成水,构件受潮。雨水、使用水、土壤潮气和地下水也会侵入构件,使构件受潮受水。表面受潮受水会使室内装修变质损坏,严重时会发生霉变,影响人体健康。构件内部受潮受水会使多孔的保温材料充满水分,导热系数提高,降低围护构件的保温效果。在低温下,水分形成冰点、冰晶,进一步降低保温能力,并因冻融交替而造成冻害,严重影响建筑物的安全性和耐久性(图5.5)。

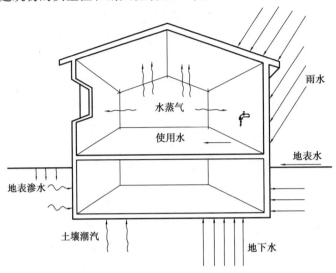

图5.5 建筑受潮受水

为防止构件受潮受水,除应采取排水措施外,还应在靠近水、水蒸气和土壤潮汽一侧设置防水层、隔汽层和防潮层。组合构件一般在受潮一侧布置密实材料层。

(4)避免热桥

在外围护构件中,经常设有导热系数较大的嵌入构件,如外墙中的钢筋混凝土梁和柱、过梁、圈梁、阳台板、挑檐板等。这些部位的保温性能都比主体部分差,热量容易从这些部位传递出去,散热大,其内表面温度也就较低,容易出现凝结水。这些部位通常称为围护构件的"热桥"[图5.6(a)]。为了避免热桥的影响,首先应避免嵌入构件内外贯通,其次应对这些部位采取局部保温措施,如增设保温材料等,以切断热桥[图5.6(b)]。

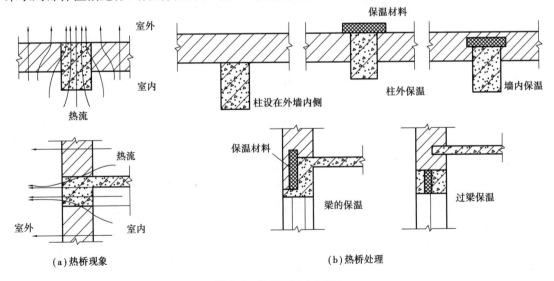

(a)热桥现象   (b)热桥处理

图5.6 热桥现象与处理

(5)防止冷风渗透

当围护构件两侧空气存在压力差时,空气从高压一侧通过围护构件流向低压一侧,这种现象称为空气渗透。空气渗透可由室内外温度差(热压)引起,也可由风压引起。由热压引起的渗透,热空气由室内流向室外,室内热量损失;风压则使冷空气向室内渗透,使室内变冷。为避免冷空气渗入和热空气直接散失,应尽量减少围护构件的缝隙,如墙体砌筑砂浆饱满、改进门窗加工和构造、提高安装质量、缝隙采取适当的构造措施等。具体内容见第6章。

5.5.2 建筑防热

我国南方地区,夏季气候炎热,高温持续时间长,太阳辐射强度大,相对湿度高。建筑物在强烈的太阳辐射和高温、高湿气候的共同作用下,通过围护构件将大量的热传入室内,室内生活和生产也产生大量的余热。这些从室外传入和室内自生的热量,使室内气候条件变化,引起过热,影响生活和生产(图5.7)。

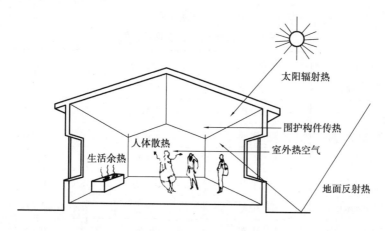

图5.7 室内热过程

为减轻和消除室内过热现象,可采取设备降温,如设置空调和制冷等,但费用大。对一般建筑,主要依靠建筑措施来改善室内的温湿状况。建筑防热的途径可简要概括为以下几个方面:

(1)降低室外综合温度

室外综合温度是考虑太阳辐射和室外温度对围护构件综合作用的一个假想温度。室外综合温度的大小,关系到通过围护构件向室内传热的多少。在建筑设计中降低室外综合温度的方法主要是采取合理的总体布局、选择良好的朝向、尽可能争取有利的通风条件、防止西晒、绿化周围环境、减少太阳辐射和地面反射等。对于建筑物本身来说,采用浅色外饰面或采取淋水、蓄水屋面或西墙遮阳设施等有利于降低室外综合温度[图5.8(a)]。

(2)提高外围护构件的防热和散热性能

炎热地区外围护构件的防热措施主要应能隔绝热量传入室内,同时当太阳辐射减弱时和室外气温低于室内气温时能迅速散热,这就要求合理选择外围护构件的材料和构造类型。

(3)带通风间层的外围护构件既能隔热也有利于散热

因为从室外传入的热量,由于通风,使传入室内的热量减少;当室外温度下降时,从室内传出的热量又可通过通风间层被带走[图5.8(b)]。在围护构件中增设导热系数小的材料也有利于隔热[图5.8(c)]。利用表层材料的颜色和光滑度能对太阳辐射起反射作用,对隔热、降温有一定的效果(表5.1)。另外,利用水的蒸发,吸收大量汽化热,可大大减少通过屋顶传入的热量。

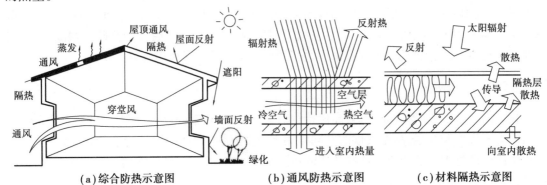

(a)综合防热示意图　　　　(b)通风防热示意图　　　　(c)材料隔热示意图

图5.8　建筑防热

表5.1　太阳辐射吸收系数ρ值

表面类别	表面状况	表面颜色	ρ
红瓦屋面	旧、中粗	红色	0.56
灰瓦屋面	旧、中粗	浅灰色	0.52
深色油毡屋面	新、粗糙	深黑色	0.86
石膏粉刷表面	旧、平光	白色	0.26
水泥粉刷墙面	新、平光	浅灰色	0.56
红砖墙面	旧、中粗	红色	0.72 ~ 0.78
混凝土砌块墙面	旧、中粗	灰色	0.65

5.5.3　建筑节能

(1)建筑节能意义和节能政策

能源是社会发展的重要物质基础,是实现现代化和提高人民生活的先决条件。建筑能耗大,占全国总能耗的1/4以上,它的总能耗大于任何一个部门的能耗量,而且随着生活水平的提高,它的耗能比例将有增无减。因此,建筑节能的意义在于社会经济可持续发展的需要,减轻大气污染的需要,改善建筑热环境的需要,发展建筑业的需要。同时,也是我国节能减排的需要。

建筑的总能耗包括生产用能、施工用能、日常用能和拆除用能等方面,建筑节能的途径在于提高能源的使用效率,充分运用可再生能源。在建筑全生命周期中,减少日常用能是建筑节能的重点。

(2)减少日常耗能量的建筑措施

建筑设计在建筑节能中起着重要作用,合理的设计会带来十分可观的节能效益,其节能措施主要有以下几个方面:

①选择有利于节能的建筑朝向,充分利用太阳能。南北朝向比东西朝向建筑耗能少,在相同面积下,主朝向面越大,这种情况也就越明显;

②设计有利于节能的平面和体型,在体积相同的情况下,建筑物的外表面积越大,采暖制冷负荷也越大,因此,尽可能取最小的外表面积;

③改善围护构件的保温性能,这是建筑设计中的一项主要节能措施,节能效果明显;

④改进门窗设计,尽可能将门窗面积控制在合理范围内,改革窗玻璃,防止门窗缝隙的能量损失等;

⑤重视日照调节与自然通风,理想的日照调节是夏季在确保采光和通风的条件下,尽量防止太阳热进入室内,冬季尽量使太阳热进入室内。

5.6　建筑防震

5.6.1　地震与地震波

地壳内部存在极大的能量,地壳中的岩层在这些能量所产生的巨大作用力下发生变形、弯曲、褶皱,当最脆弱部分的岩层承受不了这种作用力时,岩层就开始断裂、错动,这种运动传至地面,就表现为地震。

地下岩层断裂和错动的地方称为震源,震源正上方地面称为震中。

岩层断裂错动,突然释放大量能量并以波的形式向四周传播,这种波就是地震波。地震波在传播中使岩层的每一质点发生往复运动,使地面分别发生上下颠簸和左右摇晃,造成建筑破坏、人员伤亡。由于阻尼作用,地震波作用由震中向远处逐渐减弱,以致消失。

5.6.2　地震震级与地震烈度

地震的强烈程度称为震级,一般称里氏震级,它取决于一次地震释放的能量大小。地震烈度是指某一地区地面和建筑遭受地震影响的强烈程度,它不仅与震级有关,且与震源的深度、距震中的距离、场地土质类型等因素有关。一次地震只有一个震级,但却有不同的烈度区。我国地震烈度表中将烈度分为12度。7度时,一般建筑物多数有轻微损坏;8~9度时,大多数损坏至破坏,少数倾倒;10度时,则多数倾倒。过去我国一直以7度作为抗震设防的起点,但近数十年来,很多位于烈度为6度的地区发生了较大地震,甚至特大地震。因此,现行建筑抗震规范规定以6度作为设防起点,6~9度地区的建筑物要进行抗震设计。

5.6.3　建筑防震设计要点

建筑物防震设计的基本要求是减轻建筑物在地震时的破坏、避免人员伤亡、减少经济损失。其一般目标是当建筑物遭到本地区规定的烈度的地震时,允许建筑物部分出现一定的损坏,经一般修复和稍加修复后能继续使用,而当遭到极少发生的高于本地区烈度的罕遇地震时,不致倒塌和发生危及生命的严重破坏,即贯彻"小震不坏、中震可修、大震不倒"的原则。在建筑设计时一般遵循下列要点:

①宜选择对建筑物防震有利的建设场地;

②建筑体型和立面处理力求匀称,建筑体型宜规则、对称,建筑立面宜避免高低错落、突然变化;

③建筑平面布置力求规整,如因使用和美观要求必须将平面布置成不规则时,应用防震缝将建筑物分割成若干结构单元,使每个单元体型规则、平面规整、结构体系单一;

④加强结构的整体刚度,从抗震要求出发,合理选择结构类型、合理布置墙和柱、加强构件和构件连接的整体性、增设圈梁和构造柱等;

⑤处理好细部构造,楼梯、女儿墙、挑檐、阳台、雨篷、装饰贴面等细部构造应予以足够的注意,不可忽视。

小 结

1. 建筑构造是研究组成建筑的各种构件、配件的组合原理和构造方法的学科,是建筑设计不可分割的一部分。学习建筑构造的目的,在于建筑设计时能综合各种因素,正确地选用建筑材料,提出符合坚固、经济、合理原则的最佳构造方案,从而提高建筑物抵御自然界各种影响的能力,保证建筑物的使用质量,延长建筑物的使用年限。

2. 一幢建筑物主要由基础、墙或柱、楼梯、楼板层及地坪层、屋顶和门窗等6大部分所组成。它们各自处在不同的部位,发挥着各自的作用。但是一座建筑物建成后,它的使用质量和耐久性能经受着各种因素的检验。影响建筑构造的因素有外力的作用、自然气候的影响、人为因素和其他因素的影响等。

3. 建筑物的结构形式有墙承重结构、框架承重结构、空间结构形式等。目前根据所用材料的不同有砖和木、砖和钢筋混凝土、钢筋混凝土和钢等,其中随着经济的发展,钢结构建筑使用将越来越广泛。

4. 为使建筑物满足实用、经济、美观的要求,在进行建筑构造设计时,必须满足建筑使用功能的要求,确保结构坚固、安全,适应建筑工业化的需要,考虑建筑经济、社会和环境的综合效益以及美观要求等构造设计的原则。

5. 建筑保温是建筑设计十分重要的内容之一,提高围护结构热阻的方法有增加墙体的厚度和合理地选择材料。同时注意防潮和热桥部位的保温,防止围护结构的冷风渗透。建筑防热的途径有:降低室外综合温度、提高外围护构件的防热和散热性能、设置通风间层等措施。建筑能耗占全国总能耗的1/4以上,因此建筑必须采取节能措施,通过建筑朝向的布局、平面和体型设计等措施,以达到节约能源的目的。

6. 建筑设计必须遵循防震设计的要求。

复习思考题

1. 建筑构造在建筑设计中的作用是什么?
2. 建筑物由哪些基本构件组成?它们的基本作用是什么?
3. 影响建筑构造的因素包括哪些方面?
4. 建筑保温的意义是什么?如何提高围护构件的保温能力?
5. 建筑防热的意义是什么?建筑防热的基本途径包括哪些方面?

6. 建筑节能的意义是什么？建筑设计中如何考虑节能问题？

7. 地震震级和地震烈度有什么区别？建筑设计中主要应采取哪些措施来提高建筑物的防震能力？

第**6**章

基础与地下室

6.1　地基与基础

6.1.1　地基与基础的概念

基础是建筑物与土层直接接触的部分,它承受建筑物上部结构传下来的全部荷载,并将这些荷载及结构本身的重量一并传给地基。

地基,在建筑工程中,把支撑建筑物重量的土层叫地基。直接承受建筑物荷载的土层叫持力层,持力层以下的土层为下卧层,它不是建筑物的组成部分。根据土层的结构组成和承载能力,可分为人工地基和天然地基,如图6.1所示。

凡自身具有足够的强度并能直接承受建筑物整体荷载的土壤层称为天然地基。凡土层自身承载能力弱,或建筑物整体荷载较大,需对该土壤层进行人工加工或加固后才能承受建筑物整体荷载的地基称为人工地基。其加固处理方法有以下几种:

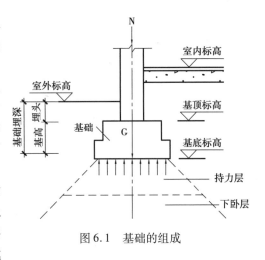

图6.1　基础的组成

①压实法:用打夯机、重锤、碾压机等对土层进行夯打碾压和振动方法将土层压(夯)实,此法简单易行,且提高地基承载能力效果较好。

②换土法:当地基土为杂填土、淤泥、充填土等不能做地基时,采用换土方法,换上承载能力强的土壤,分层压实。一般选用压缩性低无侵蚀性材料,如黏土、砂、碎石等。

③打桩法:当建筑物层数多且高度较高、荷载大时,而地基土比较松软时,一般采用打桩,做成桩基。常见的桩基有支撑桩、钻孔桩、振动桩、爆破桩等,如图6.2所示。采用打桩做桩基时,应在桩顶加做承台梁或承台板,以合理传递荷载。

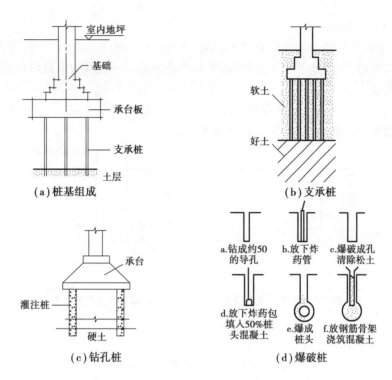

图 6.2 常见桩基的形式

6.1.2 地基应满足的要求

①强度:地基要有足够的承载能力。

②变形:地基要有均匀的压缩量。保证建筑物在许可的范围内可均匀下沉,避免不均匀沉降,致使建筑物产生开裂变形。

③稳定:要求地基具有抵抗滑坡、倾斜的能力。当地基高差较大时,应加设挡土墙,防止滑坡变形的出现。

6.1.3 影响基础设置深度的因素

基础的设置深度是指室外设计标高至基础底面的垂直高度,如图 6.1 所示。基础埋深小于等于 5 m 时为浅基础,大于 5 m 时为深基础。基础的埋深受到多种因素的制约,如基础没有足够的土层包围,基础底面持力层受到的压力会把基础四周的土挤出,致使基础产生滑移而失去稳定性。同时基础过浅,易受外界的影响而损坏,故其埋深一般不应小于 500 mm。

(1)建筑物的使用性质

应根据建筑物的大小、特点、刚度与地基的特性区别对待。天然地基或复合地基可取房屋高度的 1/15,桩基础可取房屋的 1/18(桩长不计在内)。

(2)地基土土质条件

地基土质的好坏直接影响了基础的埋深,土质好、承载力高的土层,基础可以浅埋,反之则应深埋。当土层为两种土质结构时,如上层土质好且有足够厚度、基础埋在上层土范围内为宜,反之,则以埋置下层好土范围内为宜。总之,必须对地基土的性质综合分析,求得最佳埋深。

(3)地下水位的影响

地下水对某些土层的承载能力有很大影响,如黏性土在地下水上升时,将因含水量增加而膨胀,使土的强度降低;当地下水下降时,基础将产生下沉。一般基础争取埋在最高水位以上。如图6.3(a)所示。

当地下水位较高,宜将基础底面埋置在最低地下水位以下200 mm。这种情况基础应采用耐水材料,如混凝土、钢筋混凝土等。如图6.3(b)所示。

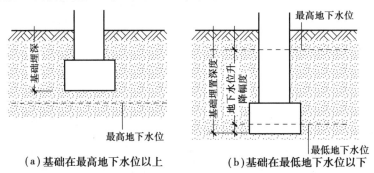

(a)基础在最高地下水位以上　　(b)基础在最低地下水位以下

图6.3　地下水位与基础埋深

(4)冻结深度的影响

冻结土和非冻结土的分界线称为冻土线。各地区气候不同,低温持续时间向上拱起(冻胀向上的力会超过地基承载力),土层解冻,基础又不同,冻土深度亦不相同,如北京地区为0.8~1.0 m,兰州地区为0.9 m,哈尔滨地区为2.0 m,地基土冻结后,若产生冻胀,会使房屋下沉。这种冻融交替,会使房屋处于不稳定状态,产生变形,造成墙身开裂,甚至使建筑物结构也遭到破坏等。故基础底面应埋置在冻土线以下200 mm。

(5)建筑物荷载大小的影响

荷载大,则要求地基承载力大,为取得圈套的容许承载力,而把基础埋置在较深的良土层上,这样基础埋置深度就要大些;或加大基础底面积,减小地基单位面积内所承受的力。

(6)其他因素的影响

除以上影响因素外,还受到地下室、设备基础及相邻建筑物基础埋置深度的影响。当基础附近有设备基础时,为避免设备基础对建筑物基础产生影响,可将建筑物基础深埋;当新建建筑与原有建筑基础相邻时,如基础埋深小于或等于原有建筑基础埋深,可不考虑相互影响,当基础埋深大于原有建筑基础埋深时,必须考虑相互影响。其应满足下列条件:$H/L \leqslant 0.5 \sim 1$ 或 $L = 1.5H \sim 2.0H$,如图6.4所示。

6.1.4　基础的类型

不同建筑的使用特点,不同的地基条件,必然出现不同材料组成的不同的基础形式。为研究其构造,一般可按其所用材料、受力和外形形式分类。

(1)按基础的形式分类

按基础形式不同,可分为条形基础,独立基础,联合基础。

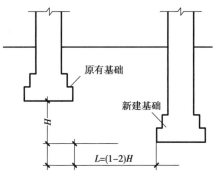

图6.4　相邻基础的相互影响

1）条形基础

当建筑物上部结构以墙体承重时,基础沿墙身设置,做成连续带形,称为条形基础或带形基础。多用于地基条件较好,浅基础的砖混结构建筑中。如图6.5所示,所用材料以砖、石、混凝土等为主。

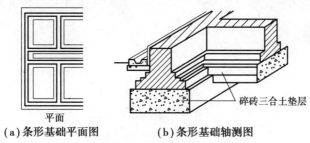

平面

（a）条形基础平面图　　　　（b）条形基础轴测图

图6.5　条形基础

2）独立基础

主要用于柱下,故也称为柱下基础。当建筑物上部结构采用框架结构,单层排架或门架结构时,常采用独立基础,其形式有台阶形、锥形、杯形等。当柱为预制柱时,采用杯形。如图6.6所示。

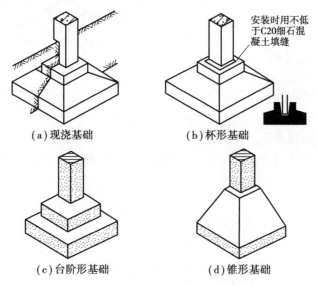

（a）现浇基础　　　　（b）杯形基础

（c）台阶形基础　　　　（d）锥形基础

图6.6　独立基础

3）联合基础

联合基础类型较多,常见的有井格基础、片筏基础和箱形基础,如图6.7（a）所示。

当柱子的独立基础置于较弱地基上时,基础底面积可能很大,彼此相距很近,甚至碰到一起,这时应把基础连起来,形成柱下井格基础。

地基的承载力仍不能满足设计要求时,可将整个建筑物的下部做成一整块钢筋混凝土梁或板,形成片筏基础。片筏基础整体性好,可跨越基础下的局部较弱土。片筏基础根据使用的条件和断面形式又可分为板式和梁板式,如图6.7（b）、（c）、（d）所示。

当建筑设有地下室且基础埋深较大时,可将地下室做成整浇的钢筋混凝土箱形基础,其整体空间刚度大,能承受很大的弯矩和抵抗地基的不均匀沉降,可用于特大荷载的建筑,如高层建筑和软弱地基条件,如图6.7(e)所示。

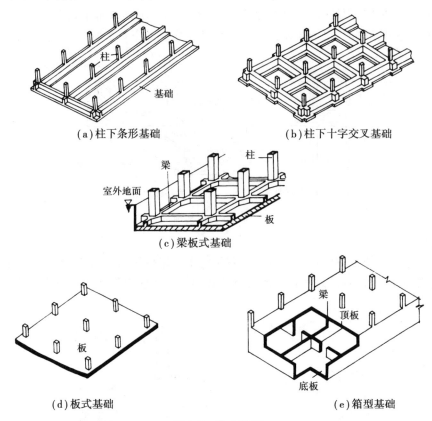

(a)柱下条形基础　　　　　　　　(b)柱下十字交叉基础

(c)梁板式基础

(d)板式基础　　　　　　　　　　(e)箱型基础

图6.7　联合基础

(2)按基础所用材料和受力特点分类

按所用材料可分为灰土基础、砖基础、石基础、毛石混凝土基础、钢筋混凝土基础等;按受力特点可分为刚性基础、非刚性基础。

1)刚性基础

用刚性材料制作的基础称为刚性基础。刚性材料是指抗压强度高,而抗拉、抗剪强度低的材料。如砖、石、混凝土等均属刚性材料。

从受力和传力角度考虑,由于土壤单位面积的承载能力小,只有将基础底面积不断扩大,才能适应地基受力的要求。上部结构(墙或柱)在基础中传递压力是沿一定角度分布的,这个传力角度称为压力分布角,或称刚性角,以 α 表示,如图6.8(a)所示。由于刚性材料抗压能力强,抗拉能力差,因此,压力分布角只能在材料的抗压范围内控制。如果基础底面宽度超过控制范围,则由 B_0 增加到 B_1,致使刚性角扩大。这时,基础会因受拉而破坏,如图6.8(b)所示。所以,刚性基础底面宽度的增大要受到刚性角的限制。

不同材料基础的刚性角是不同的,通常砖砌基础的刚性角控制在26°~33°为宜,混凝土基础应控制在45°以内。

2)非刚性基础

当建筑物的荷载较大,而地基承载能力较小时,为增加基础底面 B_0,势必导致基础深度也要加大。这样,既增加了挖土工作量,还使材料用量增加,如图6.9(a)所示。如果在混凝土基础的底部配以钢筋,利用钢筋来承受拉力,如图6.9(b)所示。使基础底部能够承受较大弯矩。这时,基础宽度的加大不受刚性角的限制,故也称钢筋混凝土基础为柔性基础。在同样条件下,钢筋混凝土基础与混凝土基础相比,可节省大量的混凝土材料和挖土工作量。

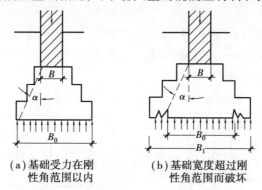

(a)基础受力在刚
性角范围以内

(b)基础宽度超过刚
性角范围而破坏

图6.8 刚性基础的受力、传力特点

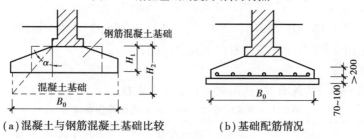

(a)混凝土与钢筋混凝土基础比较

(b)基础配筋情况

图6.9 钢筋混凝土基础

6.1.5 地下管沟

由于建筑内有给排水及采暖设备,为保证设施的正常使用及维修,需设置管沟,这些管沟一般都沿内外墙布置,有三种类型:

(1)沿墙管沟

这种管沟的一边是建筑物的基础墙,另一边是管沟墙,沟底用灰土垫层,沟顶用钢筋混凝土板做沟盖板。管沟的宽度一般为1 000~1 600 mm,深度为1 000~1 700 mm,如图6.10所示。

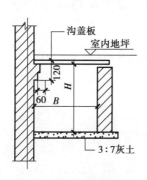

图6.10 沿墙管沟

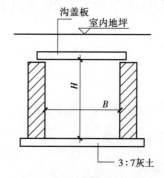

图6.11 中间管沟

117

（2）中间管沟

这种管沟在建筑物的中部或室外,一般有两道管沟墙支承上部的沟盖板。这种管沟在室外时,在有汽车通过处应选择强度较高的沟盖板。如图6.11所示。

（3）过门管沟

暖气的回水管线走在地上,遇有门口时,应将管线转入地下通过,需做过门管沟,这种管沟的断面尺寸为400 mm×400 mm,上铺沟盖板。如图6.12所示。

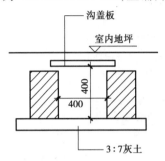

图6.12 过门管沟

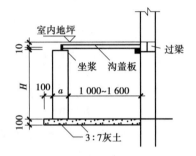

图6.13 管沟穿墙洞口

在设计和选用管沟时,一般应注意以下几个问题:

1）管沟墙的厚度

基础管沟墙一般与沟深有关,选用时可从表6.1查找。

表6.1 管沟墙厚度、深度、砂浆强度等级参考表

埋深/mm	室内管沟		室外不过车管沟		室外过车管沟		备 注
	墙厚/mm	砂浆强度	墙厚/mm	砂浆强度	墙厚/mm	砂浆强度	
$H \leq 1\,000$	240	M2.5	240	M2.5	240	M5	砖的强度一律为 $\geq$ MU7.5
$H \leq 1\,200$	240	M2.5	240	M2.5	360	M5	
$H \leq 1\,400$	360	M2.5	360	M2.5	360	M5	
$H \leq 1\,700$	—	—	360	M5	360	M5	

2）管沟穿墙洞口

在管沟穿墙洞口和管沟转角处应增加过梁或砖券。如图6.13所示。

6.2 地下室构造

建筑物地坪以下的空间叫地下室。

6.2.1 地下室的分类

（1）按使用性质分

①普通地下室:普通的地下空间。一般按地下楼层进行设计。

②人防地下室:有人民防空要求的地下空间。人防地下室应妥善解决紧急状态下的人员隐蔽与疏散,应有保证人身安全的技术措施。

（2）按埋入地下深度分

①全地下室：全地下室是指地下室地坪面低于室外地平面的高度超过该房间净高1/2者。

②半地下室：半地下室是指地下室地坪面低于室外地平面的高度超过该房间净高1/3，且不超过1/2者。

a.人防地下室的等级。

人防地下室按其重要性分为六级（其中四级又分为4A、4B两种），其区别在指挥所的性质及人防的重要程度。

● 一级人防：指中央一级的人防工事。

● 二级人防：指省、直辖市一级的人防工事。

● 三级人防：指县、区一级及重要的通信枢纽一级的人防工事。

● 四级人防：指医院、救护站及重要的工业企业的人防工事。

● 五级人防：指普通建筑物下部的人员掩蔽工事。

● 六级人防：指抗力为 0.05 MPa（约 5t/m²）的人员掩蔽和物品贮存的人防工事。

人防地下室应有防护室、防毒通道（前室）、通风滤毒室、洗消间及厕所等。为保证疏散，地下室的房间出口应不设门而以空门洞为主，与外界联系的出入口应设置防护门，出入口至少应有两个。其具体做法是一个与地上楼梯连通，另一个与人防通道或专用出口连接。为兼顾平时利用可在外墙侧开采光窗并设置采光井。

b.人防地下室的组成。

人防地下室属于箱形基础的范围。其组成部分有顶板、底板、侧墙、门窗及楼梯等。掩蔽面积标准应按每人 1.0 m² 计算，净空高度应不小于 2.2 m，梁和管道下净高不应小于 2.0 m。

人防地下室各组成部分所用材料、强度等级及厚度详见表6.2、表6.3。

表6.2　材料强度等级

构件类别	混凝土		砌　体			
	现浇	预制	砖	料石	混凝土砌块	砂浆
基础	C25	—	—	—	—	—
梁、楼板	C25	C25	—	—	—	—
柱	C30	C30	—	—	—	—
内墙	C25	C25	MU10	MU30	MU15	M5
外墙	C25	C25	MU15	MU30	MU15	M7.5

注：①防空地下室结构不得采用硅酸盐砖和硅酸盐砌块；

②严寒地区，饱和土中砖的强度等级不应低于 MU20；

③装配填缝砂浆的强度等级不应低于 M10；

④防水混凝土基础底板的混凝土垫层，其强度等级不应低于 C15；

⑤防空地下室钢筋混凝土结构构件当有防水要求时，其混凝土的强度等级不宜低于 C30。

表 6.3　结构构件最小厚度/mm

构件类别	材料种类			
	钢筋混凝土	砖砌体	料石气体	混凝土砌块
顶板、中间楼板	200	—	—	—
承重外墙	250	490(370)	300	250
承重内墙	200	370(240)	300	250
临空门	250	—	—	—
防护密闭门门框墙	300	—	—	—
密闭门门框墙	250	—	—	—

注：①表中最小厚度不包括甲类防空地下室防早期核辐射对结构厚度的要求；
　　②表中顶板、中间楼板最小厚度系指实心截面。如为密肋板，其实心截面厚度不宜小于 100 mm；如为现浇
　　　空心板，其板顶厚度不宜小于 100 mm；且其折合厚度均不应小于 200 mm；
　　③砖砌体项号内括号内最小厚度仅适用于乙类防空地下室和核 6 级、核 6B 级甲类防空地下室；
　　④砖砌体包括烧结普通砖、烧结多孔砖以及非黏土砖砌体。

6.2.2　地下室防水构造

受地下水、地表水、毛细管水、绿化浇灌等影响，地下室的防水构造尤为重要。为保证建筑地下功能的正常使用及建筑物的耐久性、安全性，即使地下水位标高较低，在地下室构造设计时均需设置地下室防水。

依据地下室对防水渗漏的敏感性及地下水位与地下室结构板底标高高差，对地下室防水划分为三个防水等级，其中一级防水所对应的防水等级最高，三级防水最低。通过防水等级的划分，来确定地下室应采取的防水措施。

一、二级防水等级地下工程，在防水混凝土结构外侧需设置柔性防水材料，防水层的道数根据地下室的防水等级确定，三级防水等级地下工程，防水混凝土结构也可不设置柔性防水材料。

地下工程主体结构的混凝土应采用防水混凝土。防水混凝土是通过调整配合比，或掺加外加剂、掺合料等措施配制而成，其最低抗渗等级不得小于 P6，防水混凝土结构厚度不小于250 mm。防水混凝土施工前应做好降排水工作，不得在有积水的环境中浇筑混凝土。

地下室防水构造基本有三种，分为外防水构造、内防水构造及辅助防水措施。

(1)外防水构造

外防水是地下工程常用的防水构造方式，其构造是将柔性防水材料设置于防水混凝土主体结构外侧(迎水面)，通过从迎水面隔绝地下水的渗漏通道，获得预期的防水功能。

柔性防水材料有防水卷材、防水涂料两类，如合成高分子防水卷材、聚合物改性沥青防水卷材、沥青类防水涂料、合成高分子防水涂料等。目前自粘型防水卷材在地下防水的底板、侧墙施工中的被广泛运用。

柔性防水材料具有良好的柔韧性和伸缩性，能够适应基底的轻微变形和振动造成的混凝土细小裂纹。不仅可以减少地下工程的渗漏，同时也可采用柔性防水材料对已出现破损或渗

漏的地下进行修补。

外防水构造按地下室位置可以分为:底板防水、外墙防水、顶板防水。

①地下室底板防水一般由底往上的构造做法是:素土夯实→混凝土垫层→找平层→防水层→隔离层→保护层→结构防水混凝土板。混凝土垫层的强度等级不应小于 C15,最小厚度不应小于 100 mm,在软弱土层不应小于 150 mm。保护层厚度不应小于 50 mm。

②地下室防水顶板通常是地下室外轮廓大于地上一层的轮廓时,超出地下一层的地下室顶板需设置防水构造。

地下室顶板防水构造由结构顶板往上做法是:结构防水混凝土顶板→找坡层→找平层→防水层→隔离层→保护层。地下室顶板通常采用厚度不小于 50 mm 的细石混凝土保护层。当地下室顶板有种植时,细石混凝土保护层厚度不小于 70 mm,且最外层防水应选用耐根穿刺防水材料,且应注意植物的排水需求。

③地下室侧墙防水常见构造由建筑向外的做法是:结构防水混凝土侧墙→找平层→防水层→保护层→回填土。地下室侧墙保护层通常采用砌筑砖或挤塑聚苯板等材料,当采用砖墙做保护层时,砖墙与防水层之间预留 30~50 mm 缝隙用细砂填实作为保护层与防水层之间的隔离层。保护层外侧的回填土应分层夯实,每层夯实厚度宜不大于 250 mm。外防水构造如图 6.14 所示。

(2)内防水构造

当施工场地极其狭窄,地下室外墙无法设置外侧防水层时或用于地下室修缮堵漏,才采用内防水构造。内防水可采用防水涂料、防水砂浆或钢板等防水材料。内防水构造如图 6.15 所示。

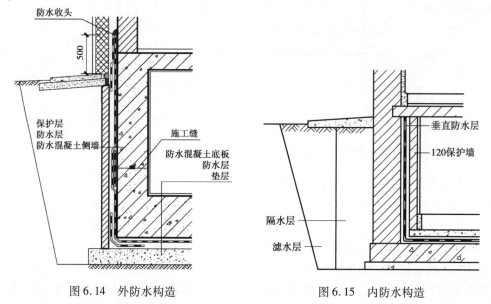

图 6.14 外防水构造 　　　　图 6.15 内防水构造

(3)辅助防水措施

地下工程可通过疏导的方法,将地下水有组织排出去,以削弱水对地下结构的压力,减小水对结构的渗透,从而辅助地下工程达到防水的目的。辅助排水可选用渗排水、盲沟排水、明沟排水等方法。

1)渗排水法

渗排水适用于无自流排水条件、防水要求较高且有抗浮要求的地下工程。渗排水层设置在结构板下方,由粗砂过滤层与集水管组成。渗排水构造如图6.16所示。

2)盲沟排水法

盲沟排水适用于地基为弱透水性土层、地下水量不大或排水面积较小,地下水位在建筑底板以下或丰水期地下水位高于建筑底板的地下工程。

盲沟一般设置在建筑物周围,地下水流入盲沟,根据地形自动排走。当地形受限制,不具备自流排水条件,应设集水井并采取机械排水措施,如设置排水泵等防法。盲沟排水如图6.17所示。

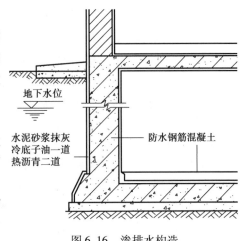

图6.16 渗排水构造

3)明沟排水法

在地下室室内设置排水沟、集水井,将地下室内的水采用人工方法排出,减少渗水对室内造成的影响。明沟排水如图6.18所示。

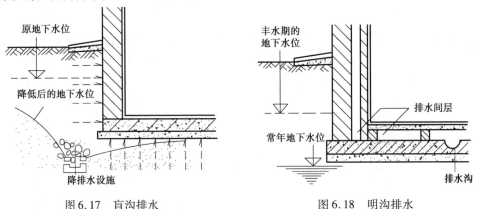

图6.17 盲沟排水　　　　　　图6.18 明沟排水

6.2.3 地下室地面及墙体的节能构造

在严寒和寒冷地区,建筑底层室内采用实铺地面构造,对于直接接触土壤的周边部分,需要进行保温处理,减少经地面的热损失,即从外墙内侧到室内2 000 mm范围内铺设保温层。

对于直接接触室外空气的地板(如骑楼、过街楼的地板),以及不采暖地下室上部的顶板等,也应采取保温措施。以不采暖地下室为例,地下室以上的底层地面应全部作保温处理。保温层可设置在底层地面的结构层与地面面层之间[图6.19(a)],也可设在结构层之下,即地下室顶板之下[图6.19(b)]。但后者要考虑板底有无管线铺设、施工是否方便、管道检修及防火规范的要求。

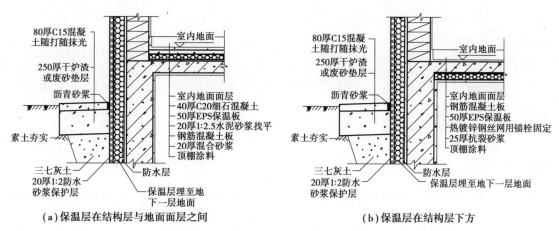

图6.19　地下室底层与室内地面保温构造

小　结

1. 基础是建筑物的主要承重结构,必须满足强度、刚度和稳定性的要求。

2. 基础与地基的概念、含义不同。基础属建筑物组成部分,按形式可分为条形基础、独立基础、井格基础、片筏基础、箱形基础等;按组成材料和传力可分为刚性基础和非刚性基础;地基的加固方法。

3. 基础的形式及材料的选择与建筑物结构体系传力方式、地基土耐力等有密切关系;其埋置深度除受力影响外,与地基状况、地下水位、冻土深度及相邻建筑物基础位置和设备基础等各种因素有关。

4. 地下室按使用性质分为普通地下室和人防地下室,按设置深度分为全地下室和半地下室。人防地下室根据其重要性分为六个等级,根据不同等级有不同组成和设置要求,最根本的是解决好疏散及通风问题。

5. 土层潮气、地下水和地表渗水必然对地下室长期侵蚀,故应在构造上做好防潮、防水处理。当最高水位低于地下室地坪时,做一般防潮处理,否则应做防水处理。其构造措施有卷材、防水混凝土直接防水,有设置降排水设施间接防水等。

复习思考题

1. 何谓基础、地基? 何谓人工地基、天然地基及种类?

2. 如何确定基础的埋深?

3. 基础如何分类?

4. 什么是刚性基础? 什么是非刚性基础? 刚性基础大放脚的确定方法?

5. 地基加固方法有几种?

6. 地下室的种类及基础组成是什么?

7. 地下室的防潮、防水做法? 画出其构造做法。

8. 常用的地下室防水措施有哪些? 并简述其防水构造原理。

第7章
墙 体

7.1 概 述

墙体是建筑物的重要组成构件,占建筑物总重量的 30% ~ 45% ,造价比重大,因而在工程设计中,合理地选择墙体材料、结构方案及构造做法十分重要。

7.1.1 墙体的作用

墙体在建筑中的作用主要有 4 个方面:

①承重作用:一是承受建筑物屋顶、楼层、人、设备及墙自身荷载,二是承受自然界风荷载、地震作用等。

②围护作用:抵御自然界雨、雪、风、霜等的侵袭,防止太阳辐射和噪声的干扰等。

③分隔作用:把建筑物分隔成若干个小空间。

④装饰作用:装修墙面,满足室内外装饰和使用功能要求。

7.1.2 墙的分类

建筑物的墙体因其所在位置、材料组成、受力情况及施工方法不同,一般有以下几种分类方式:

(1)按所在位置及方向分类

墙体按在平面中所处位置,可分为外墙、内墙、纵墙和横墙。

外墙位于建筑物周边,是建筑物的外围护结构,起着挡风、阻雨、保温、隔热等作用,使内部空间不受自然界因素的侵袭;内墙位于建筑物内部,起着分隔内部空间的作用;沿建筑物短轴方向布置的墙为横墙,横墙有内横墙和外横墙之分,外横墙一般又称山墙;沿建筑长轴方向布置的墙称为纵墙,纵墙有外纵墙和内纵墙之分;任何墙上,窗与窗或门与窗之间的墙称为窗间墙,窗洞下部的墙为窗下墙。墙体名称如图 7.1 所示。

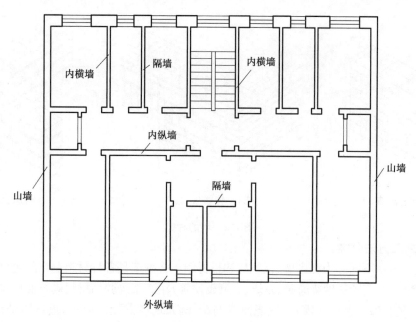

图 7.1 墙体名称

（2）按受力状况分类

根据结构受力情况不同，墙体有承重墙和非承重墙两种，承受墙体上部结构传来荷载的墙称为承重墙，反之为非承重墙。非承重墙又分为自承重墙、隔墙和幕墙。自承重墙仅承受自身重量，并把自重传至基础；隔墙把自重传给梁或楼板，起分隔空间作用，如框架结构中的内填充墙就是隔墙的一种；悬挂于建筑物外部骨架或楼板间的轻质外墙称为幕墙，有金属、玻璃及复合材料幕墙。

（3）按材料及构造方式分类

①按所用材料分。

用砖和砂浆砌筑的墙为砖墙，砖分为烧结普通砖、烧结多孔砖、黏土空心砖、蒸压灰砂普通砖、蒸压粉煤灰普通砖、混凝土普通砖、混凝土多孔砖等；用石块和砂浆砌筑的墙为石墙；用土坯和黏土、砂浆砌筑的墙或模板内填充黏土夯实而成的墙为土墙；用钢筋混凝土现浇或预制的墙为钢筋混凝土板材墙，玻璃幕、复合材料幕墙均为板材墙；还有用工业废料制作的砌块砌筑的砌块墙等。

②按其构造方式分。

按构造方式不同可分为实体墙、空体墙和组合墙三种。实体墙由单一材料组成，如烧结普通砖及其他实体砌块砌成的墙［图 7.2（a）］；空体墙也是由单一材料组成，如空斗墙（内部为空腔）、空心砌块墙、空心板墙等［图 7.2（b）］；组合墙是由两种以上材料组合而成的墙［图 7.2（c）］，其主体结构一般为烧结普通砖或钢筋混凝土，内外侧复合轻质保温材料，常用的有充气石膏板、水泥聚苯板、水泥珍珠岩、石膏聚苯板、纸面石膏岩棉板、石膏玻璃丝复合板以及目前为满足建筑节能要求的聚苯板和挤塑苯板等，这些组合墙体质量轻、导热系数小，按《严寒和寒冷地区居住建筑节能设计标准》（JGJ 26—2018）要求，可用于有节能要求的建筑墙体当中。

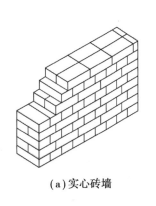
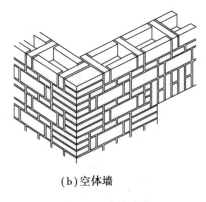

(a)实心砖墙　　　　　　(b)空体墙　　　　　　(c)组合墙

图7.2　墙的种类

(4)按施工方法分类

根据施工方法不同分为叠砌墙、板筑墙和板材墙。叠砌墙是各种材料制作的块材(如烧结普通砖、烧结多孔砖、蒸压灰砂普通砖、石块、小型砌块等)用砂浆等胶结材料砌筑而成,也称为块材墙;板筑墙则是在施工现场立模板,现浇而成的墙,例如现浇混凝土墙等;板材墙是预先制成墙板,施工现场安装而成的墙,例如预制装配的钢筋混凝土大板墙,各种轻质条板内隔墙等。

7.2　墙体的设计要求

根据墙体的分类方法,墙在不同的位置具有不同的功能要求,故在设计时要满足下列要求。

7.2.1　结构设计要求

(1)结构布置的选择

墙体是多层砖混房屋的围护构件,也是主要的承重结构。墙体布置必须同时考虑建筑和结构两方面的要求,既应满足建筑设计的房间布置、空间大小划分等使用要求,又应选择合理的墙体承重结构布置方案,使之安全承担作用在房屋上的各种荷载,坚固耐久,经济合理。

结构布置是指梁、板、墙、柱等结构构件在房屋中的总体布局。大量性民用建筑的结构布置方案,通常有以下几种,墙体结构布置方式如图7.3所示。

横墙承重

①横墙承重方案适用于房间的使用面积不大,墙体位置比较固定的建筑,如住宅、宿舍、旅馆等。可按房屋的开间设置横墙,楼板的两端搁置在横墙上,横墙承受楼板等外来荷载,连同自身的重量传给基础,这即为横墙承重体系。横墙的间距是楼板的长度,也是开间,一般在4.2 m以内较为经济。此方案横墙数量多,因而房屋空间刚度大,整体性好,对抵抗风荷载、地震作用和调整地基不均匀沉降有利,但是建筑空间组合不够灵活。在横墙承重方案中,纵墙起围护、分隔和将横墙连成整体的作用,纵墙只承担自身的重量,所以对在纵墙上开门、开窗限制较少[图7.3(a)]。

②纵墙承重方案适用于房间的使用上要求有较大空间,墙体位置在同层或上下层之间可能有变化的建筑,如教学楼中的教室、阅览室、实验室等。通常把大梁或楼板搁置在内、外纵墙上,此时纵墙承受楼板传来的恒荷载及活荷载,并将其连同自身的重量通过基础传给地基,这

称为纵墙承重体系。在纵墙承重方案中,由于横墙数量少,房屋刚度差,应适当设置承重横墙,与楼板一起形成纵墙的侧向支撑,以保证房屋空间刚度及整体性的要求。此方案空间划分较灵活,但设在纵墙上的门、窗大小和位置将受到一定限制。相对横墙承重方案来说,纵墙承重方案楼板材料用量较多[图7.3(b)]。

纵墙承重

③纵横墙承重方案适用于房间变化较多的建筑,如医院、实验楼等。结构方案可根据需要布置,房屋中一部分用横墙承重,另一部分用纵墙承重,形成纵横墙混合承重方案。此方案建筑组合灵活,空间刚度较好,墙体材料用量较多,适用于开间、进深变化较多的建筑[图7.3(c)]。

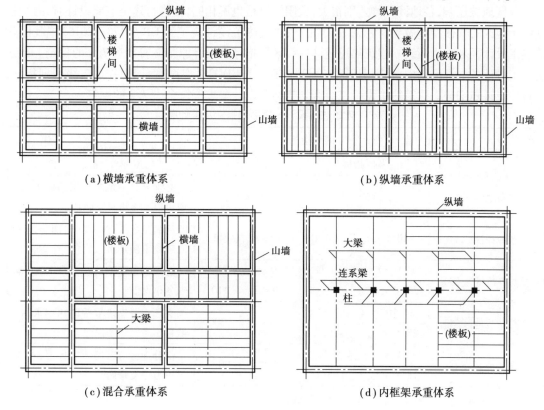

(a)横墙承重体系　　　　　　　　(b)纵墙承重体系

(c)混合承重体系　　　　　　　　(d)内框架承重体系

图7.3　墙体结构布置方式

(2)墙体的强度和稳定性

1)强度

这里强度是指墙体承受荷载的能力。影响墙体强度的因素很多,主要与所采用的材料强度等级及截面面积有关。提高受压构件的承载力的方法通常有两种:

双向承重体系

a.加大截面面积或加大墙厚。这种方法虽可取,但不经常采用。

b.提高墙体抗压强度的设计值。这种方法主要采用同一墙体厚度,在不同部位通过改变砖和砂浆强度等级来达到承载要求。

2)稳定性

墙体是高、长而且薄的构件,稳定性尤显重要,无稳定性,墙体的强度就得不到保证。设置好墙体的高厚比、长厚比是保证其稳定的重要措施。

当墙体高度、长度确定后,通常可通过增加墙体厚度,增设壁柱、墙垛、圈梁等办法来增强其稳定性。

7.2.2　热工与节能设计要求

(1)保温要求

①根据《民用建筑热工设计规范》(GB 50176—2016),全国划分为 5 个建筑热工设计分区。

我国地域辽阔,各地区气候差别很大,太阳辐射量也不相同,在进行建筑节能设计时,必须根据各个地区的气候特点做到有针对性。《民用建筑热工设计规范》(GB 50176—2016)把我国建筑热工设计区划分为两级。建筑热工设计一级区划指标及设计原则应符合表 7.1 的规定。在建筑热工设计各一级区划内,采用 HDD18(采暖度日数)、CDD26(空调度日数)作为二级区划指标,将各一级区划细分。建筑热工设计二级区划指标及设计要求应符合表 7.2 的规定。

表 7.1　建筑热工设计一级区划指标及设计原则

一级区划名称	区划指标		设计原则
	主要指标	辅助指标	
严寒地区(1)	$t_{min \cdot m} \leq -10 \ ℃$	$145 \leq d_{\leq 5}$	必须充分满足冬季保温要求,一般可以不考虑夏季防热
寒冷地区(2)	$-10 \ ℃ \leq t_{min \cdot m} \leq 0 \ ℃$	$90 \leq d_{\leq 5} \leq 145$	应满足冬季保温要求,部分地区兼顾夏季防热
夏热冬冷地区(3)	$0 \ ℃ < t_{min \cdot m} \leq 10 \ ℃$ $25 \ ℃ < t_{max \cdot m} \leq 30 \ ℃$	$0 \leq d_{\leq 5} < 90$ $40 \leq d_{\geq 25} < 110$	必须满足夏季防热要求,适当兼顾冬季保温
夏热冬暖地区(4)	$10 \ ℃ < t_{min \cdot m}$ $25 \ ℃ < t_{max \cdot m} \leq 29 \ ℃$	$100 \leq d_{\geq 25} < 200$	必须充分满足夏季防热要求,一般可不考虑冬季保温
温和地区(5)	$0 \ ℃ < t_{min \cdot m} \leq 13 \ ℃$ $18 \ ℃ < t_{max \cdot m} < 25 \ ℃$	$0 \leq d_{\leq 5} < 90$	部分地区应考虑冬季保温,一般可不考虑夏季防热

注:$t_{min \cdot m}$表示最冷月平均温度;$t_{max \cdot m}$表示最热月平均温度;

　　$d_{\leq 5}$表示日平均温度≤5 ℃的天数;$d_{\geq 25}$表示日平均温度≥25 ℃的天数。

表 7.2　建筑热工设计二级区划指标及设计要求

二级区划名称	区划指标	设计要求
严寒 A 区(1A)	$6 \ 000 \leq HDD18$	冬季保温要求极高,必须满足保温设计要求,不考虑防热设计
严寒 B 区(1B)	$5 \ 000 \leq HDD18 < 6 \ 000$	冬季保温要求非常高,必须满足保温设计要求,不考虑防热设计
严寒 C 区(1C)	$3 \ 800 \leq HDD18 < 5 \ 000$	必须满足保温设计要求,可不考虑防热设计

续表

二级区划名称	区划指标		设计要求
寒冷 A 区(2A)	2 000 ≤ HDD18 < 3 800	CDD26 ≤ 90	应满足保温设计要求,可不考虑防热设计
寒冷 B 区(2B)		CDD26 > 90	应满足保温设计要求,宜满足隔热设计要求,兼顾自然通风、遮阳设计
夏热冬冷 A 区(3A)	1 200 ≤ HDD18 < 2 000		应满足保温、隔热设计要求,重视自然通风、遮阳设计
夏热冬冷 B 区(3B)	700 ≤ HDD18 < 1 200		应满足隔热、保温设计要求,强调自然通风、遮阳设计
夏热冬暖 A 区(4A)	500 ≤ HDD18 < 700		应满足隔热设计要求,宜满足保温设计要求,强调自然通风、遮阳设计
夏热冬暖 B 区(4B)	HDD18 < 500		应满足隔热设计要求,可不考虑保温设计,强调自然通风、遮阳设计
温和 A 区(5A)	CDD26 < 10	700 ≤ HDD18 < 2 000	应满足冬季保温设计要求,可不考虑防热设计
温和 B 区(5B)		HDD18 < 700	宜满足冬季保温设计要求,可不考虑防热设计

②冬季保温设计要求。

a. 建筑物宜设在避风、向阳地段,充分利用太阳能。

b. 减小建筑物的体形系数。建筑物的外表面积与其包围的体积之比(体型系数)应尽可能地小,平、立面不宜出现过多的凹凸面。

c. 室温要求相近的房间应集中布置。

d. 严寒地区居住建筑不应设冷外廊和开敞式楼梯间;公共建筑主入口处应设置转门、热风幕等避风设施。寒冷地区居住建筑和公共建筑宜设置门斗等避风设施。

e. 严寒和寒冷地区北向窗户的面积应予控制,其他朝向的窗户面积不宜过大。应尽量减少窗户的缝隙长度,并加强窗户的密闭性。

f. 严寒和寒冷地区的外墙和屋顶应满足《建筑节能与可再生能源利用通用规范》(GB 55015—2021)中对传热系数限值的要求。

g. 热桥部位(主要传热渠道),不得低于室内露点温度。

③夏季防热设计要求。

a. 建筑物的夏季防热应采取环境绿化、自然通风、建筑遮阳和围护结构隔热等综合性措施。

b. 建筑物的总体布置,单体的平、剖面设计和门窗的设置,应有利于自然通风,并尽量避免主要使用房间西晒。

c. 南向房间可利用上层阳台、凹廊、外廊等达到遮阳目的。东西向房间可适当采用固定式或活动式遮阳设施。

d. 屋顶东、西外墙的内表面温度应通过验算,保证满足隔热设计的要求。

e. 为防止潮霉季节地面泛潮,底层地面应采用架空做法。地面面层应选用微孔吸湿材料。

④墙体的保温与节能要求。

目前,《建筑节能与可再生能源利用通用规范》(GB 55015—2021)作为强制性条文,墙体的传热系数限值必须满足所在热工分区的要求。因此,对于墙体保温,仅需对热桥部位进行验算,保证墙体内表面温度不低于室内露点温度。

由于围护结构的传热系数是围护结构传热阻的倒数,所以,对于墙体控制传热系数的限值,就是要增大墙体的热阻。对于单一材料层,热阻为其厚度除以导热系数。根据本书第5章的叙述,增大围护结构热阻的措施有:增加围护结构的厚度和选择导热系数小的材料。

如要增加围护结构的热阻,比较行之有效的措施是选择导热系数小的保温材料来组成复合墙体。保温材料按其材质构造,可分为多孔的、板(块)状的和松散状的。从化学成分上看,有的是无机材料,如膨胀矿渣、泡沫混凝土、陶粒、膨胀珍珠岩、膨胀蛭石、浮石、矿棉及玻璃棉等;有的是有机材料,如软木、木丝板、甘蔗板、稻壳等。随着化学工业的发展,各种塑料保温、隔热材料已经成为最有发展前景的材料。此外,铝箔等反辐射热性能良好的材料也将在建筑保温、隔热工程上大显神威。

在保温选择材料过程中,必须全面考虑问题,既要考虑到材料的物理性能,也要了解材料的强度、耐久性、耐火性以及耐腐蚀的性能。同时,还要结合建筑物的使用性质、构造特点、施工工艺以及经济指标等因素,进行综合分析、比较,以确定最优方案,达到理想的效果。

复合墙体的做法多种多样。根据外墙保温材料与主体结构的关系,可分为内保温复合墙体、外保温复合墙体和夹心复合墙体3类。

a. 内保温复合墙体。

内保温复合墙体是指承重材料与高效保温材料进行复合使用的墙体,主要由以下层次组成:

主体结构层:外围护结构的承重受力部分,可采用现浇或预制混凝土外墙、砖墙或砌块墙体。

空气层:用胶接剂将保温板粘贴在基层墙体上时,形成空气层。其作用是切断水分的毛细渗透,防止保温材料受潮。同时,外墙结构层立表面由于温度低而出现凝结水,通过结构层吸入而不断向室外转移、散发。另外,空气间层增加了一定的热阻,有利于保温。空气层厚度一般为8~12 mm。

保温层:可采用高效绝热材料,如岩棉、各种泡沫塑料板,也可采用加气混凝土块、膨胀珍珠岩制品等材料。

覆面保护层:作用是防止保温层受到破坏,组织室内水蒸气渗入保温层,可选用纸面石膏板。

如图7.4所示为增强粉刷石膏聚苯板内保温复合墙构造示意图。

内保温复合墙体在构造上不可避免地形成热工薄弱节点,如混凝土过梁、各层楼板与外墙交接处、内外墙相交处等一些保温层覆盖不到的部位会产生冷桥,需要采取必要的加强措施。

内保温复合墙体施工方便,多为干作业施工,较为安全方便,施工效率高,而且不受室外气候的影响。由于保温层设在内侧,占据一定的使用面积,若用于旧房节能改造,施工时会影响住户的正常生活。即使是新房,装修时往往会破坏内保温层,且内保温的墙体难以吊挂物件或安装窗帘盒、散热器等。另外,由于内侧的保温层密度小,蓄热能力小,会导致室内温度波动大,房间的热稳定性差。这种墙体适合于外墙用石材装修的公共建筑,以及外墙有较好饰面的既有公共建筑的节能改造工程。

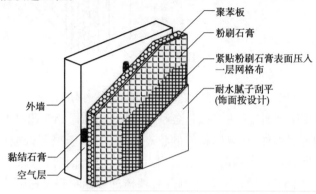

图 7.4 增强粉刷石膏聚苯板内保温复合墙构造示意图

b. 外保温复合墙体。

外保温复合墙体是指在墙体基层的外侧粘贴或吊挂保温层,并覆以保护层的复合墙体[图 7.5(b)]。这种保温做法,既可用于新建建筑,也可用于既有建筑的外墙节能改造。

与内保温复合墙体[图 7.5(a)]相比,外保温复合墙体具有以下优势:

保护主体结构,延长建筑物使用寿命。由于保温层在主体结构外侧,缓冲了因温度变化导致结构变形产生的应力(图 7.5),避免了雨水冻融干湿循环造成的结构破坏,减少了空气中有害气体和紫外线对围护结构的侵蚀。保温层有效地提高了主体结构的使用寿命。

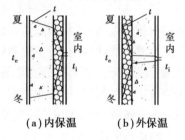

图 7.5 保温层对墙体内温度分布的影响

避免热桥的影响。外保温防止热桥部位产生结露,切断了热损失的渠道。

避免围护结构内部结露。外保温的做法,在构造上形成了"内紧外松",在水蒸气通道上实现了"进难出易",从而有效地避免了围护结构内部结露。

有利于保持室内热稳定性。由于加热容量大、蓄热能力好的结构层设置在保温层内侧,当室内受到不稳定热作用时,室内空气温度上升或下降,墙体结构能够吸收或释放热量,有利于室温保持稳定。

便于旧房改造。对旧房进行节能改造时,采用外保温方式无须住户临时搬迁,基本不会影响用户的正常生活。

可以避免装修时对保温层的破坏。

对于外墙外保温系统,根据保温层所用材料的状态及施工方式的不同,有多种类型,如聚苯板薄抹灰外墙外保温系统、胶粉聚苯颗粒保温浆料外保温系统、模板内置聚苯板现浇混凝土外保温系统、硬质聚氨酯泡沫塑料外保温系统及复合装饰板外保温系统等。下面主要介绍聚苯板薄抹灰外保温复合墙的构造层次及做法,如图7.6所示。

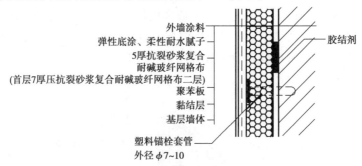

图7.6 聚苯板薄抹灰外保温复合墙体的构造层次

基层墙体可以是混凝土外墙,也可以是各种砌体墙;黏结层的作用是保证保温层与墙体基层黏结牢固。不同的外保温体系,黏结材料的状态也不同,对于聚苯板或挤塑聚苯板,以粘贴为主,辅以锚栓固定,即粘贴聚苯板时,一般采用点框法粘贴,同时,为保证保温板在粘接剂固化期间的稳定性,一般用塑料钉钉牢;外保温复合墙体的保温材料可用膨胀型聚苯乙烯(EPS)板、挤塑型聚苯乙烯(XPS)板、岩棉板、玻璃棉毡及超细保温浆料等。其中,阻燃膨胀型聚苯乙烯板应用普通。保温层的厚度应经过热工计算确定,以满足节能标准对该地区墙体的保温要求。聚苯板应按顺序方式粘贴,竖缝应逐行错缝,墙角部位聚苯板应交错互锁,门窗洞口四角的聚苯板应用整块板切割成形,不得拼接;保护层即在保温层的外表面涂抹聚合物抗裂砂浆,内部铺设一层耐碱玻纤网格布增强,建筑物的一层应铺设两层网格布加强。作用是改善抹灰层的机械强度,保证其连续性,分散面层的收缩应力和温度应力,防止面出现裂纹。网格布必须完全埋入底涂层内,既不应紧贴保温层,影响抗裂效果,也不应裸露于面层,避免受潮导致其极限强度下降。薄型抗裂砂浆的厚度一般为5~7 mm。在勒脚、变形缝、门窗洞口、阴阳角等部位应加设一层网格布,并在聚苯板的终端部位进行包边处理,如图7.7所示;对于饰面层,不同的保温体系,面层厚度有所差别,但厚度要适当。过薄,结实程度不够,难以抵抗外力的撞击;增强网格布离外表面较远,难以起到抗裂的作用。一般薄型面层在10 mm以内为宜。外保温系统优先选用涂料饰面。高层建筑和地震区、沿海台风区、严寒地区等优先选用面砖饰面。

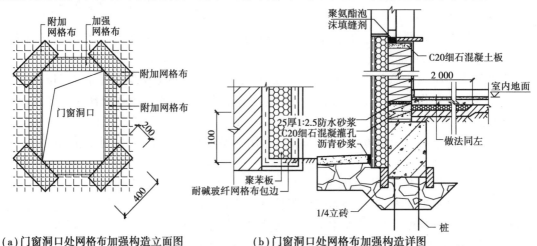

(a)门窗洞口处网格布加强构造立面图　(b)门窗洞口处网格布加强构造详图

图7.7 门窗洞口处网格布加强构造与包边处理

采用涂料饰面时,应先压入网格布,再用抗裂砂浆找平,然后刮柔性细腻子,刷弹性涂料。如采用饰面砖,应先用抗裂砂浆压入金属镀锌电焊网,再用抗裂砂浆找平,然后用水泥基黏结材料粘贴面砖,再用面砖勾缝胶浆勾缝。

外墙在勒脚、底层地面、窗台、过梁、雨篷、阳台等处是传热敏感部位,应用保温材料加强处理,阻断热桥路径,具体细部构造如图7.8所示。

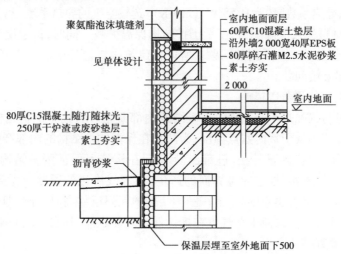

图7.8 外保温复合墙体根部至窗台保温构造

c.夹芯复合墙体。

夹芯复合墙体是将保温层夹在墙体中间,有两种做法:一种是双层砌块墙中间夹保温层;另一种是采用集承重、保温、装饰为一体的复合砌块直接砌筑。

双层砌块夹芯复合墙体由结构层、保温层、保护层3层组成。结构层一般采用190 mm厚的主砌块;保温层一般采用聚苯板、岩棉板或聚氨酯现场分段发泡,其厚度应根据各地区的建筑节能标准确定;保护层一般采用90 mm厚劈裂装饰砌块。结构层与保护层砌体间采用镀锌钢丝网片或拉结钢筋连接,如图7.9所示。

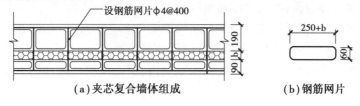

（a）夹芯复合墙体组成　　　　　　　（b）钢筋网片

图7.9 夹芯复合墙体

（2）防围护结构的蒸气渗透

1）蒸气渗透现象

空气有湿空气、干空气之分。湿空气中含水蒸气,空气温度越高,空气中水蒸气含量越大。空气中蒸气含量的多少,可以用水蒸气分压力来表示。冬季,室内温度高,而室外温度低。由于室内烧饭、烧水等,故室内空气中蒸气含量高于室外,当围护结构两侧出现蒸气分压力差时,则水蒸气分子便从压力高的一侧通过围护结构向分压力低的一侧渗透扩散,这种现象被称为蒸气渗透。

2)蒸气渗透带来的危害

冬季,由于围护结构两侧存在温度差,结构的两侧从内到外其温度是在不断变化的,水蒸气通过围护结构渗透过程中,遇到露点温度时,蒸气含量达到饱和度立即凝结。当围护结构出现表面凝结时,将会使室内表面装修发生脱皮、粉化甚至生霉,会导致衣、物发霉,严重时会影响人体健康。当这种凝聚水产生在围护结构中的保温层内时,则会使保温材料内的空隙中充满水分。由于水的导热系数[约为 0.58 W/(m·K)]远较空气的导热系数[约为 0.023 W/(m·K)]高,致使保温材料失去保温能力,于是围护结构保温失败。同时,保温层受潮,将影响材料的使用寿命,因而将会带来一系列的问题。所以在建筑构造设计中必须重视保温围护结构内蒸气渗透以及内部凝结问题。

3)保温围护结构的隔蒸气措施

设计中最理想的状况是不会出现表面凝结或内部凝结。为杜绝围护结构表面结露,要求围护结构内表面温度不低于室内露点温度;为防止在保温围护结构的内部产生凝聚水,在进行构造设计时,如果能满足"内紧外松、进难出易"(即在构造上保证围护结构构造层次由内到外,越靠近室内一侧越密实,杜绝冷凝界面的产生,在蒸气渗透的通路上做到进难出易)的原则,当构造层次不能满足上述原则时,常在围护结构的保温层靠高温一侧,即蒸气渗入的一侧,设一道隔蒸气层。这样,可以使水蒸气流在抵达低温表面之前,其水蒸气分压力已得到急剧下降,从而避免了内部凝结的产生。

设置隔蒸气层,防止或控制内部凝结是目前保温构造设计中应用最普遍的一种措施。隔蒸气材料一般采用沥青、卷材、隔汽涂料等防潮、防水材料。

7.2.3 隔声要求

隔声是控制噪声的重要措施,但目前在很多建筑中对隔声还不够重视,以致对噪声控制不够。例如,一些建筑中很多轻型墙组成的分户、分间墙,其隔声量仅有 30 dB,这与人对环境的要求相差很远。因此,要建立有关声学标准,然后研究达到这些标准的措施。这里仅就建筑隔声介绍一些基本知识。

按声音的传播规律分析,有三种传递途径:

经由空气直接传播,即通过建筑物围护结构的缝隙和孔洞传播,如敞开的门窗、通风孔及门窗的缝隙等;透过围护结构传播,即由空气传播的声音遇到密实的墙壁后,在声波的作用下,墙壁受到激发产生振动,使声音透过墙壁而传至室内;撞击或机械振动的直接作用,使围护结构或水平结构产生振动而发声。

前两种声音是在空气中传播的,为"空气传声";第三种是振动直接撞击构件而发声,为"固体传声",但最终仍是经空气传至接收者。对空气传声和固体传声的控制方法是有区别的。

从围护结构的平均隔声量计算原理

$$R_a = L - L_0$$

式中 R_a——围护结构的平均隔声量;

  L——室外噪声级,dB;

  L_0——室内允许噪声级,dB。

可知 R_a 越大,隔声效果越好。我们目前执行的隔声减噪设计标准等级见表7.3至表7.6。

表 7.3 隔声减噪设计等级标准

特 级	一 级	二 级	三 级
特殊标准	较高标准	一般标准	最低标准

表 7.4 各种场所的噪声

噪声声源名称	至声源距离/m	噪声级/dB
安静的街道	10	60
汽车鸣喇叭	15	75
街道上鸣高音喇叭	10	85~90
工厂汽笛	20	105
锻压钢板	5	115
铆工车间		120
建筑物内高声谈话	5	70~75
室内若干人高声谈话	5	80
室内一般谈话	5	60~70
室内关门声	5	75
机车汽笛声	10~15	100~105

表 7.5 一般民用建筑房间的允许噪声级

房间名称	允许噪声级/dB
公寓、住宅、旅馆	35~45
会议室、小办公室	40~45
图书馆	40~45
教室、讲堂	35~40
剧院	30~35
医院	35~40
电影院、食堂	35~40
饭店	50~55

表 7.6　围护结构空气声隔声标准

建筑类型	构件/房间名称	空气声隔声单值评价量 + 频谱修正量/dB		
			低限要求	高标准要求
住宅建筑	分户墙、分户楼板	计权隔声量 + 粉红噪声频谱修正量 $R_w + C$	>45	>50
	户(套)门		≥25	≥30
	户内卧室墙		≥35	—
	户内其他分室墙		≥30	—
	分隔住宅和非居住用途空间的楼板	计权隔声量 + 交通噪声频谱修正量 $R_w + C_{tr}$	>51	—
	交通干线两侧卧室、起居室(厅)的窗		≥30	≥35
	其他窗		≥25	≥30
	外墙		≥45	≥50
	卧室、起居室(厅)与邻户房间之间	计权标准化声压级差 + 粉红噪声频谱修正量 $D_{nT,w} + C$	≥45	≥50
	住宅和非居住用途空间分隔楼板上下的房间之间		≥51	
学校建筑	语音教室、阅览室的隔墙与楼板	计权隔声量 + 粉红噪声频谱修正量 $R_w + C$	>50	—
	普通教室与各种产生噪声的房间之间的隔墙、楼板		>50	—
	普通教室之间的隔墙与楼板		>45	>50
	音乐教室、琴房之间的隔墙与楼板		>45	>50
	产生噪声房间的门		≥25	≥30
	其他门		≥20	≥25
	外墙	计权隔声量 + 交通噪声频谱修正量 $R_w + C_{tr}$	≥45	≥50
	邻交通干线的外窗		≥30	≥35
	其他外窗		≥25	≥30
	语音教室、阅览室与相邻房间之间	计权标准化声压级差 + 粉红噪声频谱修正量 $D_{nT,w} + C$	≥50	—
	普通教室与各种产生噪声的房间之间		≥50	—
	普通教室之间		≥45	≥50
	音乐教室、琴房之间		≥45	≥50

建筑类型	构件/房间名称	空气声隔声单值评价量 + 频谱修正量/dB		
			低限要求	高标准要求
医院建筑	病房之间及病房、手术室与普通房间之间的隔墙、楼板	计权隔声量 + 粉红噪声频谱修正量 $R_w + C$	>45	>50
	诊室之间的隔墙、楼板		>40	>45
	听力测听室的隔墙、楼板		>50	—
	门		≥30（听力测听室）/≥20（其他）	≥35（听力测听室）/≥25（其他）
	病房与产生噪声的房间之间的隔墙、楼板	计权隔声量 + 交通噪声频谱修正量 $R_w + C_{tr}$	>50	>55
	手术室与产生噪声的房间之间的隔墙、楼板		>45	>50
	体外震波碎石室、核磁共振室的隔墙、楼板		>50	—
	外墙		≥45	≥50
	外窗	计权隔声量 + 交通噪声频谱修正量 $R_w + C_{tr}$	≥30（临街一侧病房）/≥25（其他）	≥35（临街一侧病房）/≥30（其他）
	病房之间及病房、手术室与普通房间之间	计权标准化声压级差 + 粉红噪声频谱修正量 $D_{nT,w} + C$	≥45	≥50
	诊室之间		≥40	≥45
	听力测听室与毗邻房间之间		≥50	—
	病房与产生噪声的房间之间		≥50	≥55
	手术室与产生噪声的房间之间		≥45	≥50
	体外震波碎石室、核磁共振室与毗邻房间之间		≥50	—

续表

建筑类型	构件/房间名称	空气声隔声单值评价量 + 频谱修正量/dB		
			低限要求	高标准要求
旅馆建筑	客房之间的隔墙、楼板	计权隔声量 + 粉红噪声频谱修正量 $R_w + C$	>40	>50
	客房与走廊之间的隔墙		>40	>45
	客房门		≥20	≥25
	客房外墙(含窗)	计权隔声量 + 交通噪声频谱修正量 $R_w + C_{tr}$	>30	>40
	客房外窗		≥25	≥35
	客房之间	计权标准化声压级差 + 粉红噪声频谱修正量 $D_{nT,w} + C$	≥40	≥50
	走廊与客房之间		≥35	≥40
	室外与客房	计权标准化声压级差 + 交通噪声频谱修正量 $D_{nT,w} + C_{tr}$	≥30	≥40
办公建筑	办公室、会议室与普通房间之间的隔墙、楼板	计权隔声量 + 粉红噪声频谱修正量 $R_w + C$	>45	>50
	门		≥20	≥25
	办公室、会议室与产生噪声的房间之间的隔墙、楼板	计权隔声量 + 交通噪声频谱修正量 $R_w + C_{tr}$	>45	>50
	外墙		≥45	≥50
	邻交通干线的办公室、会议室外窗		≥30	≥35
	其他外窗		≥25	≥30
	办公室、会议室与普通房间之间	计权标准化声压级差 + 粉红噪声频谱修正量 $D_{nT,w} + C$	≥45	≥50
	办公室、会议室与产生噪声的房间之间	计权标准化声压级差 + 交通噪声频谱修正量 $D_{nT,w} + C_{tr}$	≥45	≥50

续表

建筑类型	构件/房间名称	空气声隔声单值评价量 + 频谱修正量/dB		
			低限要求	高标准要求
商业建筑	健身中心、娱乐场所等与噪声敏感房间之间的隔墙、楼板	计权隔声量 + 交通噪声频谱修正量 $R_w + C_{tr}$	>55	>60
	购物中心、餐厅、会展中心等与噪声敏感房间之间的隔墙、楼板		>45	>50
	健身中心、娱乐场所等与噪声敏感房间之间	计权标准化声压级差 + 交通噪声频谱修正量 $D_{nT,w} + C_{tr}$	≥55	≥60
	购物中心、餐厅、会展中心等与噪声敏感房间之间		≥45	≥50

对墙体而言,主要隔离空气直接传播的噪声。根据其传播原理,只要墙体质量大、气密性好,隔声就好。也就是说,根据质量定律,墙体材料密度越大、越密实,其隔声量也越高。因而设计围护结构墙体的措施有:

1)实体结构隔声

构件材料的体积质量越大,越密实,其隔声效果也就越高。双面抹灰的 1/4 砖墙,空气隔声量平均值为 32 dB;双面抹灰的 1/2 砖墙,空气隔声量平均值为 42 dB;双面抹灰的一砖墙,空气隔声量平均值为 48 dB,按照"质量定律",围护结构质量增加 1 倍,隔声量增加 6 dB。

2)采用空气层隔声

夹层墙可以提高隔声效果,夹层墙中的空气间层可以看作与两层墙相连的"弹簧",由于空气间层的弹性变形具有减振作用,从而提高了墙体中的隔声量。中间空气层的厚度以80～100 mm 为宜,如图 7.10 所示。常见建筑材料的隔声构造见表 7.7。

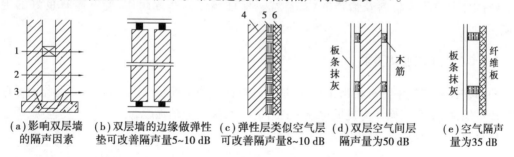

(a)影响双层墙的隔声因素　(b)双层墙的边缘做弹性垫可改善隔声量5~10 dB　(c)弹性层类似空气层可改善隔声量8~10 dB　(d)双层空气间层隔声量为50 dB　(e)空气隔声量为35 dB

图 7.10 夹层隔声墙构造

1—声桥;2—空气层厚度;3—边界的联系情况;4—大于等于 115 mm 的砖墙或混凝土;
5—弹性垫层如玻璃棉毡;6—软质纤维板

民用及工业建筑中,楼板层是隔绝撞击声(即固体传声)的重点。(此内容在楼地层构造中讲解)

表 7.7 常见建筑材料的隔声构造

材　料	做　　法		隔声量/dB
加气混凝土	厚 75 mm,双面抹灰	砌块	38.8
	厚 100 mm,双面抹灰	砌块	40.6
		条板	39.3
	厚 150 mm,双面抹灰	砌块	43
	厚 200 mm,双面抹灰	条板	43.2
	1.饰面层 2.条板 3.空气层 4.条板 5.饰面层	有拉结	48.8
		无拉结	54
实心砖	厚 240 mm,双面抹灰		52.4

7.2.4　防火要求

为减少火灾的发生,并防止其蔓延、扩大,建筑设计时:一要根据防火规范耐火等级设置,选择符合耐火等级要求和防火规范规定的耐火材料;二要将建筑分成若干区段,在较大建筑中还应设置防火墙。详见本书第 13 章。

7.2.5　防水防潮要求

经常有水作用的房间,如卫生间、厨房、实验室等的房间及地下室的墙应采取防水防潮措施。选择合理的防水材料及恰当的构造做法,保证墙体的坚固耐用,使室内有良好的卫生环境。

7.2.6　建筑工业化要求

墙体在民用建筑中占有相当比重,质量大、造价高、施工期长。因此,建筑工业化的关键之一是改革墙体,变手工操作为机械化施工,提高工效,降低劳动强度,并研制、开发轻质、强度高的墙体材料,以减轻自重,降低成本。

7.2.7　抗震要求

我国是多地震区,为保证结构的安全、可靠,必须根据《建筑抗震设计标准(2024 年版)》(GB/T 50011—2010)的有关规定进行抗震构造设计,而这些规定对砖混结构建筑而言,又大多与墙身做法有关。主要有以下几方面:

（1）一般规定

1）限制房屋总高度和层数

砖混结构房屋总高度和层数应以表7.8为准。

表7.8 多层砌体房屋的层数和总高度限值/m

房屋类别		最小墙厚度/mm	设防烈度和设计基本地震加速度										
			6		7				8				9	
			0.05g		0.10g		0.15g		0.20g		0.30g		0.40g	
			高度	层数	高度	层数	高度	层数	高度	层数	高度	层数	高度	层数
底部框架—抗震墙砌体房屋	普通砖多孔砖	240	22	7	22	7	19	6	16	5	—		—	
	多孔砖	190	22	7	19	6	16	5	13	4	—		—	
	混凝土砌块	190	22	7	22	7	19	6	16	5	—		—	

注：①房屋的总高度只是外地面到主要屋面板顶或檐口的高度，半地下室从地下室室内地面算起，全地下室和嵌骨条件好的半地下室应允许从室外地面算起，对带阁楼的坡屋面应算到山间墙的1/2高度处；

②室内外高差大于0.6 m时，房屋总高度应允许比表中的数据适当增加，但增加量应小于1.0 m；

③乙类的多层砌体房屋仍按本地区设防烈度查表，其乘数减少一层且总高度应降低3 m，不用采用底部框架——抗震墙砌体房屋。

2）限制建筑体型高宽比

限制体型高宽比可以减少过大的侧移，保证建筑的稳定。砖混结构房屋总高度与总宽度的最大比值，应符合表7.9有关规定。单面走廊房屋的总宽度不包括走廊宽度；建筑平面接近正方形时，其高宽比例适当减小。从表7.9中可以看出，若在8度设防区建造高度为18 m的砌体结构房屋，其宽度不应小于9 m。

表7.9 砖混结构房屋的最大高宽比

烈 度	6	7	8	9
最大高宽比	2.5	2.5	2.0	1.5

3）多层砌体房屋的建筑布置和结构体系

①应优先采用横墙承重或纵横墙共同承重的结构体系，不宜采用砌体墙和混凝土墙混合承重的结构体系。

②纵横墙的布置宜均匀对称，沿平面内宜对齐，沿坚向应上下连续，并且纵横向墙体的数量不宜相差过大，同一轴线的窗间墙宜均匀。

③楼梯间不宜设置在房屋的尽端或转角处。

④不宜采用无锚固的钢筋混凝土预制挑檐。

4）设置防震缝

符合下列情况之一时，宜设置防震缝：

①房屋立面高差在 6 m 以上;

②房屋有错层,且楼板高差大于层高的 1/4;

③各部分结构刚度、质量截然不同。

防震缝的两侧应设置墙体,缝宽应根据设防烈度和房屋高度确定,通常采用 70～100 mm。

5)限制横墙最大间距

砌体结构横墙最大间距不应超过表 7.10 的规定。

表 7.10　砌体结构房屋抗震横墙的间距/m

房屋类别		烈　　度			
		6 度	7 度	8 度	9 度
多层砌体房屋	现浇和装配式整体式钢筋混凝土楼、屋盖	15	15	11	7
	装配式钢筋混凝土楼、屋盖	11	11	9	4
	木屋盖	9	9	4	—

6)限制房屋的细部尺寸

砌体结构房屋的细部尺寸应符合表 7.11 的有关规定。

表 7.11　砌体结构房屋的细部尺寸限值/m

部　　位	烈　　度			
	6	7	8	9
承重窗间墙最小宽度	1.0	1.0	1.2	1.5
承重外墙尽端至门窗洞边的最小距离	1.0	1.0	1.2	1.5
非承重外墙尽端至门窗洞边的最小距离	1.0	1.0	1.0	1.0
内墙阳角至门窗洞边的最小距离	1.0	1.0	1.5	2.0
无锚固女儿墙(非出入口处)的最大高度	0.5	0.5	0.5	0.0

(2)设置圈梁

圈梁是在墙体内形成的水平的、连续的、封闭的梁,其作用是增强楼层平面的整体刚度,减少因地基不均匀沉降对墙体产生的不利影响,并与构造柱一起形成封闭框,约束墙体变形,提高结构的抗震能力。

1)在砌体结构中,圈梁常采用的做法

现浇钢筋混凝土圈梁是在施工现场支模、绑钢筋并浇注混凝土形成的圈梁,这种做法在下面详细介绍。

2)钢筋混凝土圈梁的设置原则

①装配式钢筋混凝土楼、屋盖或木屋盖的砖房,应按表 7.12 的要求设置圈梁;纵墙承重时,抗震横墙上的圈梁间距应比表内要求适当加密。

②现浇或装配整体式钢筋混凝土楼、屋盖与墙体有可靠连接的房屋,应允许不另设圈梁,

但楼板沿抗震墙体周边均应加强配筋并应与相应的构造柱钢筋可靠连接。

3)钢筋混凝土圈梁的有关问题

钢筋混凝土圈梁的宽度宜与墙厚相同,当墙厚不小于240 mm 时,其宽度不宜小于墙厚的2/3,高度不应小于120 mm。

圈梁宜与预制板设在同一标高处或紧靠板底。

表7.12 多层砖砌体房屋现浇钢筋混凝土圈梁设置要求

墙 类		烈 度		
		6、7	8	9
圈梁设置	外墙及内纵墙	屋盖处及每层楼盖处	屋盖处及每层楼盖处	屋盖处及每层楼盖处
	内横墙	同上; 屋盖处间距不大于4.5 m;楼盖处间距不大于7.2 m; 构造柱对应部位	同上; 各层所有横墙且间距不大于4.5 m; 构造柱对应部位	同上; 各层所有横墙
配筋	最小纵筋	4Φ10	4Φ12	4Φ14
	箍筋最大间距/mm	Φ6@250	Φ6@200	Φ6@150

钢筋混凝土圈梁被门窗洞口截断时,应在洞口部位增设相同截面的附加圈梁。附加圈梁与圈梁的搭接长度不应小于其中到中垂直间距的两倍,且不得小于1 m,如图7.11 所示。

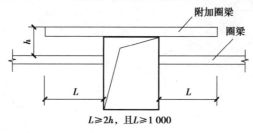

$L \geqslant 2h$,且$L \geqslant 1\,000$

图7.11 钢筋混凝土圈梁

(3)设置构造柱

构造柱的作用是与圈梁一起约束墙体变形,提高砌体结构的抗震能力。

1)构造柱的加设原则

多层砖砌体房屋构造柱的加设原则见表7.13。

2)构造柱的构造要求

①构造柱的最小断面为240 mm×180 mm(墙厚190 mm 时为180 mm×190 mm)。构造柱的最小配筋是:主筋4Φ12,箍筋Φ6间距不宜大于250 mm,且在柱上、下端应适当加密。

施工时,应先放构造柱的钢筋骨架,再砌砖墙,最后浇注混凝土。这样做的好处是结合牢固,节省模板。

表 7.13　多层砖砌体房屋构造柱设置要求

房屋层数				设置的部位	
6 度	7 度	8 度	9 度		
四、五	三、四	二、三	一	楼、电梯间四角,楼梯斜梯段上下端对应的墙体处;	隔 12 m 或单元横墙与外纵墙交接处;楼梯间对应的另一侧内横墙与外纵墙交接处
六	五	四	二	外墙四角和对应转角;错层部位横墙与外纵墙交接处;大房间内外墙交接处;较大洞口两侧	隔开间横墙(轴线)与外墙交接处;山墙与内纵墙交接处
七	≥六	≥五	≥三		内墙(轴线)与外墙交接处;内墙局部较小墙垛处;内纵墙与横墙(轴线)交接处

②构造柱与墙连接处应砌成马牙槎。

③构造柱可不单独设置基础,但应伸入室外地面下 500 mm 处,或与埋深小于 500 mm 的基础圈梁相连。构造柱的上部应伸入顶层圈梁与圈梁一起形成封闭框,以约束墙体变形。

④为加强构造柱与墙体的连接,应沿墙高每隔 500 mm 放 2 ϕ 6 水平钢筋和 ϕ 4 分布钢筋平面内点焊组成的拉结网片或 ϕ 4 点焊钢筋网片,且每边伸入墙内不少于 1 m。

钢筋混凝土构造柱如图 7.12 所示。

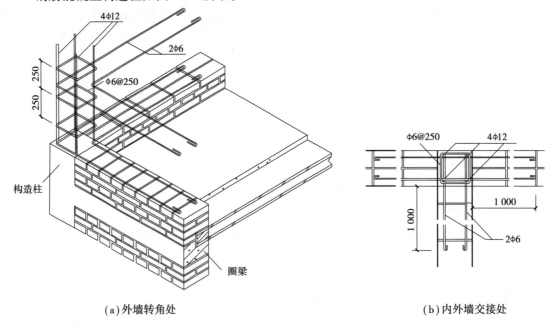

（a）外墙转角处　　　　　　　　　　　　　　　（b）内外墙交接处

图 7.12　钢筋混凝土构造柱

(4) 对非承重墙体的要求

后砌的非承重墙体应沿墙高每隔 500 ~ 600 mm 配置 2 ϕ 6 拉结钢筋与承重的墙体或柱拉结,每边伸入墙体内不少于 500 mm。8 度和 9 度时,对长度超过 5 m 的后砌砖墙,在其顶部还应与楼板或梁拉结(图7.13)。独立墙肢端部及大门洞边宜设置混凝土构造柱。

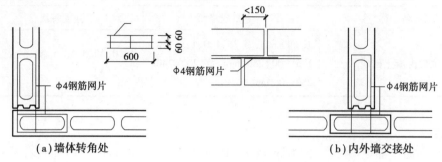

(a)墙体转角处　　　　　　　　　　(b)内外墙交接处

图7.13　后砌墙体的拉接

7.3　砖墙体构造

至今砖墙在民用建筑中仍大量使用,主要因为其自身优点有很多:生产方面的取材容易,制造简便;功能方面有一定的保温、隔热、隔声、防火、防冻效果;承重方面有一定的承载能力;施工方面操作简单,不需要大型设备。当然也存在不少缺点:施工速度慢,劳动强度大;自重大,所占面积大,尤其是大量使用的烧结普通砖与农田土。鉴于此种情况,为保护农田,克服烧结普通砖资源不足的问题,减轻建筑荷重,降低成本,走建筑工业化道路,砖墙材料的改革势在必行。

7.3.1　砖墙材料

砖墙主要由砖和胶结料砂浆两种材料组成。

砖的种类很多。按组成材料分为烧结普通砖、灰砂砖,页岩砖、煤矸石砖、水泥砖及各种工业废料砖,如粉煤灰砖、炉渣砖等;按生产形状分为实心砖、多孔砖、空心砖等。常用砌砖墙材料主要规格与强度等级见表7.14。

表7.14　常用砌砖墙材料主要规格与强度等级

名　称	主要规格	强度等级
烧结普通砖(黏土砖、页岩砖、煤矸石砖、粉煤灰砖)	240 mm×115 mm×53 mm	MU30、MU25、MU20、MU15、MU10
煤渣砖	240 mm×115 mm×53 mm	MU20、MU15、MU10、MU7.5
烧结多孔砖 Q	290 mm×140 mm×90 mm 240 mm×115 mm×90 mm	MU30、MU25、MU20、MU15、MU10
烧结空心砖	190 mm×190 mm×190 mm 290 mm×190 mm×90 mm	MU30、MU25、MU20、MU15、MU10
普通混凝土砌块	390 mm×190 mm×190 mm	MU30、MU25、MU20、MU15
蒸压砖 Q(粉煤灰砖、灰砂砖、炉渣砖)	240 mm×115 mm×53 mm 240 mm×115 mm×90 mm	MU25、MU20、MU15

续表

名　称	主要规格	强度等级
蒸压加气混凝土砌块	长 600 mm,宽 75、100、125、150、175、200、250、300 mm,高 200、240、250、300 mm	A1.0,A2.0,A2.5,A3.5,A5.0,A7.5,A10

(1)砖

烧结普通砖全部规格统一,称为标准砖。其规格尺寸为 240 mm × 115 mm × 53 mm,每块标准砖重量约为 25 N。以 10 mm 灰缝组合时,长宽厚之比为 4∶2∶1。砌筑时以砖宽度加灰缝的倍数为模数,即 115 + 10 = 125 mm。与我们现行《建筑模数协调标准》(GB/T 50002—2013)模数制不协调,给设计和施工造成一定困难,故在使用中,应注意这一特征。

烧结普通砖、烧结多孔砖的强度是根据标准试验方法测试的抗压强度,以强度等级来表示,单位为 N/mm^2,强度等级有 5 级∶MU30、MU25、MU20、MU15、MU10。

(2)砂浆

砂浆是砌体的胶结材料。砖块经砂浆砌筑成墙,砂浆应将砖之间缝隙填平、密实,便于砖块承受的荷载能逐层均匀传递,同时砂浆标号一般应大于砖块标号,这是由于砂浆本身密实性小于砖块,同时利于抗震的要求。砂浆除了起嵌缝、传力作用,还能提高防寒、隔热和隔声的能力。砌筑砂浆除了要有一定强度,还应具备适当稠度和保水性,便于施工。

常用砌筑砂浆有水泥砂浆、水泥石灰砂浆、石灰砂浆三种。水泥砂浆强度高,由水泥、砂加水拌和而成,属水硬性材料,可塑性及保水性较差,适应砌筑潮湿环境下的砌体,如地下室、基础等。水泥石灰砂浆,也称为混合砂浆,由水泥、石灰膏、砂加水拌和而成,既有较高的强度,也有较好的可塑性和保水性,故广泛用于地上砌体中。石灰砂浆由石灰膏、砂加水拌和而成,由于石灰膏为塑性掺合料,所以其可塑性很好,但强度较低,属气硬性材料,遇水强度就降低,故适宜地面以上次要建筑的砌体。

砂浆的强度等级是用龄期为 28 d 的标准立方试块,以 N/mm^2 为单位的抗压强度来划分的,强度等级划分为 7 个级别∶M5、M7.5、M10、M15、M20、M25、M30。

7.3.2　砖墙组砌方式

砖墙组砌时的关键是错缝搭接,使上下每匹砖的垂直缝交错,保证砖墙的整体性。如果垂直缝在一条线上,即形成通缝,在荷载作用下,必使墙体的稳定性和强度降低。砖墙组砌名称与错缝如图 7.14 所示。

在砖墙的组砌中,把砖的长方向垂直于墙面砌筑的砖称为丁砖,把砖的长度平行墙面砌筑的砖称为顺砖。上下皮之间的水平灰缝称横缝,左右两块砖之间的垂直缝称竖缝。要求丁砖和顺砖交替砌筑,灰浆饱满,横平竖直。烧结普通砖墙常用的组砌方式主要有如图 7.15 所示的几种。

7.3.3　墙的砌筑厚度与尺寸

烧结普通砖墙的厚度是按半砖的倍数确定的。如半砖墙、一砖墙、一砖半墙、两砖墙等,相

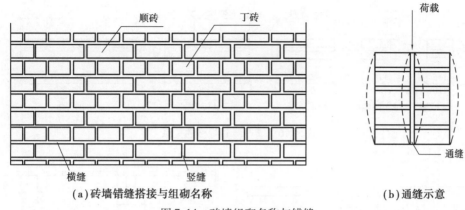

（a）砖墙错缝搭接与组砌名称　　　　　　　　（b）通缝示意

图 7.14　砖墙组砌名称与错缝

应的实际尺寸为 115 mm、240 mm、365 mm、490 mm 等,习惯上以它们的标志尺寸来称呼,如 12 墙、24 墙、37 墙、49 墙,也可采用 3/4 砖墙,实际厚度为 178 mm,通常称为 18 墙。墙厚与砖规格的关系如图 7.16 所示。

由于烧结普通实心砖最小单位为 115 mm 砖宽加上 10 mm 灰缝,共计 125 mm,而我国现行的《建筑模数协调标准》(GB/T 50002—2013)的基本模数为 100 mm,房屋的开间、进深采用 3M 的倍数,故在设计中会出现不协调现象,因砍砖过多会影响砌体强度。调整灰缝范围很小,故墙体长度小于 1 m(如窗间墙、门垛)时,设计时应使其符合砖模数,如 240、365、490、615、740、865、990 等。墙段长度超过 1 m 时,可不再考虑砖模数。

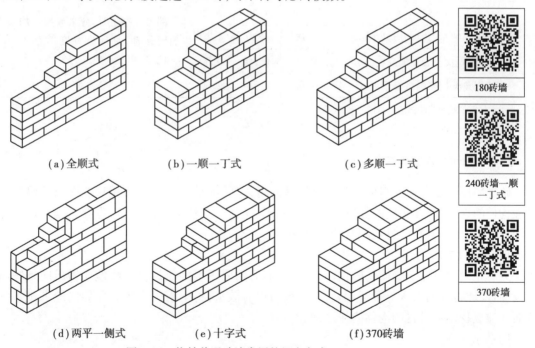

（a）全顺式　　　　　　　（b）一顺一丁式　　　　　　　（c）多顺一丁式

180砖墙

240砖墙一顺
一丁式

370砖墙

（d）两平一侧式　　　　　　（e）十字式　　　　　　　（f）370砖墙

图 7.15　烧结普通砖墙常用的组砌方式

门窗洞口位置和墙段尺寸应满足结构需要的最小尺寸。为了避免应力集中在小墙段上而导致墙体的破坏,对转角处的墙段和承重窗间墙尤应注意。图 7.17 为多层房屋窗间墙宽度限值,可供设计时参考。

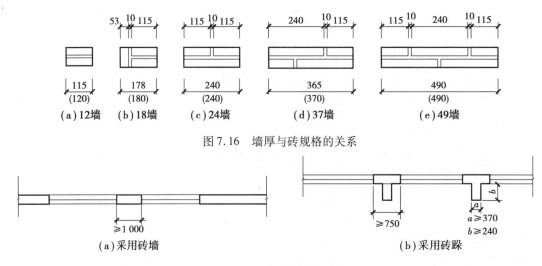

图 7.16　墙厚与砖规格的关系

图 7.17　多层房屋窗间墙宽度限值

在抗震设防地区,砖墙的局部尺寸应符合现行《建筑抗震设计标准(2024 年版)》(GB/T 50011—2010),房屋的局部尺寸见表 7.15。

表 7.15　房屋的局部尺寸/m

构造类别	设计烈度			备　注
	6、7 度	8 度	9 度	
承重窗间墙最小宽度	1.00	1.20	1.50	局部尺寸不足时,应采取局部加强措施弥补,且最小宽度不宜小于 1/4 层高和表列数据的 80%;出入口上面的女儿墙应有锚固
承重外墙尽端至门窗洞边最小距离	1.00	1.20	1.50	
无锚固女儿墙最大高度	0.50	0.50	0.00	
内墙阳角至门窗洞边最小尺寸	1.00	1.50	2.00	

注:非承重外墙尽端至门窗洞边的宽度不得小于 1 m。

7.3.4　砖墙的细部构造

砖砌墙体由多种构件组成。为保证墙体的耐久性,满足各构件的使用功能要求及墙体与其他构件的连接,应在相应的位置进行构造处理,这就是砖墙的细部构造,主要包括:散水、排水沟、勒脚、门窗洞口、墙身加固及变形缝等。

(1)散水、排水沟

为防止雨水对建筑物墙基的侵蚀,常在外墙的四周用多种建筑材料将地面做成向外倾斜的坡面,以便将地面雨水等排至远处,这一坡面称为散水;将雨水等有组织地导向地下排水井等而在建筑物四周设置的沟称为排水沟。

1)散水

散水的做法很多,有素土夯实砖铺,混凝土[图 7.18(a)]、块石[图 7.18(b)]、碎石、三合土、灰土等。宽度一般为 600 ~ 1 000 mm,厚度为 60 ~ 80 mm,坡度一般不小于 3%。当屋面排水为自由落水时,散水宽度应比屋面檐口宽出 200 mm,但在软弱土层,湿陷性黄土层地区,散水宽度一般应大于等于 1 500 mm。由于建筑物的自沉降,外墙勒脚与散水施工时间的差异,在勒脚与散水交接处,应留有缝隙,缝内填沥青砂嵌缝连接,以防渗水。对于散水整体面层,为防止温度应力及散水材料干缩造成的裂缝,在长度方向每隔 6～12 m 做一道伸缩缝并在缝中填沥青砂,混凝土散水防冻胀构造如图 7.18(c)所示。

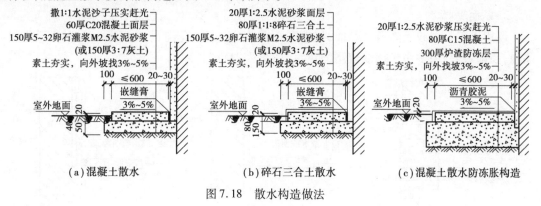

（a）混凝土散水　　　　　（b）碎石三合土散水　　　　　（c）混凝土散水防冻胀构造

图 7.18　散水构造做法

2）排水沟

一般采用明沟,但不适用于软土层和湿陷性黄土层地区,如图 7.19 所示。

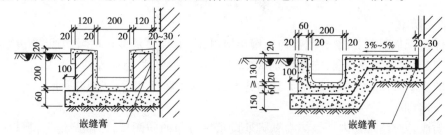

图 7.19　明沟构造做法

（2）勒脚

勒脚是外墙接近室外地面的部分。其高度一般指室内地坪与室外地面的高差部分。现在大多将其提高到底层窗台。它起着保护墙身、增加比例效果和美观的作用。由于砌体墙本身存在很多微孔,极易受到地表水和土壤水的渗入,致使墙身受潮冻融破坏,饰面发霉、脱落,加之外力的碰撞,雨雪的不断侵蚀,使勒脚造成损坏,如图7.20所示。

故在构造上应争取防护措施,选用耐久性高、防水性能好的材料。做法中结合建筑造型确定其高矮、色彩。勒脚常用的做法有:

1）坚固材料勒脚

采用天然石料,如条石、蘑菇条石、混凝土等坚固耐久的材料代替砖砌外墙,高度可砌筑至室内地坪或按设计用于潮湿地区、高标准建筑或有地下室的建筑,如图7.21(a)所示。

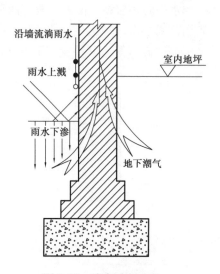

图 7.20　墙身受潮示意

2)抹灰类勒脚

可采用 20～25 mm 厚 1：3 水泥砂浆抹面、1：2 水泥石子(根据立面设计确定水泥和石子种类及颜色)水刷石或斩假石等抹面。此法多用于一般建筑,如图 7.21(b)所示。

3)贴面勒脚

可用人工石材或天然石材贴面,如水磨石板、陶瓷面砖、花岗石、大理石等。贴面勒脚耐久性强,装饰效果好,多用于标准较高的建筑,如图 7.21(c)所示。

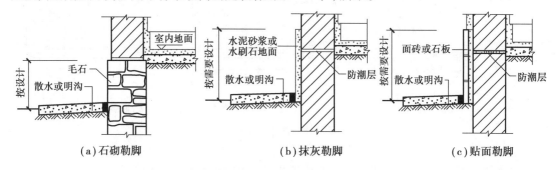

| (a)石砌勒脚 | (b)抹灰勒脚 | (c)贴面勒脚 |

图 7.21　勒脚

(3)墙身防潮

因墙体位于基础之上,部分墙身与土壤层接触,且本身又是多孔材料构成,常受到地表水和地潮的侵袭,致使墙身受潮,饰面层脱落,降低其坚固耐久性,影响室内环境卫生。故需在勒脚处做好墙身防潮,如图 7.22 所示。其构造方式有水平防潮和垂直防潮两种。

1)水平防潮

水平防潮是对建筑物内外墙体沿勒脚处设水平方向的防潮层,以隔绝地下潮气等对墙身的影响。

水平防潮层设置位置一般有两种:当室内地面垫层为混凝土等密实不透水材料时,应设在垫层范围之内,即低于室内地坪 60 mm 处,如图 7.22(a)所示;当室内地面垫层为透水性材料时(如砖、碎石等),其位置应平齐或高于室内地面 60 mm 处,如图 7.22(b)所示。

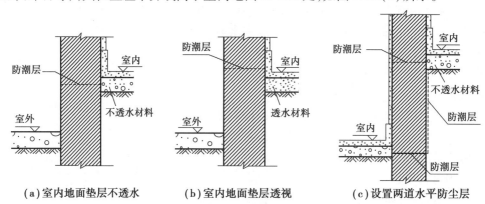

| (a)室内地面垫层不透水 | (b)室内地面垫层透视 | (c)设置两道水平防尘层 |

图 7.22　墙身防潮层位置

防潮层的常规做法有三种:

①油毡防潮层:先抹 20 mm 水泥砂浆找平层,上铺一毡二油[图 7.23(a)]。此种做法防水效果好,有一定韧性延伸性,能抵抗地基微小变形,但降低了上下砌体之间的黏结力,削弱了

墙体的整体性,故不适应于下端按固定端考虑的砌体及抗震设防地区。同时油毡易老化,使用年限一般为 20 年左右,长期使用将失去防潮作用,故目前已较少采用。

②防水砂浆防潮层:采用 1∶2 水泥砂浆加 3%～5% 的防水剂,厚度为 20～25 mm[图 7.23(b)]或用防水砂浆砌筑 2～4 匹砖作防潮层[图 7.23(c)],能克服油毡防潮层缺点,适用于抗震设防地区和一般的砖砌体中,但因其属脆性材料,自身干缩性和抗压强度弱,容易开裂及压碎,故不适用于地基会产生微小变形的建筑中。

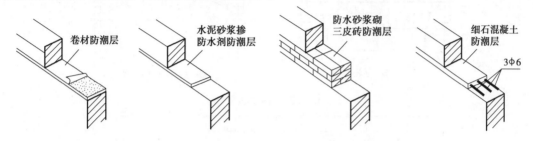

(a)卷材防潮层 (b)水泥砂浆掺防水剂防潮层 (c)防水砂浆砌三皮砖防潮层 (d)细石混凝土防潮层

图 7.23 勒脚水平防潮层

③细石混凝土防潮层:采用 60 mm 厚 C20 细石混凝土,内配 3 Φ6 Ⅰ级钢筋,其防潮和抗裂性极好,并与砌体紧密合为一体,故适用于整体刚度要求较高的建筑中,如图 7.23(d)所示。

2)垂直防潮

当室内地坪出现高差或室内地坪低于室外地面时,为避免室内高地坪房间或室外地面填土中的潮气侵入墙身,不仅要按地坪高差的不同在墙身设置两道水平防潮层,还要对有高差部分的垂直墙面在填土一方沿墙设置防潮层。做法是在两道水平防潮层之间的垂直墙面上,先用水泥砂浆抹面,再涂冷底子油一道,热沥青两道(或用防水砂浆抹面处理),如图 7.23(c)所示。

(4)窗洞口构造

1)门窗过梁

当墙体上开设门窗洞口时,为了承受洞口上部砌体传来的各种荷载,并把这些荷载传给洞口两侧的墙体,常在门窗洞口上设置横梁,即门窗过梁。

过梁的形式较多,常见的有砖拱过梁、钢筋过梁和钢筋混凝土过梁三种。

①砖拱过梁。

砖拱过梁有平拱和弧拱两种,是我国传统做法(图 7.24)。将立砖和侧砖相间砌筑,使灰缝上宽下窄相互挤压便形成了拱的作用。平拱高度不小于 240 mm,灰缝上部宽度不大于 20 mm,下部不小于 5 mm,拱两端下部伸入墙内 20～30 mm,中部的起拱高度约为跨度 L 的1/50,受力后拱体下落时,落成为水平。弧拱的适宜跨度 L 为 1.0～1.8 m,弧拱高度不小于120 mm,其余同平拱砌筑方法,由于起拱高度大,跨度也相应增大。当拱高为(1/12～1/8)L 时,跨度 L 为 2.5～3.0 m;当拱高为(1/5～1/6)L 时,跨度 L 为 3.0～4.0 m。砖拱过梁的砌筑砂浆标号不低于 M10 级,砖标号不低于 MU7.5 级才能保证过梁的强度和稳定性。砖拱过梁节约钢材和水泥,但施工麻烦,整体性较差,不宜用于上部有集中荷载、振动较大、地基承载力不均匀以及地震区的建筑。

②钢筋砖过梁。

钢筋砖过梁是在砖缝里配置钢筋,形成可以承受荷载的加筋砖砌体。半砖厚墙采用 2 根

Φ6钢筋,24墙放置4根Φ6钢筋,放在洞口上部的砂浆层内,砂浆层为1∶3水泥砂浆30厚,钢筋两边伸入支座长度不小于240 mm,并加弯钩,也可以将钢筋放入洞口上部第一皮和第二皮砖之间。为使洞口上的部分砌体和钢筋构成过梁,常在相当于1/4跨度的高度范围内(不少于五皮砖),用不低于M5级砂浆砌筑(图7.25)。

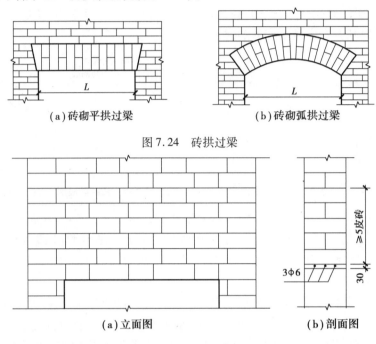

(a)砖砌平拱过梁　　　　　　　　(b)砖砌弧拱过梁

图7.24　砖拱过梁

(a)立面图　　　　　　　　(b)剖面图

图7.25　钢筋砖过梁

　　钢筋砖过梁适用于跨度不大于1.5 m,上部无集中荷载的洞口上。它施工方便,整体性好,墙身为清水墙时,建筑立面易于获得与砖墙统一的效果。

　　③钢筋混凝土过梁。

　　当门窗洞口较大或洞口上部有集中荷载时,常采用钢筋混凝土过梁,它坚固耐用,施工简便,目前被广泛采用。钢筋混凝土过梁有现浇和预制两种,梁高及配筋由计算确定。为了施工方便,梁高应与砖皮数相适应,以方便墙体连续砌筑,故常见梁高为60 mm、120 mm、180 mm、240 mm,即60 mm的倍数。梁宽一般同墙厚,梁两端支承在墙上的长度每边不少于240 mm,以保证足够的承压面积。过梁断面形式有矩形和L形,矩形多用于内墙和混水墙,L形多用于外墙和清水墙,在寒冷地区,为了防止过梁内壁产生冷凝水,可采用L形过梁或组合式过梁(图7.26)。

　　为简化构造,节约材料,可将过梁与圈梁、悬挑雨篷、窗楣板或遮阳板等结合起来设计。如在南方炎热多雨地区,常从过梁上挑出300～500 mm宽的窗楣板,既可保护窗户不淋雨,又可遮挡部分直射太阳光[图7.26(e)]。

　　2)窗台

　　当室外雨水沿窗向下流淌时,为避免雨水聚积窗洞下部,并沿窗下框向室内渗透污染室内,常在窗洞下部靠室外一侧设置一泄水构件——窗台。窗台应向外形成一定坡度,以利排水。

　　窗台有悬挑窗台和不悬挑窗台两种。悬挑窗台常采用顶砌一皮砖或将一砖侧砌并悬挑

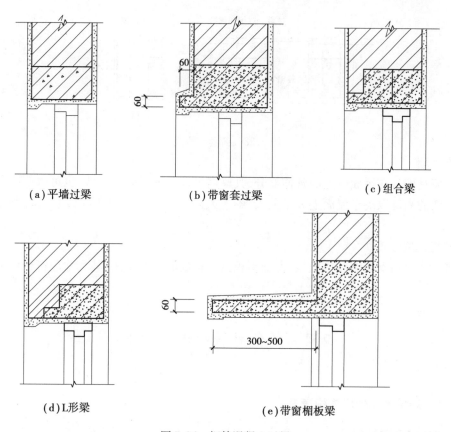

(a)平墙过梁 (b)带窗套过梁 (c)组合梁

(d)L形梁 (e)带窗楣板梁

图7.26 钢筋混凝土过梁

60 mm,也可预制混凝土窗台。窗台表面用1:3水泥砂浆抹面做出坡度,挑砖下缘粉出滴水,以防止雨水沿滴水槽口下落而污染外墙(图7.27)。

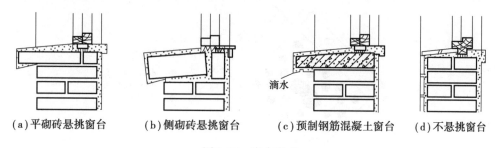

(a)平砌砖悬挑窗台 (b)侧砌砖悬挑窗台 (c)预制钢筋混凝土窗台 (d)不悬挑窗台

图7.27 窗台形式

3)窗套和腰线

窗套是由带挑檐的过梁、窗台和窗边挑出立砖构成,外抹水泥砂浆后,可再刷白灰浆或作其他装饰。腰线是指过梁和窗台形成的上下水平线条,外抹水泥砂浆后刷白灰浆或作其他装饰(图7.28)。

(5)檐部做法

由于檐部做法涉及屋面的部分内容,这里只作一些粗略的介绍。

1)挑檐板

挑檐板的做法有预制钢筋混凝土板和现浇钢筋混凝土板两种。挑出尺寸不宜过大,一般以不大于500 mm为宜。

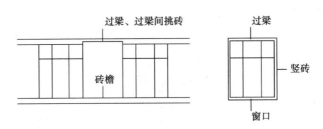

图 7.28 窗套与腰线

2）女儿墙

女儿墙是墙身在屋面以上的延伸部分,其厚度可以与下部墙身一致,也可以使墙身适当减薄。女儿墙的高度取决于屋面上人不上人,不上人高度应不小于 800 mm,上人高度应不小于 1 300 mm。

3）斜板挑檐

斜板挑檐是由女儿墙和挑檐板,另加斜板共同构成的屋檐做法,其尺寸应符合前两种做法的规定。

7.4　其他材料的墙体构造

7.4.1　烧结多孔砖墙体构造

（1）烧结多孔砖类型

烧结多孔砖种类很多,主要有 DM 系列和 KP_1 型系列,其形状尺寸如图 7.29 ~ 图 7.32 所示。

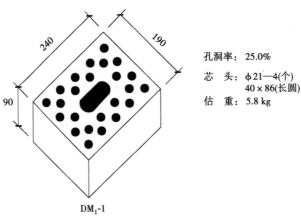

孔洞率: 25.0%
芯　头: φ21—4(个)
40×86(长圆)
估　重: 5.8 kg

DM_1-1

图 7.29　DM_1-1 砖型用于 240 厚墙体

在实际使用时,为选到符合模数的墙体,还应配以实心砖,配套使用。

（2）烧结多孔砖墙厚

DM 型系列:外墙厚度为 200、250、300、350、400 mm,承重墙厚度为 200、250、300 mm;非承重墙厚度为 100、150、200 mm;复合夹芯墙厚度为 360、390 mm。

KP_1 系列:外墙厚度为 240、370 mm;内墙厚度为 120、240 mm;复合夹芯墙厚度为 405 mm。

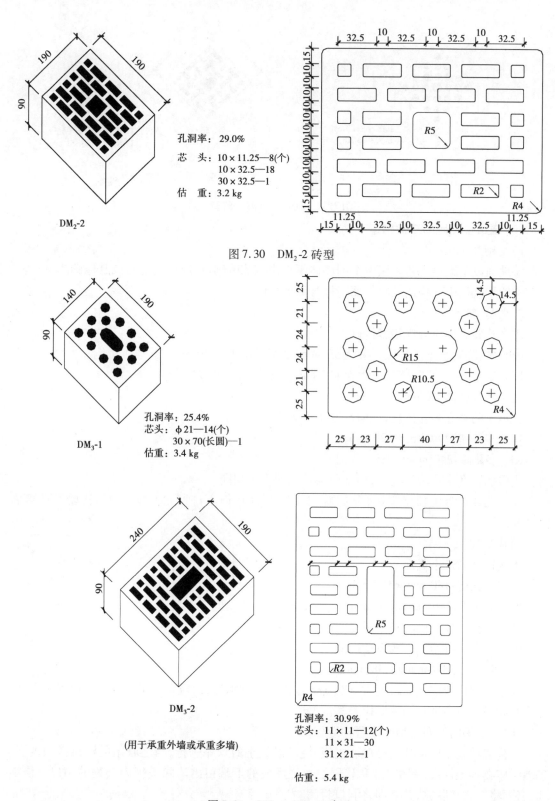

孔洞率：29.0%

芯 头：10×11.25—8(个)
　　　 10×32.5—18
　　　 30×32.5—1

估 重：3.2 kg

DM₂-2

图7.30　DM₂-2 砖型

孔洞率：25.4%
芯头：φ21—14(个)
　　　30×70(长圆)—1
估重：3.4 kg

DM₃-1

DM₃-2

(用于承重外墙或承重多墙)

孔洞率：30.9%
芯头：11×11—12(个)
　　　11×31—30
　　　31×21—1

估重：5.4 kg

图7.31　DM₃-1,DM₃-2 砖型

外墙厚度的取值应符合当地保温、隔热和节能要求。

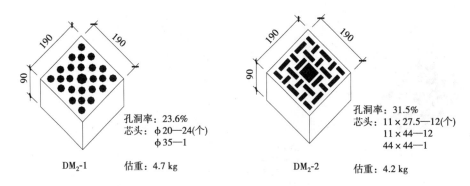

孔洞率：23.6%
芯头：$\phi 20—24$(个)
$\phi 35—1$

DM₂-1   估重：4.7 kg

孔洞率：31.5%
芯头：$11 \times 27.5—12$(个)
$11 \times 44—12$
$44 \times 44—1$

DM₂-2   估重：4.2 kg

图 7.32   DM₂-1,DM₂-2 砖型

(3)烧结多孔砖的结构构造

1)基础

①地面以下或室内防潮层以下的砌体不得用多孔砖砌筑,应用实心砖或其他砌体材料。

②置于基础中的构造柱脚配筋与柱身纵筋相同。

2)墙身、柱

①多孔砖砌体应分皮错缝搭砌

模数多孔砖:上下皮搭砌一般为 90 mm,个别不得小于 40 mm;

KP₁ 多孔砖:上下皮搭砌一般为 115 mm,个别不得小于 53 mm。

②砌体灰缝宽:10 mm + 2 mm

③承重的独立多孔砖柱,截面尺寸不应小于:

模数多孔砖:290 mm × 390 mm;

KP₁ 多孔砖:240 mm × 365 mm。

当梁搁置在多孔砖柱上时,梁垫应与柱截面大小相同。

④多孔砖墙身可预留竖槽(不得临时手工凿打),但不许留水平槽(经结构验算认可者除外)。

3)构造柱

①构造柱的最小截面

模数多孔砖:180 mm × 190 mm;

KP₁ 多孔砖:240 mm × 180 mm。

②墙与构造柱连接的马牙槎高

模数多孔砖:100 mm 或 200 mm;

KP₁ 多孔砖:100 mm 或 300 mm。

③不得用构造柱代替跨度大于 6.6 m 进深梁的支承柱,而应在该梁的支座处设置承重柱,并应对此组合墙体进行约束弯矩验算。

④楼、电梯间的四角均应设置构造柱。

⑤构造柱施工应按扎筋、砌墙、支模、浇注混凝土的顺序进行,与之联结的圈梁必须现浇。砌墙时应在各层柱底(圈梁上)和该层二次浇灌段的下端留出清除模板内杂物的洞口。浇灌前,必须将杂物清除完,并立即将洞口封闭。

4）水平配筋、水平带

①水平配筋、水平带沿层高宜均匀布置。

②水平配筋、水平带宜交圈，可在门窗口处截断，无交圈需要时，钢筋应锚入构造柱内，无构造柱时应伸入与该墙段相交的墙体内 300 mm。

③钢筋直径：水平配筋≤6 mm，砂浆带≤8 mm，混凝土带≤10 mm。

④水平配筋应设在≥M5 的砂浆缝中。

⑤砂浆配筋带应用≥M5 的砂浆砌筑，砂浆配筋带高度

模数多孔砖：40 mm；

KP_1 多孔砖：37 mm。

⑥混凝土带高度

模数多孔砖：90、40 mm；

KP_1 多孔砖：90、37 mm。

⑦除带高 37 mm 的水平带底部墙面砌一皮普通实心砖外，其他带高的底部应先铺 10 mm 厚砂浆层堵住多孔砖的洞眼。

5）圈梁

①圈梁兼作过梁或梁垫时应按计算配筋。

②采用板平圈梁时，必须采用留有锚固筋头的预应力混凝土空心板，预制楼板板端伸入板平圈梁≥45 mm，并应将板内主筋锚固在圈梁内，其长度≥120 mm。

③采用板平圈梁时应采用硬架支模方法，施工顺序为砌墙、硬架支模、放置圈梁下部的钢筋、吊装楼板、放置圈梁上部的钢筋、浇捣混凝土。

④圈梁宜连续地设在同一水平面上，并形成封闭状态；当圈梁被门窗洞口截断时，应在洞口上部增设相同截面的附加圈梁。附加圈梁与圈梁的搭接长度不应小于其中到中垂直间距的两倍且不得小于 1 m。

6）板的拉接

圈梁接点图中均表示了板端拉接筋，预制板端的拉接和板侧的拉接。

7）多孔砖墙

多孔砖墙体存在应力集中部位，都应进行局部抗压计算和采取相应的构造措施。

8）门窗过梁

因多孔砖与普通砖不同，故门窗过梁应分别按模数多孔砖和 KP_1 多孔砖的尺寸综合考虑。净跨为 0.6～2.4 m，截面为矩形、L 形的各式组合过梁可按图集选用。

7.4.2　砌块墙构造

砌块墙是指利用在预制厂生产的块材所砌筑的墙体，其优点是利用素混凝土或工业废料和地方材料，制作方便，施工简单，具有较大的灵活性，同时明显减少耕地的破坏和节约能源。砌块的材料及类型很多，目前我国各地广泛采用的材料有混凝土、加气混凝土、各种工业废料、粉煤灰、煤矸石、石渣等，本书主要以混凝土空心砌块为主进行讲解。

（1）承重混凝土空心小砌块的规格

承重混凝土空心小砌块的规格详图如图 7.33 所示。适用于 6 层及以下的住宅。

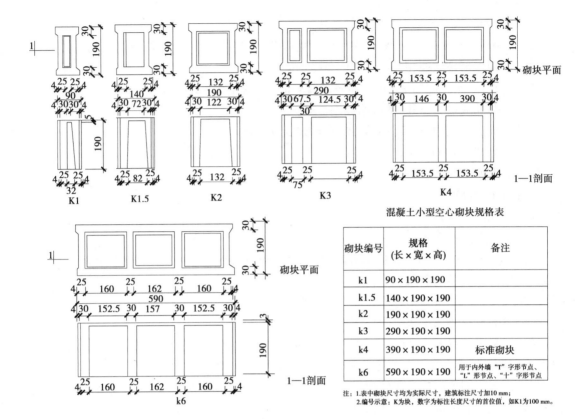

图 7.33　承重混凝土空心小砌块的规格详图

（2）承重混凝土空心小砌块的排列组合

砌块的排列组合主要由三部分组成：

①各种开间的窗下墙排块（内承重墙的原则类似）。

②2.70 m 和 2.80 m 两种层高的剖面排块。

③窗间墙及阴阳角排块，这两部分的排块是根据各种开间、进深尺寸进行排列组合，所得各种尺寸基本上能满足设计要求。

经排列组合，混凝土小型空心砌块规格，在多层住宅建筑中最多 6 种规格基本能满足外墙及承重墙的使用要求，即：590 × 190 × 190、390 × 190 × 190、290 × 190 × 190、190 × 190 × 190、140 × 190 × 190、90 × 190 × 190，其中 590 × 190 × 190 均用于内外墙"丁"字形节点，"L"形节点及"十"字形节点，大部分为标准砌块 390 × 190 × 190。如设计经周密考虑，140 × 190 × 190 规格可以避免（单位均为 mm）。

图 7.34 ~ 图 7.36 介绍了几种排列组合方法。

（3）承重空心小砌块的热工指标

承重空心小砌块热工指标详见表 7.16。

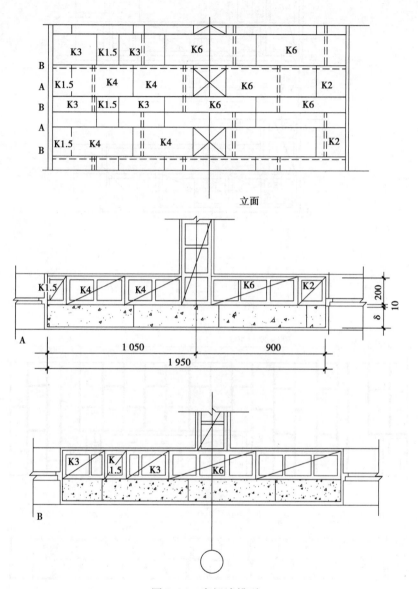

立面

图 7.34 窗间墙排列

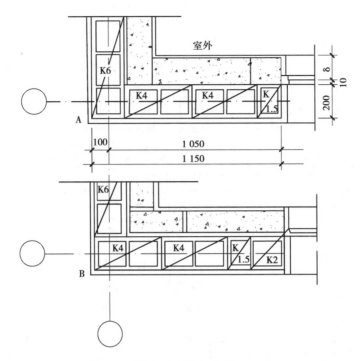

图 7.35 阴角排列

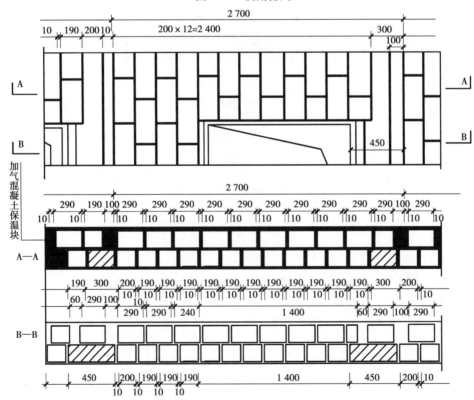

图 7.36 墙体及洞口排列

表 7.16 承重空心小砌块热工指标选用

外墙构造	保温层厚度 δ/mm	外墙总厚度 /mm	主体部位			外墙平均传热系数 K_m/(W·m^{-2}·K^{-1})
			热惰性指标 D 值	热阻/(m²·K·W^{-1})	传热系数 K_p/(W·m^{-2}·K^{-1})	
1.石灰砂浆 2.混凝土砌块 3.空气层 4.水泥聚苯板 (ρ_0=500, λ_0=0.12) 5.纤维增强层	50	276	2.68	0.80	1.05	1.09
	60	286	2.84	0.88	0.97	1.01
	70	296	3.01	0.96	0.90	0.93
	80	306	3.17	1.05	0.83	0.86
	90	316	3.34	1.13	0.78	0.80
	100	326	3.51	1.21	0.74	0.76
1.石灰砂浆 2.混凝土砌块 3.加气混凝土 (ρ_0=600, λ_0=0.25) 4.水泥砂浆	125	355	3.38 (3.80)	0.750 (0.79)	1.11 (1.05)	1.16 (1.10)
	150	380	4.25 (4.16)	0.85 (0.90)	1.00 (0.94)	1.04 (0.98)
	175	405	4.63 (4.52)	0.95 (1.00)	0.91 (0.86)	0.94 (0.89)
	200	430	5.00 (4.88)	1.05 (1.12)	0.83 (0.78)	0.86 (0.81)

(4)承重空心小砌块的结构构造与建筑构造

插筋与拉接筋详图见图 7.37,板缝与圈梁详图见图 7.38。

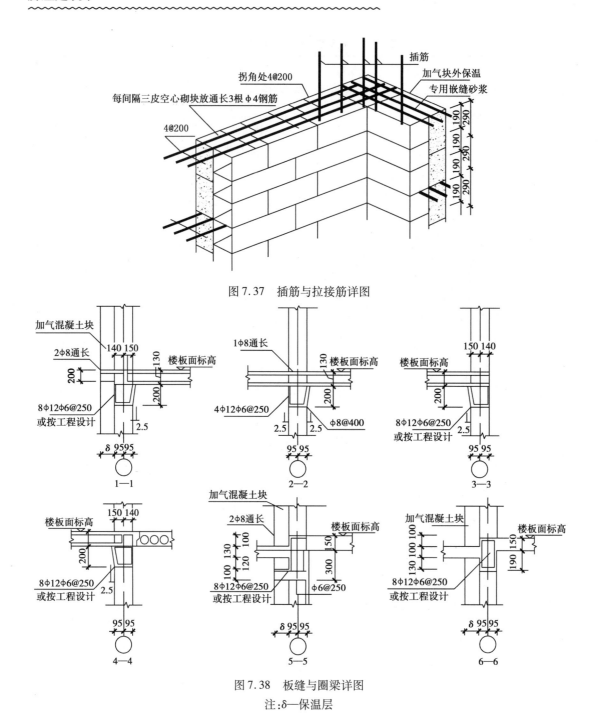

图 7.37　插筋与拉接筋详图

图 7.38　板缝与圈梁详图

注:δ—保温层

7.5　隔　墙

隔墙是分隔室内空间的非承重构件。在现代建筑中,为了提高平面布局的灵活性,大量采用隔墙以适应建筑功能的变化。由于隔墙不承受任何外来荷载,且本身的重量还要由楼板或

小梁来承受,因此应注意以下要求:

①自重轻,有利于减轻楼板的荷载。

②厚度薄,增加建筑的有效空间。

③便于拆卸,能随使用要求的改变而变化。

④有一定的隔声能力,使各使用房间互不干扰。

⑤根据使用部位有不同的要求,如卫生间的隔墙要求防水、防潮,厨房的隔墙要求防潮、防火等。隔墙的类型很多,按其构造方式可分为轻骨架隔墙、块材隔墙、板材隔墙三大类。

7.5.1 块材隔墙

块材隔墙是用普通砖、空心砖、加气混凝土等块材砌筑而成的,常用的有普通砖隔墙和砌块隔墙。

(1)普通砖隔墙

普通砖隔墙有半砖(120 mm)和1/4 砖(60 mm)两种。

半砖隔墙用普通砖顺砌,砌筑砂浆宜>M2.5。在墙体高度超过5 m时应加固,一般沿高度每隔0.5 m砌入φ4 钢筋2 根,或每隔1.2~1.5 m设一道30~50 mm 厚的水泥砂浆层,内放2 根φ6 钢筋。顶部和楼板相接处用立砖斜砌,填塞墙与楼板间的空隙。隔墙上有门时,要预埋铁件或将带有木楔的混凝土预制块砌入隔墙中以固定门框。半砖隔墙坚固耐久,有一定的隔声能力,但自重大,湿作业多,施工麻烦(图7.39)。

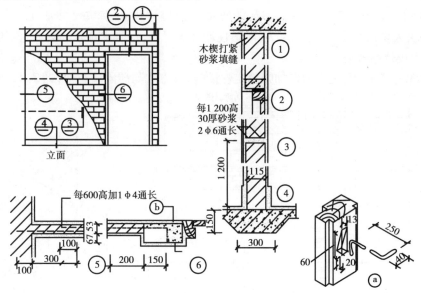

图7.39 半砖隔墙

1/4 砖隔墙是由普通砖侧砌而成,由于厚度较薄、稳定性差,对砌筑砂浆强度要求较高,一般不低于 M5。隔墙的高度和长度不宜过大,且常用于不设门窗洞的部位,如厨房与卫生间之间的隔墙。当面积大又需开设门窗洞时,须采取加固措施,常用方法是在高度方向每隔500 mm砌入φ4 钢筋2 根,或在水平方向每隔1 200 mm,立 C20 细石混凝土柱一根,并沿垂直方向每隔7 皮砖砌入φ6 钢筋1 根,使之与两端墙连接(图7.40)。

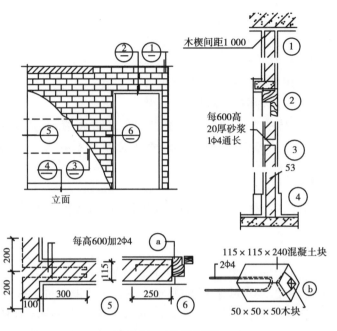

图 7.40　1/4 砖隔墙

（2）砌块隔墙

为了减少隔墙的质量,可采用质轻块大的各种砌块,目前最常用的是加气混凝土块、粉煤灰硅酸盐砌块、水泥炉渣空心砖等砌筑的隔墙。隔墙厚度由砌块尺寸而定,一般为 90 ~ 120 mm。砌块大多具有质轻、孔隙率大、隔热性能好等优点,但吸水性强。因此,砌筑时应在墙下先砌 3 ~ 5 皮烧结普通砖。

砌块隔墙厚度较薄,也需采取加强稳定性措施,其方法与砖隔墙类似(图 7.41)。

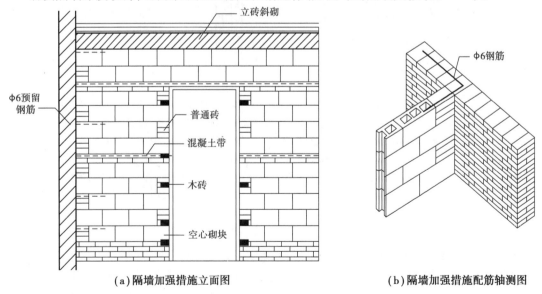

（a）隔墙加强措施立面图　　　　　　（b）隔墙加强措施配筋轴测图

图 7.41　砌块隔墙

7.5.2 轻骨架隔墙

轻骨架隔墙由骨架和面层两部分组成,由于是先立墙筋(骨架)后再做面层,因而又称为立筋式隔墙。

(1)骨架

常有的骨架有木骨架和型钢骨架。近年来,为节约木材和钢材,出现了不少采用工业废料和地方材料及轻金属制成的骨架,如石棉水泥骨架、浇注石膏骨架、水泥刨花骨架、轻钢和铝合金骨架等。

木骨架由上槛、下槛、墙筋、斜撑及横档组成,上、下槛及墙筋的断面尺寸为$(45 \sim 50)$ mm $\times$ $(70 \sim 100)$ mm,斜撑与横档断面相同或略小些,墙筋间距常用400 mm,横档间距可与墙筋相同,也可适当放大。木骨架板条抹灰隔墙如图7.42所示。

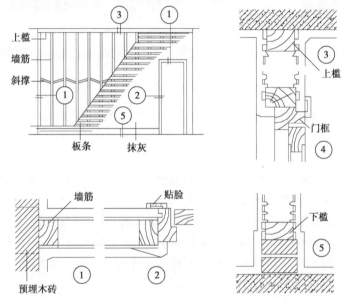

图7.42 木骨架板条抹灰隔墙

轻钢骨架是由各种形式的薄壁型钢制成,其主要优点是强度高、刚度大、自重轻、整体性好、易于加工和大批量生产,还可根据需要拆卸和组装。常用的规格薄壁型钢有$0.8 \sim 1$ mm厚槽钢和工字钢。

图7.43(a)为一种薄壁轻钢骨架,由它组成轻隔墙。其安装过程是先用螺钉将上槛、下槛(也称导向骨架)固定在楼板上,上下槛固定后安装钢龙骨(墙筋),间距为$400 \sim 600$ mm,龙骨上留有走线孔,如图7.43(b)所示。

(2)面层

轻钢骨架隔墙的面层有抹灰面层和人造板材面层。抹灰面层常用木骨架,即传统的板条灰隔墙。人造板材面层可用木骨架或轻钢骨架。隔墙的名称以面层材料而定。

1)板条抹灰面层

板条抹灰面层是在木骨架上钉灰条板,然后抹灰,灰板条尺寸一般为200 mm $\times$ 24 mm $\times$ 6 mm。板条间留出$7 \sim 10$ mm的空隙,使灰浆能挤到板条缝的背面,咬住板条,木骨架板条抹灰面层如图7.42所示。为了提高耐火、防潮性能,常在板条上加做钢丝网或钢板网。由于钢丝网或钢板网变形小、强度高,故抹灰面层不易开裂。加铺了钢丝网的板条隔墙,其板条间缝宽可加大为 50 mm,若用钢板网,则可直接顶在墙筋上,省去板条。

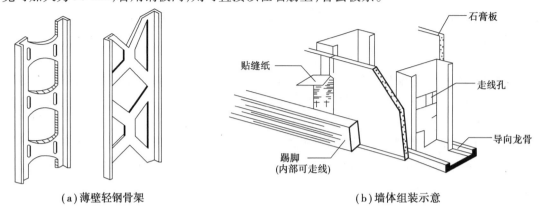

（a）薄壁轻钢骨架　　　　　　　　　（b）墙体组装示意

图 7.43　一种薄壁轻钢骨架的隔墙

板条抹灰隔墙耗费木材多,施工复杂,湿作业多,难以适应建筑工业化的要求,目前已经很少采用。

2）人造板材面层轻钢骨架隔墙

人造板材面层轻钢骨架隔墙的面板多为人造面板,如胶合板、纤维板、石膏板等。

胶合板是用阔叶树或松木经旋切、胶合等多种工序制成,常用的规格是 1 830 mm ×915 mm ×4 mm（三合板）和 2 135 mm ×915 mm ×7 mm（五合板）。

硬质纤维板是用碎木加工而成的,常用的规格是 1 830 mm ×1 220 mm ×3（或4.5） mm 和 2 135 mm ×915 mm ×4（或5） mm。

石膏板是用一、二级建筑石膏加入适量纤维、黏结剂、发泡剂等经辊压等工序制成。我国生产的石膏板规格为 3 000 mm ×800 mm ×12 mm,3 000 mm ×800 mm ×9 mm。

胶合板、硬质纤维板等以木材为原料的板材多用木骨架,石膏面板多用石膏或轻钢骨架,如图 7.44 所示。

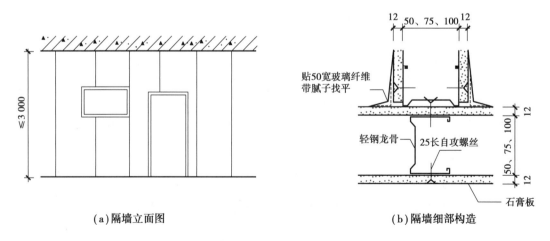

（a）隔墙立面图　　　　　　　　　（b）隔墙细部构造

图 7.44　轻钢龙骨石膏板隔墙

人造板和骨架的关系有两种:一种是在骨架的两面或一面,用压条压缝或不用压条压缝,即贴面式;另一种是将板材置于骨架中间,四周用压条压住,称为镶板式,如图 7.45 所示。

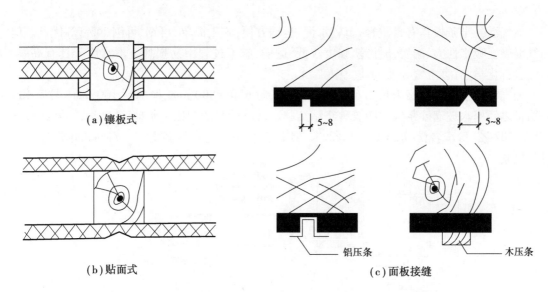

(a)镶板式

(b)贴面式

5~8

5~8

铝压条

木压条

(c)面板接缝

图 7.45 人造面板与骨架连接形式

人造板在骨架上的固定方法有钉、粘、卡三种(图 7.46)。采用轻钢骨架时,往往用骨架上的舌片或特制的夹具将面板卡到轻钢骨架上。这种做法简便、迅速、有利于隔墙的组装和拆卸。图 7.47 为几种常用的轻钢骨架和夹具。

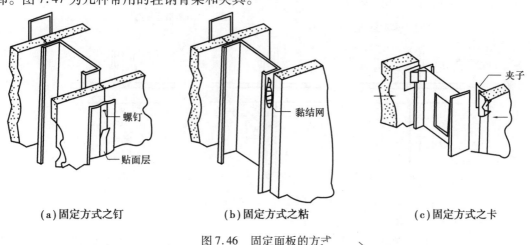

(a)固定方式之钉

螺钉

贴面层

(b)固定方式之粘

黏结网

(c)固定方式之卡

夹子

图 7.46 固定面板的方式

7.5.3 板材隔墙

板材隔墙是指单板高度相当于房间净高,面积较大,且不依赖骨架,直接装配而成的隔墙。目前,采用的大多为条板,如加气混凝土条板、石膏条板、碳化石灰板、蜂窝纸板、水泥刨花板等。

(1)加气混凝土条板隔墙

加气混凝土由水泥、石灰、砂、矿渣等加发泡剂(铝

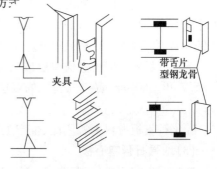

夹具

带舌片
型钢龙骨

图 7.47 几种常用的轻钢骨架和夹具

粉),经过原料处理、配料浇筑、切割、蒸压养护工序制成,干密度 5~7 kN/m³,抗压强度 300~500 N/cm²。

加气混凝土条板具有自重轻,节省水泥,运输方便,施工简单,可锯、可刨、可钉等优点。但加气混凝土吸水性大、耐腐蚀性差、强度较低,运输、施工过程中易损坏。不宜用于具有高温、高湿或有化学、有害空气介质的建筑中。

加气混凝土条板规格为长 2 700~3 000 mm,宽 600~800 mm,厚 80~100 mm(图 7.48)隔墙板之间用水玻璃砂浆或 107 胶砂浆粘结。水玻璃砂浆的配比是水玻璃:磨细矿砂:细砂 = 1:1:2,107 胶:珍珠岩粉:水 = 100:15:2.5。条板安装一般是在地面上用一对对口木楔在板底将板楔紧。

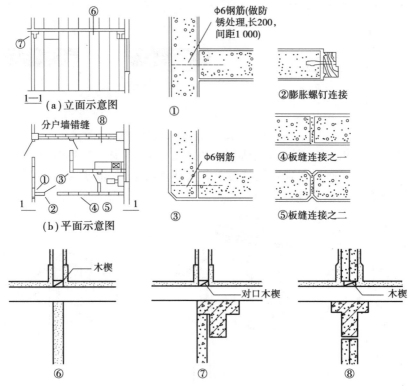

图 7.48　加气混凝土板隔墙与构造示例

(2)碳化石灰板隔墙

碳化石灰板是以磨细的生石灰为主要原料,掺 3%~4%(质量比)的短玻璃纤维,加水搅拌,振动成型,利用石灰窑的废气碳化而成的空心板。一般的碳化石灰板的规格为长 2 700~3 000 mm,宽 500~800 mm,厚 90~120 mm。板的安装同加气混凝土条板隔墙(图 7.49)。

碳化石灰板隔墙可做成单层或双层,90 mm 或 120 mm 厚,隔墙平均隔声能力为 33.9 dB,或 35.7 dB。60 mm 宽空气间层的双层板,平均隔声能力可为 48.3 dB,适用于隔声要求高的房间。

碳化石灰板材料来源广泛、生产工艺简易、成本低廉、密度轻、隔声效果好。

(3)增强石膏空心板

增强石膏空心板分为:普通条板、钢木窗框条板及防水条板三种,在建筑中按各种功能要求配套使用。石膏空心板规格为 600 mm 宽、60 mm 厚、2 400～3 000 mm 长, 9 个孔, 孔径 38 mm, 空隙率 28%, 能满足防火、隔声及抗撞击的能力(图 7.50)。

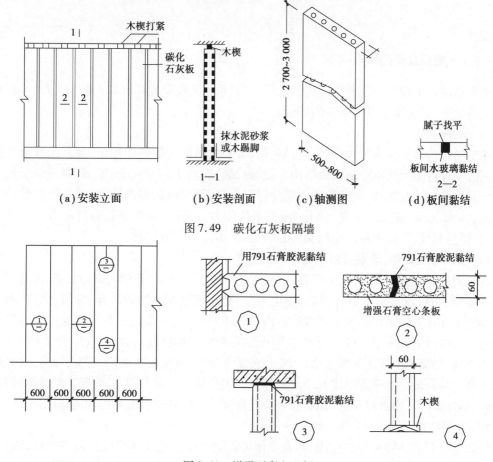

（a）安装立面　　　（b）安装剖面　　（c）轴测图　　　（d）板间黏结

图 7.49　碳化石灰板隔墙

图 7.50　增强石膏空心板

(4)泰柏板

泰柏板又称为钢丝网泡沫塑料水泥砂浆复合墙板。它是以焊接钢丝 2 mm 网笼为构架, 填充泡沫塑料芯层, 面层经喷涂或抹水泥砂浆而成的轻质板材。

这种板的特点是质量轻、强度高、防火、隔声、不易腐烂等。其产品规格为 2 440 mm×1 220 mm×75 mm(长×宽×厚), 抹灰后的厚度为 100 mm。

泰柏板与顶板底板采用固定夹连接, 墙板之间采用克高夹连接(图 7.51)。

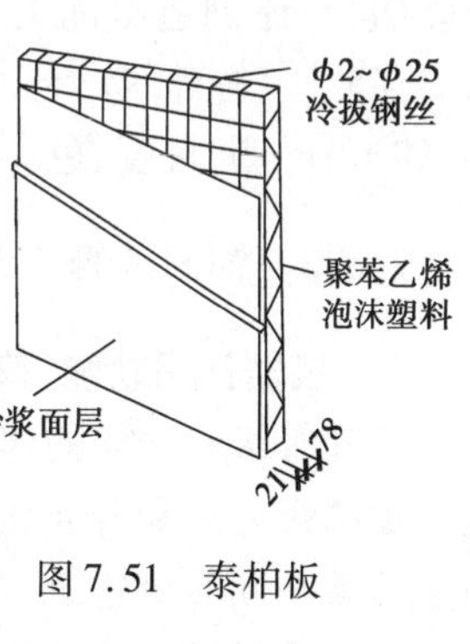

图 7.51　泰柏板

(5)复合板隔墙

用几种材料制成的多层板称为复合板。复合板的面层有石棉水泥板、石膏板、铝板、树脂板、硬质纤维板、压型钢板等。夹芯材料可用矿棉、木质纤维、泡沫塑料和蜂窝状材料等。

复合板充分利用材料的性能, 大多具有强度高、耐火性、防水性、隔声性能好的优点, 且安装、拆卸简便, 有利于建筑工业化。

7.6 墙面装修

7.6.1 墙面装修的作用

装修是建筑工程中十分重要的内容之一,它关系到工程质量标准和人们的生产、生活和工作环境的优劣,是建筑物不可缺少的部分。

(1)保护作用

建筑结构构件暴露在大气中,在风、霜、雨、雪和太阳辐射等的作用下,混凝土可能变得疏松、碳化;构件可能因热胀冷缩导致结构节点被拉裂,影响牢固与安全;钢、铁制品由于氧化而锈蚀。建筑上如通过抹灰、油漆等墙面装修进行处理,不仅可以提高构件、建筑物对外界各种不利因素(如水、火、酸、碱、氧化、风化等)的抵抗能力,还可以保护建筑构件不直接受到外力的磨损、碰撞和破坏,从而提高结构构件的耐久性,延长其使用年限。

(2)改善环境条件,满足房屋的使用功能要求

为了创造良好的生产、生活和工作环境,无论何种建筑物,一般都需进行装修,通过对建筑物表面装修,不仅改善了室内外清洁、卫生条件,且能增强建筑物的采光、保温、隔热、隔声性能。如砖砌体抹灰后不但能提高建筑物室内及环境照度,而且能防止冬天砖缝可能引起的空气渗透。内墙抹灰在一定程度上可调节室内温度,当室内温度较高时,抹灰层吸收空气中的一部分水蒸气,使墙面不致出现冷凝水;当空气过于干燥时,抹灰层能放出一部分水分,使室内保持较为舒适的环境。有一定厚度和质量的抹灰能提高隔墙的隔声能力,有噪声的房间,通过墙面吸声,控制噪声。由此可见,饰面装修对满足房屋的使用要求有重要的功能作用。

(3)美观作用

装修不仅具有功能和保护作用,还有美化和装饰作用。建筑师根据室内外空间环境的特点,正确、合理运用建筑线型以及不同饰面材料的质地和色彩给人以不同的感受。同时,通过巧妙组合,还创造出优美、和谐、统一而又丰富的空间环境,以满足人们在精神方面对美的要求。当然,一幢建筑的艺术效果,除了装修是一个重要的影响因素,主要还取决于建筑师对空间、体型、比例、尺度、色彩等设计手法的正确使用。

7.6.2 饰面装修的设计要求

(1)根据使用功能,确定装修的质量标准

不同等级和功能的建筑除了在平面空间组合中满足其要求,还应采用不同装修的质量标准。如高级公寓和普通住宅就不能等同对待,就应为之选择相应的装修材料、构造方案和施工措施。就是同等级建筑,由于位置不同,如面临城市主要干道、广场与在街坊内部的也不能视为一样。就是同一栋建筑的不同部位,如正、背立面,首层与上层,一般房间与主要门厅、走道,重要房间与次要房间,均可按不同标准进行处理。另外,有特殊要求的,如声学要求较高的录音室、广播室除了选择声学性能良好的饰面材料,还应采用相应的构造措施和施工方案。

不同建筑由于装修质量标准不同,采用的材料、构造方案和施工方法不同而造成造价的差别是很大的。一般民用建筑装修费用约占土建造价的 25%,标准较高的工程可达 40% ~

50%。例如石灰砂浆墙面与塑料壁纸或木护板墙面单方造价相差几十倍,与镜面、光面花岗石饰面相差100倍以上。一般来讲,高档装修材料能取得较好的艺术效果。对于墙面装修,应根据不同等级建筑的不同经济条件,选择、确定与之适应的装修材料、构造方案和施工方法。

(2)选用正确合理的材料

建筑装修材料是装饰工程的重要物质基础,在装修费用中一般占70%左右。装修工程所用材料,量大面广,品种繁多。从烧结普通砖到大理石、花岗岩,从普通砂、石到黄金、锦缎,价格相差巨大。能否正确选择和合理利用材料,直接关系到工程质量、效果、造价、做法。而材料的物理、化学性能及其使用性能是装修用料选择的依据。

除大城市重要的公共建筑可采用较高级装修材料外,对大多数建筑来讲,装修用料尽可能因地制宜,就地取材。不要舍近求远,舍内求外。只要合理利用材料,就既能达到经济节约的目的,又能保证良好的装饰效果。如北京香山"独一居"就是利用价格不贵的地方材料——海带草做装修材料,取得了一致公认的效果。如果一味追求高档、异地材料,施工中一旦供应不上,中途变更设计,反而影响原设计意图。

(3)充分考虑施工技术条件

装修工程是要通过施工来实现的。如果仅有良好的设计、材料,没有好的施工技术条件,理想的效果也难以实现。如两幢相同设计和相同材料的房屋,由于施工技术条件不同,最后可能出现明显的质量差别,因此在设计阶段就要充分考虑影响装修做法的各种因素:工期长短、施工季节、温度高低、具体施工队伍的技术管理水平和技术熟练程度以及施工组织和施工方法等。例如,工艺要求较高的饰面,就要求技术级别较高的熟练技工操作,否则,就难取得较好的效果。可见,施工技术条件是装修设计必须考虑的重要因素。

7.6.3 饰面装修的基层

饰面装修是在结构主体完成之后进行的。没有结构物的存在,就谈不上装修,这说明装修面层是依附于结构物的。因此,我们说凡附着或支托饰面层的结构构件或骨架,均视为饰面装修的基层,如内外墙体、楼地板、吊顶骨架等。

(1)基层处理原则

1)基层应有足够强度和刚度

饰面层附着于基层,为了保证饰面不至于开裂、起壳、脱落,要求基层须具有足够强度。饰面开裂、起壳不仅影响美观而且影响使用。如果墙体或顶棚饰面开裂、脱落,还可能砸伤行人,酿成事故。可见,具有足够强度和刚度的基层,是保证饰面层附着牢固的重要因素。一般来讲,饰面层因质量不大,基层强度和刚度大都能满足要求。

2)基层表面必须平整

饰面层平整均匀是达到美观的必要条件,而基层表面的平整均匀又是使饰面层达到平整均匀的重要前提。为此,对饰面主要部位的基层如内外墙体、楼地板、吊顶骨架等,在砌筑和安装时必须平整。基层表面凸凹过大,必然使找平材料厚度增加,且不易找平。厚度不一不仅浪费材料,还可能因材料的胀缩不一而引起饰面层开裂、起壳,甚至脱落,同时影响美观、使用,甚至危及安全。

3)确保饰面层附着牢固

饰面层附着于基层表面应牢固可靠。但实际工程中,不论地面、墙面、顶棚到处可见饰面层开裂、起壳、脱落现象。究其原因,无非是构造方法不妥或面层与基层材料性能差异过大或黏结材料选择不当等因素所致。如混凝土表面抹石灰砂浆,因材料差异大而导致面层开裂、起壳。又如大理石板用于地面可以直接铺贴,而用于墙面时则须作挂钩处理,否则会因重力而下落。所以应根据不同部位和不同性质的饰面材料采用不同材料的基层和相应的构造连接措施,如粘、钉、抹、涂、贴、挂等使其饰面层附着牢固。这对于垂直墙面和水平顶棚尤为重要。

(2)基层类型及要求

饰面装修基层可分为实体基层和骨架基层两类

1)实体基层

实体基层系指用砖、石等材料组砌或用混凝土现浇或预制的墙体,以及预制或现浇的各种钢筋混凝土楼板等。这种基层强度高、刚度好,其表面可以做任何一种饰面。如罩刷各种涂料,涂抹各种抹灰,铺贴各种面砖,粘贴各种卷材等(图7.52)。为确保实体基层的饰面层平整均匀,附着牢固,施工时还应对各种材料的基层作不同的处理。

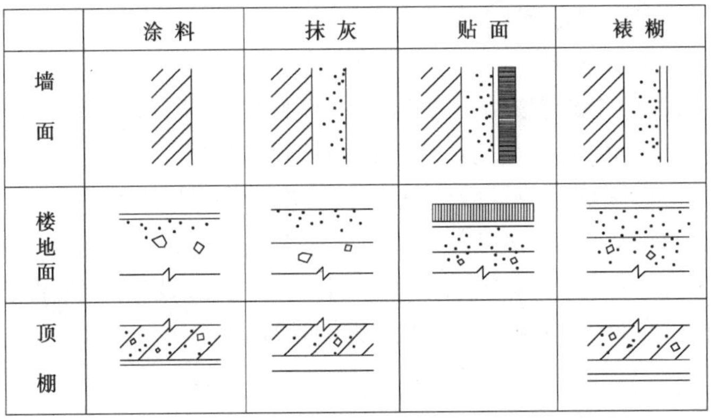

	涂料	抹灰	贴面	裱糊
墙面				
楼地面				
顶棚				

图7.52 实体基层的部位及饰面

砖、石基层:主要用于墙体。因砖、石表面粗糙,加之凹进墙面的缝隙较多,故黏结力强。做饰面前须清理基层,除去浮灰,必要时用水冲净。如能在墙体砌筑时,做到垂直,这就为饰面层的牢固黏结及厚度均匀创造了条件。

混凝土及钢筋混凝土基层:主要指预制或现浇墙体和楼板。由于这些构件是由混凝土浇筑成型,为脱模方便,其表面均加机油之类的脱模剂,加上钢模板的广泛采用,构件表面光滑平整。为使饰面层附着牢固,施工时须除掉脱模剂,还须将表面打毛,用水冲去浮尘,这一点对于外贴保温板时尤为重要;为保证平整,无论是预制安装或是现场浇注,墙体必须垂直,楼板必须水平。

2)骨架基层

骨架隔墙、架空木地板、各种形式吊顶的基层属于这一类型。

骨架基层由于材料不同,有木骨架基层和金属骨架基层之分。构成骨架基层中的骨架通常称为龙骨(在墙中也称为墙筋;在吊顶中也称为天棚顶)。木龙骨多为枋木[图7.53(a)、(b)、(c)],金属龙骨多为型钢或薄壁型钢、铝合金型材等[图7.53(d)、(e)],龙骨中距视面层材料而定,一般≥600 mm。骨架表面,通常不做大理石等较重材料的饰面层。

在基层面上起美观保护作用的覆盖层为饰面层。饰面层包括构成饰面的各种构造,如抹灰饰面不仅包括面灰,且包括中灰和底灰。如为板材饰面,饰面层就是板材本身。通常把饰面层最表面的材料作为饰面种类的名称。如面层材料为水泥砂浆则饰面为水泥砂浆面。

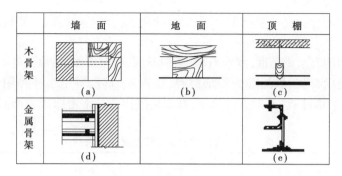

图 7.53 骨架基层类型及部位

建筑物主要装修部位有内墙面、地面及顶棚三大部分。各部分饰面种类很多,均附着于结构基层表面起美观保护作用。本节只讲一般民用建筑普通饰面装修。较高级饰面装修如木材饰面、大理石花岗岩饰面、裱糊饰面等在此不予讲述。

7.6.4 墙面装修

墙体是建筑物主要饰面部位之一。墙体表面的饰面装修因其位置不同可分为外墙面装修和内墙面装修两大类型。又因其饰面材料和做法不同,外墙面装修可分为抹灰类、贴面类、涂料类;内墙面装修可分为抹灰类、贴面类、涂料类和裱糊类。

(1)抹灰类墙面装修

抹灰,是我国传统的饰面做法,也称"粉饰"或"粉刷"。它是用砂浆涂抹在房屋结构表面上的一种装修工程。

1)抹灰的组成

为保证抹灰质量,做到表面平整,黏结牢固,色彩均匀,不开裂,施工时须分层操作。抹灰一般分三层,即底灰(层)、中灰(层)、面灰(层)(图 7.54)。

底灰(又称为刮糙)主要起与基层黏结和初步找平作

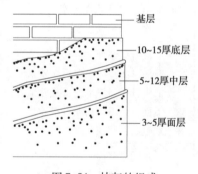

图 7.54 抹灰的组成

用。这一层用料和施工对整个抹灰质量有较大影响,其用料视基层情况而定。当墙体基层为砖、石时,可采用水泥砂浆或石灰、水泥混合砂浆打底;当基层为骨架板条基层时,应采用石灰砂浆作底灰,并在砂浆中掺入适量麻刀(纸筋)或其他纤维,施工时将底灰挤入板条缝隙,以加强拉结,避免开裂、脱落。中灰主要起进一步找平作用,材料基本与底层相同。面灰主要起装饰美观作用,要求平整、均匀、无裂痕。面层不包括在面层上的刷浆、喷浆或涂料。抹灰按质量要求和主要工序划分为三种标准:

①普通抹灰:一层底灰,一层面灰,总厚度≯18 mm。

②中级抹灰:一层底灰,一层中灰,一层面灰,总厚度≯20 mm。

③高级抹灰:一层底灰,数层中灰,一层面灰,总厚度≯25 mm。

高级抹灰适用于公共建筑、纪念性建筑,如剧院、宾馆、展览馆等;中级抹灰适用于住宅、办公楼、学校、旅馆以及高标准建筑物中的附属房间;普通抹灰适用于简易宿舍、仓库等。

2)常用抹灰种类、做法和应用

抹灰按照面层材料及做法分为一般抹灰和装饰抹灰。

一般抹灰常用的有石灰砂浆抹灰、水泥砂浆抹灰、混合砂浆抹灰、纸筋石灰浆抹灰、麻刀石灰浆抹灰。

装饰抹灰常用的有水刷石面、水磨石面、斩假石面、干粘石面、喷涂面等。

抹灰饰面均是以石灰、水泥等为胶结材料,掺入砂、石骨料用水拌和用,采用抹(一般抹灰)、刷、斩、粘等(装饰抹灰)不同方法施工,系现场湿作业。常用抹灰类饰面的做法及选用见表7.17。

表 7.17   常用抹灰装饰面的做法及选用

部位	做法说明	厚度 /mm	适用范围	备注
内墙面	纸筋石灰浆面 底:1:2石灰砂浆加麻刀15% 中:1:3石灰砂浆加麻刀15% 面:纸筋浆石灰浆加纸筋6% 喷石灰浆或色浆	8 8 2	用于一般居住及公共建筑的砖、石基层墙面	普通抹灰将底层中层合并厚12
	水泥砂浆面 底:1:3水泥砂浆 中:1:3水泥砂浆 面:1:2.5水泥砂浆 喷石灰浆或色浆	7 5 3	用于易受碰撞或受潮的地方,如厕所、厨房墙裙、踢脚线等	
	混合砂浆面 底:1:0.3:3水泥石灰砂浆 中:1:0.3:3水泥石灰砂浆 面:1:0.3:3水泥石灰砂浆 喷石灰浆或色浆	9 6 5	砖石基层墙面	
外墙面	水泥砂浆面 底:1:0.8:5水泥石灰砂浆 面:1:3水泥砂浆	10 5	同上	
	水刷石面 底:1:3水泥砂浆 中:1:3水泥砂浆 面:1:2水泥白石子用水刷洗	7 5 10	同上	用中8厘石子,当用小8厘石子时比例为1:1.5,厚度为8
	干粘石面 底:1:3水泥砂浆 中:1:3水泥砂浆 面:刮水泥浆,干粘石压平实	10 7 1	同上	石子粒径3~5 mm,做中层时按设计分格
	斩假石面 底:1:3水泥砂浆 中:1:3水泥砂浆 面:1:2水泥白石子用斧斩	7 5 12	主要用于外墙局部如门套、勒脚等装修	

3）抹灰常用的颜料

在抹灰饰面中，常需在砂浆中掺入颜料，配制成彩色砂浆以增加装饰效果。为保证饰面质量，延长使用年限，颜料的选择必须根据颜料的性能、砂浆的品种、建筑物的使用部位和设计要求而定。如建筑物处于受酸侵蚀的环境中，要使用耐酸性好的颜料；受日光曝晒的部位，要选用耐光性好的颜料；碱性强的砂浆，要使用耐碱性好的颜料。

颜料分为有机颜料和无机颜料两大类。无机颜料为天然的或合成的无机物，多数为矿物颜料，无机颜料遮盖力强，密度大，耐热和耐光性好，但颜色不够鲜艳。有机颜料为天然的或合成的有机物，有机颜料颜色鲜明，有良好的透明度和着色力，但耐热性、耐光性差，强度不高。

现将主要颜料简介如下：

①红色：常用的有氧化铁红和甲苯胺红，氧化铁红的主要成分为三氧化二铁（Fe_2O_3），甲苯胺红是人造的红色粉末状有机颜料。

②绿色：绿色常用的有氧化铬绿无机颜料、颜色从浅绿至深绿，其主要成分为三氧化二铬（Cr_2O_3）。

③黄色：无机颜料常用的有氧化铁黄和铬黄两种，有机颜料有沙黄。氧化铁黄，其主要成分为三氧化二铁（$Fe_2O_3 \cdot xH_2O$）。氧化铁黄颜色不鲜艳但耐光、耐碱，价格较低。铬黄（$PbCrO_4$）有较好的着色力，但有毒且耐光性较差。

④蓝色：蓝色常用的无机颜料有群青、氧化铁蓝，有机颜料有酞青蓝、钴蓝。

⑤黑色：有氧化铁黑、炭黑、松黑，这些均为无机颜料。某些颜料还可配合成其他颜色。如氧化铁棕黑为氧化铁红和氧化铁黑的混合物。

（2）涂料类墙面装修

涂料饰面是在木基层表面或抹灰饰面的底灰、中灰及面灰上喷、刷涂料涂层的饰面装修。我国使用涂料作为建筑物的保护和装饰材料，具有悠久的历史，许多木结构古建筑物能保存至今，涂料起了重要的作用。早期涂料的主要原料是天然油脂和天然树脂，如亚麻仁油、桐油、松香和生漆等。随着石油化工和有机合成工业的发展，为涂料提供了新的原料来源，许多涂料不再使用油脂，主要使用合成树脂及其乳液、无机硅酸盐和硅溶胶。涂料饰面是靠一层很薄的涂层起保护和装饰作用，并根据需要可以配成各种色彩。通常将在其表面喷刷浆料或水性涂料的称为刷浆，若涂敷于建筑表面并能与其基层材料很好黏结，形成完整涂膜的则为涂料。涂料饰面由于涂层薄，抗腐蚀能力差，有关资料表明，外用乳液涂料使用年限为 4～7 年，厚质涂料（涂层厚 1～2 mm）使用年限可达 10 年。涂料饰面施工简单，省工省料，工期短、效率高、自重轻、维修更新方便，故在饰面装修工程中得到较为广泛的应用。

1）刷浆

①石灰浆：系用石灰膏化水而成，根据需要可掺入颜料。为增强灰浆与基层的黏结力，可在浆中掺入 107 胶或聚醋酸乙烯乳液，其掺入量为 20%～30%。石灰浆涂料的施工要待墙面干燥后进行，喷或刷两遍即成。石灰浆耐久性、耐水性以及耐污染性较差，主要用于室内墙面、顶棚饰面。

②大白浆：是由大白粉并掺入适量胶料配制而成。大白粉为一定细度的碳酸钙粉末。常用胶料有 107 胶或聚醋酸乙烯乳液，其掺入量分别为 15% 和 8%～10%，以掺乳胶者居多。大白浆可掺入颜料而成色浆。大白浆覆盖力强，涂层细腻洁白，且货源充足，价格低，施工、维修方便，广泛应用于室内墙面及顶棚。

③可赛银浆:是由碳酸钙、滑石粉与酪素胶配制而成的粉末状材料。产品有白、杏黄、浅绿、天蓝、粉红等。使用时先用温水将粉末充分浸泡,使酪素胶充分溶解,再用水调制成需要的浓度即可使用。可赛银浆质细、颜色均匀,其附着力以及耐磨、耐碱性均较好,主要用于室内墙面及顶棚。

2)涂料

建筑涂料的种类很多,按成膜物质可分为有机系涂料、无机系涂料、有机无机复合涂料;按建筑涂料的分散介质可分为溶剂型涂料、水溶性涂料、水乳型涂料(乳液型);按建筑涂料的功能分类,可分为装饰涂料、防火涂料、防水涂料、防腐涂料、防霉涂料、防结露涂料等;按涂料的厚度和质感可分为薄质涂料、厚质涂料、复层涂料等。

①油漆涂料:油漆涂料是由黏结剂、颜料、溶剂和催干剂组成的混合剂。油漆涂料能在材料表面干结成膜(漆膜),使与外界空气、水分隔绝,从而达到防潮、防锈、防腐等保护作用。漆膜表面光洁、美观、光滑,改善了卫生条件,增强了装饰效果。下面介绍几种油漆涂料。

a. 调和漆:油漆在出厂前已基本调制好,使用时不再加任何材料即能施工。调和漆有油性调和漆和磁性调和漆两种。油性调和漆附着力好,不易脱落、粉化,不龟裂,便于涂刷。但干燥性差,漆膜软,适用于室内外各种木材、金属、砖石表面。磁性调和漆漆膜硬,光亮平滑,干燥性好,但抗气候变化能力差,易失光、龟裂,一般用于室内为宜。

b. 清漆:是以树脂为主要成膜物质,分油基清漆和树脂清漆两类。常用的有酚醛清漆、虫胶清漆和醇酸清漆。清漆主要供调制红丹、腻子和其他漆料用,也可单独使用,如刷底漆(木材和水泥表面)或涂刷简易门窗等。其优点是廉价,缺点是漆膜软、干燥慢、耐热性差,在紫外光作用下易变黄等。

c. 防锈漆:有油性防锈漆和树脂防锈漆两类。油性防锈漆的优点是渗透性、润滑性、柔韧性和附着力均较好。如红丹防锈漆就是黑色金属优良防锈漆。但这种防锈漆干燥慢、漆膜软。树脂防锈漆是以各种树脂为主要成膜物质,如锌黄醇酸防锈漆对轻金属表面有较好的防锈化能力。一般防锈漆只作打底用,另需罩面漆。

②溶剂性涂料:溶剂性涂料是以高分子合成树脂为主要成膜物质,有机溶剂为稀释剂,加入一定量颜料、填料及辅料、经辊扎塑化,研磨搅拌溶解配制而成的一种挥发性涂料。如过氯乙烯外墙涂料、苯乙烯焦油外墙涂料、聚乙烯醇缩丁醛外墙涂料等。这类涂料一般有较好的硬度、光泽、耐久度、耐蚀性及耐老化性。但施工时有机溶剂易挥发、污染环境,除个别品种外,在潮湿基层上施工易产生起皮、脱落。这类涂料主要用于外墙饰面。

③乳液涂料:乳液涂料是以各种有机物单体经乳化聚合反应后生成的聚合物,它以非常细小的颗粒分散在水中,形成非均相的乳状液。将这种乳状液作为主要成膜物质配成的涂料称为乳液涂料。当填充料为细小粉末,所得的涂料能形成类似油漆漆膜的平滑涂层,故习惯上称为"乳胶漆"。常用乳胶漆有乙-顺乳胶漆(由醋酸乙烯-顺丁烯二酸二丁酯共聚乳液配制成)、乙-丙乳胶漆、氯-醋-丙乳胶漆等。

乳液涂料以水为分散介质、无毒、不污染环境。由于涂膜多孔而透气,故可在初步干燥的(抹灰)基层上涂刷。涂膜干燥快,对加快施工进度,缩短工期十分有利。另外,所涂饰面可以擦洗,易清洁,装饰效果好。乳液涂料施工需按所用涂料品种性能及要求(如基层平整、光洁、无裂纹等)进行,方能达到预期的效果。乳液涂料品种较多,属高级饰面材料,主要用于内外墙饰面。

④水溶性涂料:水溶性涂料有聚乙烯醇水玻璃涂料、聚乙烯醇缩甲醛涂料等。聚乙烯醇涂料是以聚乙烯醇树脂为主要成膜物质。这类涂料的优点是不掉粉,造价不高,施工方便,有的还能经受湿布轻擦,主要用于内墙面装修。

⑤硅酸盐无机涂料:硅酸盐无机涂料是以碱性硅酸盐为基料,如硅酸钠、硅酸钾和胶体氧化硅即硅溶胶,外加硬化剂、颜料、填充料及助剂配制而成。目前,市面可见的 JH801 无机建筑涂料具有良好的耐光、耐热、耐水及耐老化性能,耐污染性也好,且无毒,对空气无污染。涂料施工喷、刷均可,但以喷涂效果较好。

⑥厚质涂料:厚质涂料是在涂料中掺入类似云母粉、粗砂粒等粗填料配制成的涂料。和前述涂料比较,前者涂层薄,后者涂层厚,有较好的质感;前者施工以涂刷方式为主,后者则以喷涂和刮涂方式为主。常见厚质涂料有砂胶厚质涂料、聚乙烯醇缩甲醛水泥厚质涂料、乙—丙乳液厚质涂料等。这些涂料主要用于外墙饰面及地面。另外,还有由聚氨酯、不饱和聚氨酯等为主料配制成的各种厚质涂料,主要用于地面,形成无缝涂布地面。

涂料是建筑饰面的重要材料之一,近年来的推广、使用,已取得较好的效果、经济及装饰效果,今后它的应用将日趋广泛。

(3)铺贴类墙面装修

1)面砖饰面

面砖多数是以陶土或瓷土为原料,压制成型后经焙烧而成。由于面砖不仅可以用于墙面装饰也可以用于地面,所以被人们称为墙地砖。常见的面砖有釉面砖、无釉面砖、仿花岗岩瓷砖、劈裂砖等。

无釉面砖俗称外墙面砖,主要用于高级建筑外墙面装修,具有质地坚硬、强度高、吸水率低(4%)等特点。釉面砖具有表面光滑、容易擦洗、美观耐用、吸水率低等特点。釉面砖除白色和彩色外,还有图案砖、印花砖以及各种装饰釉面砖等。釉面砖主要用于高级建筑内外墙面以及厨房、卫生间的墙裙贴面。

面砖规格、色彩、品种繁多,根据需要可按厂家产品目录选用。常用 150 mm × 150 mm、75 mm × 150 mm、113 mm × 77 mm、145 mm × 113 mm、233 mm × 113 mm、265 mm × 113 mm 等几种规格,厚度为 5 ~ 17 mm(陶土无釉面砖较厚为 13 ~ 17 mm 厚,瓷土釉面砖较薄为 5 ~ 7 mm 厚)。

面砖安装前先将表面清洗干净,然后将面砖放入水中浸泡,贴前取出晒干。面砖安装时用 1∶3 水泥砂浆打底并划毛,后用 1∶0.3∶3 水泥石灰砂浆或用掺有 107 胶(水泥用量 5% ~ 10%)的 1∶2.5 水泥砂浆满刮于面砖背面,其厚度不小于 10 mm,然后将面砖贴于墙上,轻轻敲实,使其与底灰粘牢。一般面砖背面有凹凸纹路,更有利于面砖粘贴牢固。对贴于外墙的面砖常在面砖之间留出一定的缝隙,以利湿气排除。而内墙面为便于擦洗和防水则要求安装紧密,不留缝隙。面砖如被污染,可用浓度为 10% 的盐酸洗刷,并用清水洗净。

2)玻璃马赛克饰面

玻璃马赛克是以玻璃为主要原料,加入二氧化硅,经高温、熔化发泡后机压成型为边长 20 mm、厚 4 mm 的小方块,其背面处理呈凹形,带有棱角线,四周呈斜角,镶贴的夹缝呈楔形(图 7.55),故能与基层很好黏结。

由于玻璃马赛克尺寸较小,为了便于粘贴,出厂前已按各种图案反贴在标准尺寸 325 mm × 325 mm 的牛皮

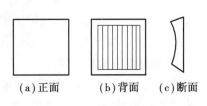

(a)正面　　(b)背面　　(c)断面

图 7.55　玻璃马赛克示意

纸上。施工时将纸面向外,覆盖在砂浆上,不待砂浆干固,用水洗去牛皮纸,校正缝隙,并用水泥砂浆擦缝(贴在牛皮纸上时已留下缝隙)。

玻璃马赛克具有质地坚硬,不吸灰,不褪色,色彩华丽、雅典、柔和,花色品种繁多,在160 ℃以上至−40 ℃急热骤冷均不炸裂、不变形以及材料来源广、价格较陶瓷锦砖便宜等优点。在民用建筑外墙饰面中得到广泛采用。如武汉晴川饭店外墙、走廊、遮阳板等采用玻璃马赛克饰面,取得较好的经济和美观效果。由于玻璃马赛克边沿棱角尖锐,不宜用作地面。

(4)清水砖墙饰面装修

凡在墙体外表面不做任何外加饰面的墙体称为清水墙。反之,谓之浑水墙。用砖砌筑清水砖墙在我国已有悠久的历史,如北京故宫等。

为防止灰缝不饱满而可能引起的空气渗透和雨水渗入,须对砖缝进行勾缝处理。一般用1:1水泥砂浆勾缝。也可在砌墙时用砌筑砂浆勾缝,称为原浆勾缝。勾缝形式有平缝、平凹缝、斜缝、弧形缝等(图7.56)。

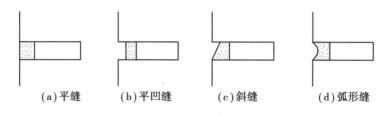

(a)平缝　　(b)平凹缝　　(c)斜缝　　(d)弧形缝

图7.56　勾缝形式

砖砌体在今后相当长时间内仍然是我国主要墙体材料之一。因此,如何处理好清水墙外观具有重要意义。一般可从色彩、质感、立面变化取得清水砖墙多样化装饰效果。

目前,清水砖材料多为红色,色彩较单调,但可以用刷透明色的办法改变色调。做法是用红、黄两种颜料如氧化铁红,氧化铁黄等配成偏红或偏黄的颜色,再加上颜料重量的5%的聚醋酸乙烯乳液,用水调成浆刷在砖面上。这种做法往往给人以面砖的错觉,若能和其他饰面相互配合、衬托,能取得较好的装饰效果。另外,清水砖墙砖缝多,其面积约占墙面的1/6,改变勾缝砂浆的颜色能有效地影响整个墙面色调的明暗度。如用白水泥勾白缝或水泥掺颜料勾成深色或其他颜色的缝。由于砖缝颜色突出,故整个墙面质感效果也有一些变化。

要取得清水砖墙质感变化,还可以在砖墙组砌上下功夫,多采用多顺一丁砌法以强调横线条;在结构受力允许条件下,改平砌为斗砌、立砌以改变砖的尺度感;或采用将个别砖成点成条,突出墙面几厘米的砌筑方式,形成不同质感和线形。以上做法要求大面积墙面平整规矩,并须严格把控砌筑质量,虽多费些工,但能求得一定装饰效果。

大面积成片红砖墙要取得很好效果,仅采取上述措施是不够的,还须在立面处理上做一些变化。如一个墙面可以保留大部分清水墙面,局部做浑水(抹灰)能取得立面颜色和质感的变化。北京较多的住宅采用窗间墙下做清水或浑水就是例证。就是较高级的北京外交公寓也采用大面刷色清水墙与局部水刷石配合,立面效果良好。

(5)特殊部位的墙面装修

在内墙抹灰中,对易受到碰撞(如门厅、走道)的墙面和有防潮、防水要求(如厨房、浴厕)的墙面,为保护墙身,做成护墙墙裙(图7.57)。内墙阳角、门洞转角等处则做成护角(图7.58)。

墙裙和护角高度为2 m左右。根据要求护角也可用其他材料(如木材)制作。

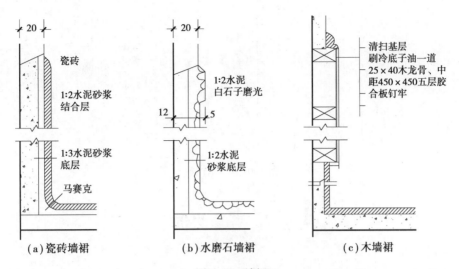

（a）瓷砖墙裙　　　　（b）水磨石墙裙　　　　（c）木墙裙

图7.57　墙裙

在内墙面和楼地面交接处,为了遮盖地面与墙面的接缝、保护墙身以及防止擦洗地面时弄脏墙面而做成踢脚线。其材料与楼地面相同。常见做法有三种,即与墙面粉刷相平、凸出、凹进(图7.59),踢脚线高120～150 mm。

为了增加室内美观,在内墙面和顶棚交接处,做成各种外装饰线(图7.60)。

在外墙面抹灰中,为施工接茬、比例划分和适应抹灰层胀缩以及日后维修更新的需要,抹灰前,事先按设计嵌木条分格,做成引条(图7.61)。

木引条先用水泥砂浆固定,后抹灰,施工完毕及时取下引条,形成所需的凹线,如能在凹线内涂上一定颜色,更能增添装饰效果。引条宽约30 mm。

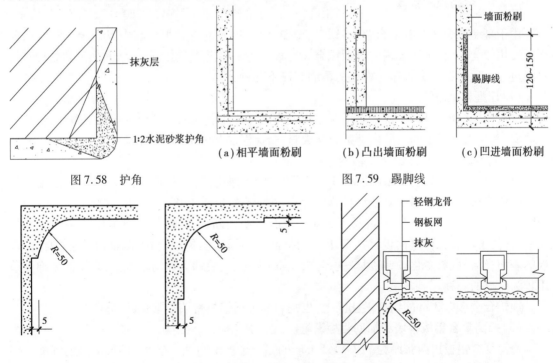

图7.58　护角　　　　（a）相平墙面粉刷　　　（b）凸出墙面粉刷　　　（c）凹进墙面粉刷

　　　　　　　　　　　　　　　　图7.59　踢脚线

图7.60　装饰凹线

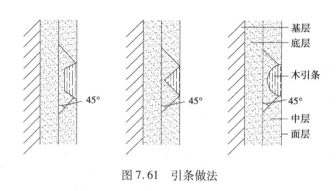

图 7.61　引条做法

7.7　幕墙构造

现代高层建筑及大型公共建筑外墙面积大约相当于总建筑面积的30%～40%,施工量大,且高空作业,故难度大,建筑速度缓慢;同时出于美观要求,耐久性要求和减轻建筑物自重等因素的考虑,外墙已走向了标准化、定型化、预制装配,多采用轻质薄壁和高档饰面材料,幕墙就是其中的主要一种。

幕墙是悬挂于骨架结构上的外围护墙,除承受风荷载外,不承受其他外来荷载,并通过连接固定体系将其自重和风荷载传递给骨架结构。且控制着光线、空气、热量等的内外交流,幕墙按材料区分为轻质幕墙和重质幕墙。轻质幕墙有金属板材幕墙,纤维水泥板幕墙,复合板材幕墙和玻璃幕墙,轻质混凝土悬挂板墙等。重质幕墙有钢筋混凝土外挂墙板等。

7.7.1　金属板材幕墙

用于幕墙的金属板有铝合金、不锈钢、搪瓷、涂层钢或铜等薄板。其中以铝合金和涂层薄钢板使用较为广泛,由于幕墙的大面积金属薄板不易平整挺直,须经过特殊的加工和处理。目前经过加工后的铝合金板作为面层的幕墙有以下几种:

（1）压型铝板幕墙

采用专用的模具压制,使单层铝合金板成为立体几何形或瓦楞形组装式幕墙单元,安装上玻璃窗,并在窗肚或窗间墙处内部敷设防火材料、保温层和内饰面层（图7.62）。

（2）复合铝板和纯铝合金板幕墙

复合铝板也称铝塑板,由两层0.5 mm厚的铝板内夹以低密度的聚乙烯树脂,表面覆盖氟碳酸树脂涂料,用于幕墙的复合铝板总厚为4～6 mm;宽度有1.00 m、1.25 m和1.50 m三种,因厚度而定,长度小于4.5 m,再长可定制。复合铝板的断面两硬一软,既能防止平面的曲折变形,又便于弯成各种立面设计所要求的曲折面。四周边框折边是提高其强度的主要措施。板的表面光洁、色彩变化多、防污易洗、防火无毒,加工、安装和保养均较方便,是墙面装饰中采用较为广泛的一种。

纯铝合金板厚3 mm,构造做法同上,也是目前金属铝板幕墙较常见的形式。

（3）蜂窝复合铝板幕墙和加肋铝板幕墙

蜂窝复合铝板用两张厚为1.2～1.5 mm的铝合金板中间夹一层6～15 mm高的蜂窝形铝箔用特殊的胶合工艺制成。能较好地保证外墙面的平整度,适用于外墙大面积实墙面的幕墙。

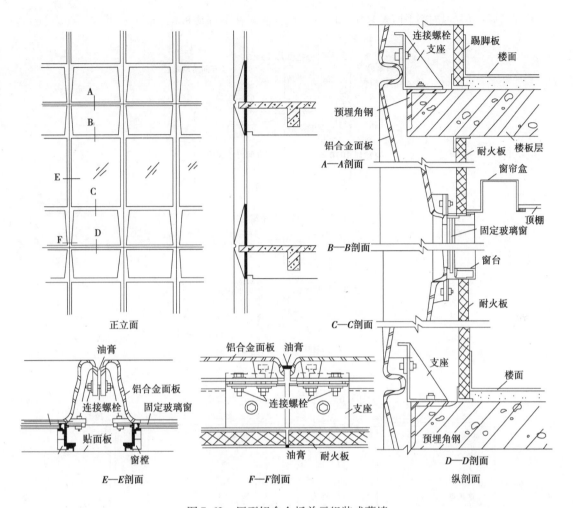

图 7.62 压型铝合金板单元组装式幕墙

加肋铝板是由 2.5～3 mm 厚的单层铝合金板背面用焊埋螺钉来连接固定筋肋骨架,使得大面积的铝板增加了刚度并较好地保证了平整度和表面装饰面层,同时还可将铝板弯成所要求的各种形状的幕墙。

7.7.2 石板材幕墙

主要采用天然花岗岩石做面料的幕墙,背后为金属支撑架。花岗石色彩丰富,质地均匀,强度及抗拒大气污染等各方面性能较佳,因此深受欢迎。用于高层的石板幕墙,板厚一般为 30 mm,分格不宜过大,一般不超过 900 mm × 900 mm。它的最大允许挠度限定在长度的 1/2 000～1/1 500,所以支撑架设计须经过结构精确计算,以确保石板幕墙质量安全可靠(图 7.63)。

7.7.3 轻质混凝土板材悬挂墙

多数采用在工厂预制的单元式轻混凝土墙板,运到工地进行安装。单元式墙板一般与前述大型板材的外墙板类同,其与楼板的结合方式有上承式和下承式两种:上承式悬挂在上部楼板上,下部只要一般的拉接[图7.64(b)(d)];下承式搁置在下部楼板,上部拉接[图7.64(a)(c)]。

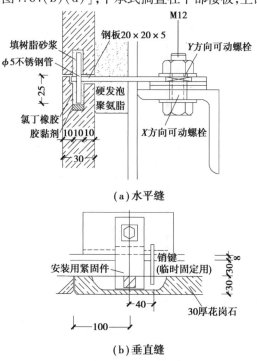

(a) 水平缝

(b) 垂直缝

图 7.63　花岗石板幕墙节点构造

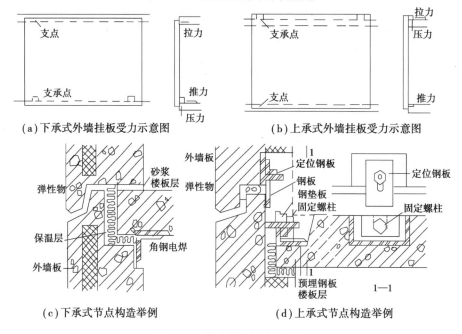

(a) 下承式外墙挂板受力示意图　　　　(b) 上承式外墙挂板受力示意图

(c) 下承式节点构造举例　　　　(d) 上承式节点构造举例

图 7.64　外墙挂板与楼板连接

7.7.4 玻璃幕墙

(1)玻璃幕墙的优点及问题

玻璃幕墙是当代的一种新型墙体,它赋予建筑的最大特点是将建筑美学、建筑功能、建筑节能和建筑结构等因素有机地统一起来,建筑物从不同角度呈现出不同的色调,随阳光、月色、灯照的变化给人以动态的美。玻璃幕墙不仅装饰效果好,而且质量轻,安装速度快,是外墙轻型化、装配化较理想的形式。但由于光反射,具有在建筑密集区造成光污染、不节能等诸多方面的不足,在设计时应充分考虑环境条件。玻璃幕墙在世界上已有40余年的历史,进入20世纪70年代,随着高层建筑的发展,在世界各大洲的主要城市均建有宏伟华丽的玻璃幕墙建筑。如芝加哥石油大厦、西尔斯大厦都采用了玻璃幕墙,香港中国银行大厦、北京长城饭店和上海联谊大厦也相继采用。

(2)玻璃幕墙类型

玻璃幕墙以其构造方式分为有框和无框两类。有框玻璃幕墙以金属型材为边框,以玻璃为外复面,轻质块材或板材为内衬墙,中间填以保温隔热材料。无框玻璃幕墙则不设边框,以高强黏结胶将玻璃连接成整片墙。无框幕墙不如有框幕墙使用普遍。近年来又出现了隐框玻璃幕墙,即框隐藏在玻璃背面,室外看不见框。隐框幕墙又可分为全隐和半隐两种,即只露横框或竖框。

玻璃幕墙以施工方法分为现场组装(分件式幕墙)和预制装配(板块式幕墙)两种。有框玻璃幕墙可现场组装,也可预制装配,无框玻璃幕墙则只能现场组装。

(3)分件式玻璃幕墙构造

分件式玻璃幕墙是在施工现场将金属边框、玻璃、填充层和内衬墙,以一定顺序进行组装。玻璃幕墙通过边框把自重和风荷载传递到主体结构,有两种方式:通过垂直方向的竖梃或通过水平方向的横档。采用后一种方式时,需将横档支搁在主体结构立柱上,由于横档跨度不宜过大,要求框架结构立柱间距也不能太大,所以实际工程中并不多见,而多采用前一种方式,如图7.65所示。

分件式组装的玻璃幕墙与预制装配的板块式幕墙在安装精度上要求不高,但施工速度较慢。这种幕墙目前在国内应用较广。现就金属边框、玻璃、填充层、内衬墙等构造分别加以介绍。

1)金属框的断面与连接方式

金属边框可用铝合金、铜合金、不锈钢等型材做成。铝合金型材易加工、外表美观、耐久、质轻,是玻璃幕墙较理想的边框材料。铝型材有实腹和空腹两种。空腹节约材料、刚度好、对抗风有利;竖梃和横档的断面形状根据受力、框料连接方式、玻璃安装固定、幕墙凝结水的排除等因素确定。各个生产厂家的产品系列各不相同,图7.66是国内一些玻璃幕墙的边框型材断面示例。为了便于安装和更换玻璃,常常由两块甚至三块型材组合成一根竖梃或一根横档,图7.66(b)、(c)、(d)分别由三块和两块型材咬合,构成所需要的断面形状。

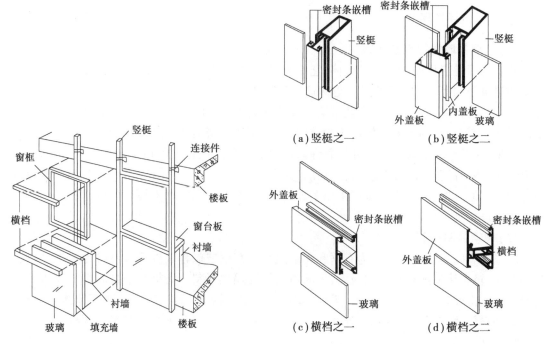

图 7.65　分件式玻璃幕墙示意

图 7.66　国内一些玻璃幕墙的边框型材断面示例

　　竖梃通过连接件固定在楼板上,连接件的设计与安装,要考虑竖梃能在上下左右前后六个方向均可调节移动,所以连接件上的所有螺栓孔都设计成椭圆形的长孔。图 7.67 是几种不同玻璃幕墙的连接件示例。连接件可以置于楼板的上表面、侧面和下表面,一般情况是置于楼板上表面,便于操作,故采用得较多。竖梃和楼板之间的间隙一般为 100 mm 左右。

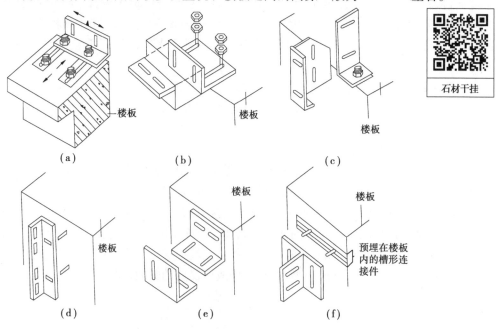

图 7.67　几种不同玻璃幕墙的连接件示例

　　竖梃和楼板通过角形铝铸件连接。角铝与竖梃、角铝与横档均用螺钉固定,如图 7.68(a)

所示。上下竖梃之间通过一个内衬套管连接牢固,上下竖梃之间应留 15～20 mm 的胀缩缝隙,并用密封胶堵严。图 7.68(b)表现了竖梃与竖梃的连接、竖梃与楼板的连接关系。

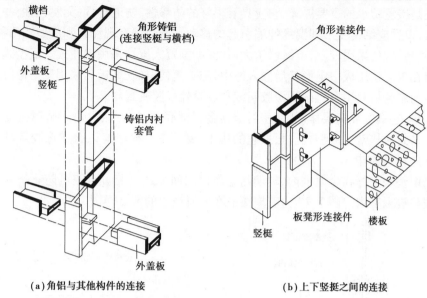

(a)角铝与其他构件的连接　　　(b)上下竖梃之间的连接

图 7.68　玻璃幕墙的铝框连接构造

2)玻璃的选择与镶嵌

玻璃幕墙应选择热工性能好、抗冲击能力强的玻璃,通常有钢化玻璃、吸热玻璃、镜面反射玻璃、中空玻璃等。

吸热玻璃是在透明玻璃生产时,在原料中加入极微量的金属氧化物,便成了带颜色的吸热玻璃,它的特点是能使可见光透过而限制带热量的红外线通过,由于其价格适中,热工效果好,故采用较多。

镜面玻璃是在透明玻璃、钢化玻璃、吸热玻璃一侧涂上反射膜,通过反射太阳光的热辐射而达到隔热目的。镜面玻璃能映照附近景物,随景色变化而产生不同的立面效果。

中空玻璃系将两片以上的平板透明玻璃、钢化玻璃、吸热玻璃等与边框焊接、胶结或溶接密封而成。玻璃之间有一定距离,常为 6～12 mm,形成干燥空气间层,以取得隔热和保温效果。热工性能、隔声效果较吸热玻璃、镜面玻璃更佳,如在玻璃空隙中充以各种漫射光材料或电介质,则可获得更好的声控、光控、隔热效果。同样为 6 mm 的平板玻璃、蓝色吸热玻璃、蓝色镜面玻璃,其反射热量分别为 16.1%、31.1% 和 49.8%。

玻璃镶嵌在金属框上必须保证接缝处的防水,根据对已建成的玻璃幕墙的调查,其渗水的关键部位是玻璃与金属结合缝处。暴露在大气的幕墙结构,由于受热、风和其他应力的影响,容易变形,同时,嵌固玻璃的金属框和玻璃,在热作用下因膨胀系数不同而产生剪切应力,使接头错动以及密封层受拉超过弹性限度而失去密封作用,因此,接缝构造设计必须综合考虑各种因素,以适应不同情况的要求。

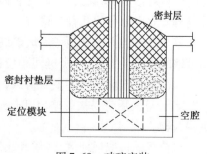

图 7.69　玻璃安装

接缝构造目前国内外采用的方式有三层构造层,即密封层、密封衬垫层、空腔,如图7.69所示。

密封层是接缝防水的重要屏障,它应具有很好的防渗性、防老化性、无腐蚀性,并具有保持弹性的能力,以适应结构变形和温度伸缩引起的移动。密封层有现注式和成型式两种,现注式接缝严密,密封性好,采用较广,上海联谊大厦、深圳国贸大厦均采用现注式。成型式密封层是将密封材料在工厂挤压成一定形状后嵌入缝中,施工简便,如长城饭店采用氯丁橡胶成型条作密封层。目前密封材料主要有硅酮橡胶封缝料和聚硫橡胶密封料。

密封衬垫,它具有隔离层作用,使密封层与金属框底部脱开,减少由于金属框变形引起密封层变形。密封衬垫常为成型式。根据它的作用,要求密封衬垫应以合成橡胶等粘合性不大而延伸性好的材料为佳。

玻璃是由垫块支撑在金属框内,玻璃与金属框之间形成空腔。空腔可防止挤入缝内的雨水因毛细现象进入室内。图7.70为玻璃镶嵌在金属框中的节点详图。

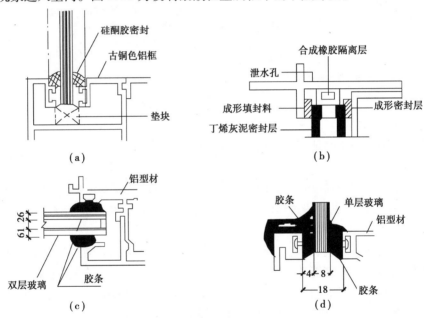

图7.70　玻璃镶嵌在金属框中的节点详图

3)立面划分

玻璃幕墙的立面划分系指竖梃和横档组成的框格形状和大小的确定。立面划分与幕墙使用的材料规格、风荷载大小、室内装修要求、建筑立面造型等因素密切相关。图7.71是分件式玻璃幕墙立面划分的几种分格方式。

幕墙框格的大小必须考虑玻璃的规格,太大的框格容易造成玻璃破碎。竖梃是分件式玻璃幕墙的主要受力杆件,竖梃间距应根据其断面大小和风荷载确定。

风荷载是玻璃幕墙的主要荷载,一般不仅做正风向力计算,对高层建筑还应该作负风向力(吸力)计算。后者易被忽略但却是最危险的,刮台风时,许多玻璃是被吹离建筑物而不是吹进建筑物。

风荷载的选取视地区、气候和建筑物的高度而定。我国一般地区100 m以下的高层建筑承受1.97 kPa的风压,沿海地区为2.60 kPa,而台湾、海南地区则可达4.90 kPa。通常竖梃间

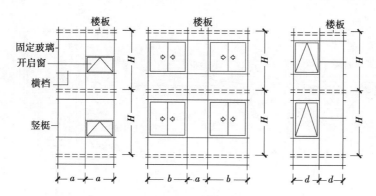

图 7.71 分件式玻璃幕墙立面划分的几种分格方式

距不宜超过 1.5 m。

横档的间距除了考虑玻璃的规格,更重要的是如何与开启窗位置、室内吊顶棚位置相协调。一般情况下,窗台处和吊顶棚标高处均宜设一根横档,这样可使窗台与幕墙、吊顶棚与幕墙的连接更方便。在一个楼层高度(H)范围内平均出现两根横档,它们之间的间距视室内开窗面积大小、窗台高低、顶棚位置、立面造型等因素而定。横档间距一般不宜超过 2 ~ 3 m。

4)玻璃幕墙的内衬墙和细部构造

由于建筑造型需要,玻璃幕墙建筑常常设计成面积很大的整片玻璃墙面,这给建筑功能带来一系列问题。大多数情况下,室内不希望用这么大的玻璃面来采光通风,加之玻璃的热工性能差,大片玻璃墙面难以达到保温隔热要求。幕墙与楼板和柱子之间均有缝隙,这对防火、隔声均不利,这些缝隙成为左右相邻房间、上下楼层之间噪声传播的通路和火灾蔓延的突破口。因此,在玻璃幕墙背面一般要另设一道内衬墙,以改善玻璃幕墙的热工性能和隔声性能。内衬墙也是内墙面装修不可缺少的组成部分。

内衬墙可按隔墙构造方式设置,通常用轻质块材做成砌块墙,或在金属骨架外装钉饰面板材做成轻骨架板材墙。内衬墙一般支搁在楼板上,并与玻璃幕墙之间形成一道空气间层。

为解决幕墙的保温隔热问题,可用玻璃棉、矿棉一类轻质保温材料填充在内衬墙与幕墙之间,如果再加铺一层铝箔则隔热效果更加。为了防火和隔声必须用耐火极限不低于 1 h 的绝缘材料将幕墙与楼板、幕墙与立柱之间的间隙堵严,如图 7.72(a)所示。当建筑设计不考虑设衬墙时,可在每层楼板外沿设置耐火极限≥1 h,高度≥0.8 m 的实体墙裙。

由于玻璃幕墙的保温性能差,在玻璃、铝框、内衬墙和楼板外侧等处,在寒冷天气会出现凝结水。因此,要设法将这些凝结水及时排走,可将幕墙的横档做成排水沟槽,并设滴水孔,如图 7.72(b)所示。此外,还应在楼板侧壁设一道铝制披水板,把凝结水引导至横档中排走,如图 7.72(a)所示。

(4)板块式玻璃幕墙构造

这是一种工厂预制组合系统,铝型材加工、墙框组合、镶装玻璃、嵌条密封等工序都在工厂进行,使玻璃幕墙的产品标准化、生产自动化,最重要的是容易严格控制质量。预制组合好的幕墙板,运到现场直接与建筑结构连接而成。为便于安装,板的规格应与结构相一致。当幕墙板悬挂在楼板或梁上时,板的高度为层高。若与柱连接,板的宽度为一个柱距。图 7.73 为板块式玻璃幕墙。

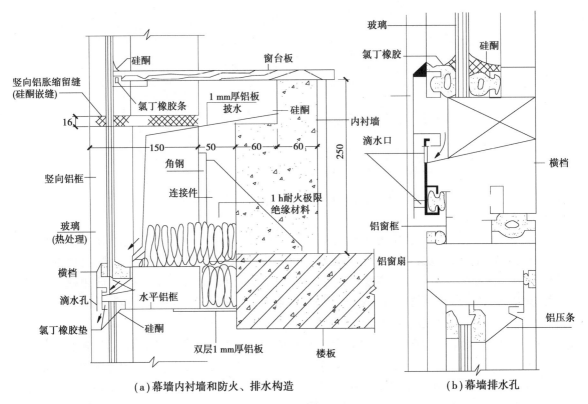

（a）幕墙内衬墙和防火、排水构造　　　　　　（b）幕墙排水孔

图 7.72　玻璃幕墙细部构造

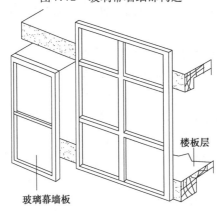

图 7.73　板块式玻璃幕墙

1）幕墙定型单元

板块式玻璃幕墙在工厂将玻璃、铝框、保温隔热材料组装成一块块的幕墙定型单元，每一单元一般由 3～8 块玻璃组成，每块玻璃宽不宜超过 1.5 m，高不宜超过 3 m。图 7.74 为板块式玻璃幕墙定型单元示例，由于高层建筑大多用空调来调节室内气候，故定型单元的大多数是固定的，只有少数玻璃扇开启。开启方式多用上悬窗或推拉窗，开启扇的大小和位置根据室内布置要求确定。

2）幕墙立面划分

幕墙定型单元在建筑立面上的布置方式称为立面划分。分件式幕墙的立面常以竖梃拉通为特征,而板块式幕墙在大多数情况下采用竖缝和横缝各自拉通形成方格形立面,有时也可采取将竖缝错开而横缝拉通的布置形式。通常每块定型单元的高度等于楼层高度,每块定型单元的宽度视运输安装条件确定,一般为 3~4 m。进行立面划分时,上下墙板的接缝(横缝)略高于楼面标高(200~300 mm),以便安装时进行墙板固定和板缝密封操作,左右两块幕墙板之间的垂直缝宜与框架柱错开。所以幕墙板的竖缝和横缝应分别与结构骨架的柱中心线和楼板梁错开,如图 7.75 所示。

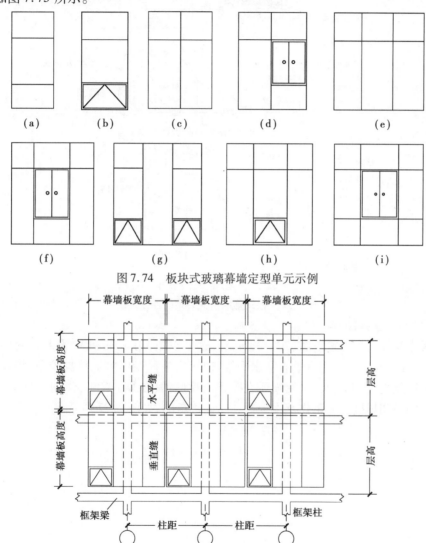

图 7.74　板块式玻璃幕墙定型单元示例

图 7.75　板块式玻璃幕墙立面划分

3)幕墙板的安装与固定

幕墙板与主体结构的梁或板的连接应达到完全柔性连接的要求,以起到防震作用和适应结构变形。图 7.76 为幕墙板与框架梁的连接详图,先在幕墙板背面装上一根镀锌方钢管(俗称铁扁担,图 7.76 中立面图虚线所示),幕墙板通过这根铁扁担支搁在角形钢牛腿上。为了防止振动,幕墙板与牛腿接触处均垫上防振橡胶垫。当幕墙板就位找正后,随即用螺栓将铁扁担固定在牛腿上,而牛腿是通过预埋槽铁与框架梁相连的。

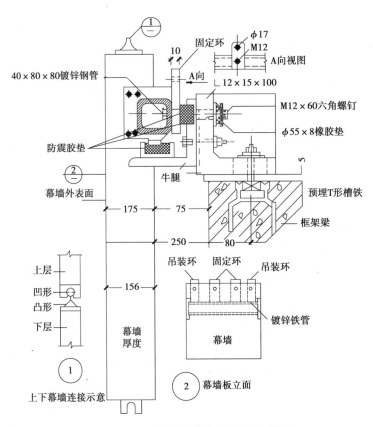

图 7.76　板式幕墙与框架梁的连接详图

4）幕墙板之间的接缝构造

幕墙板之间都留有一定空隙(20~30 mm)，这个空隙，用 V 形和 W 形胶条封闭。胶条两侧有嵌槽，将其塞入槽内。遇有垂直和水平接口时，用一种专用电加热焊胶条，将胶条焊成一整体。塞圆形胶棍时，为润滑，可用喷壶在胶条上喷硅油（冬期）或洗衣粉水（夏季）作为润滑剂。全部塞胶条和焊接口的工作基本上是在室内进行的，如图 7.77 所示。

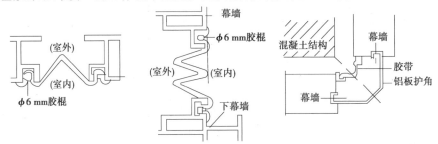

（a）V 形胶带用于垂直方向　（b）W 形胶带用于水平方向　（c）V 形胶带用于转角方向

图 7.77　幕墙之间的胶带封闭构造

(5)无框式玻璃幕墙构造

这种玻璃幕墙在视线范围不出现铝合金框料，为玻璃幕墙观赏提供了无遮挡的透明墙面，为增强玻璃刚度，每隔一定距离用条形玻璃板作为加强肋板，玻璃板加强肋垂直于玻璃幕墙表面设置。因其设置的位置如板的肋一样，又称为肋玻璃，玻璃幕墙称为面玻璃，如图 7.78 所示。图7.78(a)是肋玻璃布置在面玻璃的两侧；图7.78(b)是肋玻璃布置在面玻璃的单侧；图7.78(c)是肋玻璃穿过面玻璃,肋玻璃呈一整块而设在两侧。

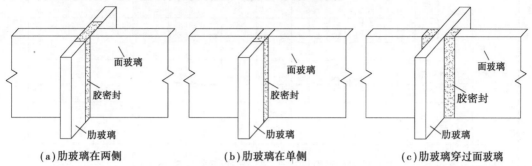

（a）肋玻璃在两侧　　　　（b）肋玻璃在单侧　　　　（c）肋玻璃穿过面玻璃

图7.78　面玻璃与肋玻璃相交部位处理

此种类型的玻璃幕墙所使用的玻璃多为钢化玻璃和夹层钢化玻璃。单块面积的玻璃幕墙,由于使用要求,往往面积较大,否则就失去了这种玻璃幕墙的特点。如何确定玻璃的厚度、单块面积的大小、肋玻璃的宽度及厚度,这些均应经过计算,在强度及刚度方面,应满足最大风压情况下的使用要求。表7.18是日本东京"ASAHI"玻璃公司的玻璃厚度选择表,现摘抄如下,以供参考。

玻璃固定的三种方式,如图7.79所示。

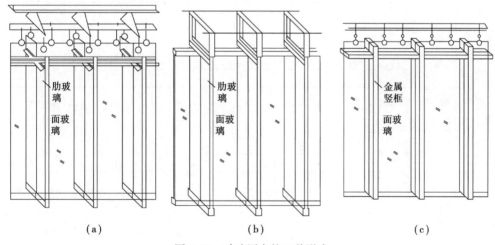

（a）　　　　　　　　（b）　　　　　　　　（c）

图7.79　玻璃固定的三种形式

①用悬吊的吊钩,将肋玻璃及面玻璃固定。这种方式多用于高度较大的单块玻璃,如图7.79(a)所示。

②用特殊型材,在玻璃的上部将玻璃固定。室内的玻璃隔断多用这种方式,如图7.79(b)所示。

③不用肋玻璃,而是用金属竖框来加强面玻璃的刚度,如图7.79(c)所示。

图7.79(a)中固定的构造节点见图7.80;吊钩悬吊示意图如图7.81所示。

表 7.18　日本京东"ASAHI"玻璃公司的玻璃厚度选择表

面玻璃单块宽度

面玻璃高度 /m	设计风压 /pa	1.5 m 面玻璃厚 /mm	1.5 m 肋玻璃厚 /mm	1.5 m 肋玻璃宽 双侧 /mm	1.5 m 肋玻璃宽 单侧 /mm	2.0 m 面玻璃厚 /mm	2.0 m 肋玻璃厚 /mm	2.0 m 肋玻璃宽 双侧 /mm	2.0 m 肋玻璃宽 单侧 /mm	2.5 m 面玻璃厚 /mm	2.5 m 肋玻璃厚 /mm	2.5 m 肋玻璃宽 双侧 /mm	2.5 m 肋玻璃宽 单侧 /mm	3.0 m 面玻璃厚 /mm	3.0 m 肋玻璃厚 /mm	3.0 m 肋玻璃宽 双侧 /mm	3.0 m 肋玻璃宽 单侧 /mm
2.0	1 000	8	12 / 15	11 / 10	15 / 13	8	12 / 15	12 / 11	17 / 15	8	12 / 15	14 / 12	19 / 17	10	12 / 15	15 / 13	21 / 19
2.5	1 000	8	12 / 15	13 / 12	18 / 17	8	12 / 15	15 / 14	21 / 19	10	12 / 15	17 / 15	24 / 21	10	12 / 15	18 / 17	26 / 23
3.0	1 000	8	12 / 15	16 / 14	22 / 20	10	12 / 15	18 / 16	25 / 23	10	12 / 15 / 19	20 / 18 / 16	28 / 25 / 23	12	12 / 15 / 19	22 / 20 / 18	31 / 28 / 25
4.0	1 000	10	12 / 15 / 19	21 / 19 / 17	29 / 26 / 23	10	12 / 15 / 19	24 / 22 / 19	34 / 30 / 27	12	12 / 15 / 19	27 / 24 / 21	38 / 34 / 30	15	15 / 19	29 / 26	41 / 37
5.0	1 073	⑩	⑮ / ⑲	24 / 21	34 / 30	⑫	⑮ / ⑲	28 / 25	39 / 35	15	⑮ / ⑲	31 / 28	44 / 39	15	15 / 19	34 / 30	48 / 42
6.0	1 176	⑬	⑮ / ⑲	30 / 27	42 / 38	15	15 / 19	35 / 31	49 / 44	19	15 / 19	39 / 35	55 / 49	19	⑮ / ⑲	42 / 38	60 / 53
7.0	1 270	⑮	⑩ / ⑲	36 / 32	51 / 46	⑮	⑮ / ⑲	42 / 37	59 / 53	19	15 / 19	47 / 42	66 / 59				
8.0	1 358	⑮	⑮ / ⑲	43 / 38	61 / 54	⑮	⑮ / ⑲	50 / 44	70 / 62								
9.0	1 440	⑮	⑮ / ⑲	50 / 44	70 / 62	⑮	⑮ / ⑲	57 / 51	81 / 72								
10.0	1 518	⑲	⑮ / ⑲	57 / 50	80 / 71	⑲	⑲										

注:1. 适用于第一层楼。
　　2. ○标记表示玻璃需悬吊固定。

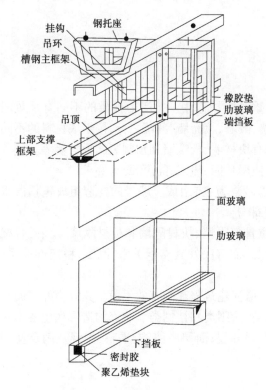

图7.80 玻璃固定示意图

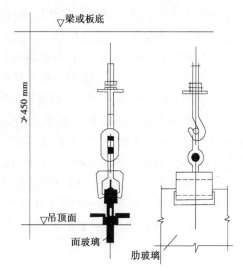

图7.81 吊钩悬吊示意图

面玻璃与肋玻璃相交部位宜留出一定的间隙。间隙用硅酮系列密封胶注满。间隙尺寸可根据玻璃的厚度而略有不同。面玻璃与肋玻璃相交部位的处理如图7.82所示。

密封节点尺寸 /mm			
肋玻璃厚/mm	a	b	c
12	1	1	6
15	5	5	6
19	6	7	6

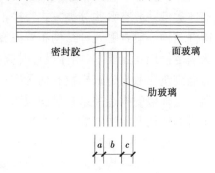

图7.82 面玻璃与肋玻璃相交部位的处理

近年来为了使建筑物外观更加流畅,避免"冷桥",减少铝型材的温度应力,而出现了隐框式玻璃幕墙,即采用结构硅胶镶嵌玻璃法,这样就不用铝型材箍住玻璃,而是用结构硅胶将玻璃粘贴到型材上,型材完全不外露,这种硅胶可承受9.8 kPa的负风压力而不使玻璃脱离型材。此黏结强度已远远超过设计风压的要求。

小　结

1.墙体是建筑物中的垂直分隔构件,起着承重和围护作用。按受力性质的不同有承重墙和非承重墙之分。非承重墙按其作用有自承重墙、隔墙、填充墙、幕墙之分;按组成材料的不同有砖墙、石墙、混凝土墙之分;按施工方式的不同有块材墙、板筑墙和预制装配板材墙等。

作为围护与分隔空间作用,需要满足不同的使用功能、热工、隔声、防火要求。

本章以砖墙为重点,是由砌块和胶结材料(以砂浆为主)组成。墙身的构造组成包括散水(或明沟)勒脚、窗台、门窗过梁、墙身加固措施等部分。

2.隔墙指分隔空间的非承重墙。主要有轻质骨架隔墙、块材隔墙和板材隔墙。轻质骨架隔墙多与室内装修相结合;块材隔墙属于重质隔墙,需解决好其支承关系,刚度、稳定性关系;板材隔墙则需解决好热工、隔声等使用功能。

3.墙面装修是保护墙体、改善墙体使用功能、增强建筑美观的有效手段。其分为外墙面装修和内墙面装修。民用建筑主要有抹灰类、铺贴类、涂刷类和裱糊类。装修构造层次主要由基层和面层两部分组成,基层要平整、附着牢固、限制开裂;面层应清洁、平整、美观及满足使用要求。

复习思考题

1.墙体类型一般有哪些分类方式? 按不同的分类方式将墙体分为哪些类别?

2.砖混结构一般有哪几种结构布置方案? 各自有何特点?

3.为满足使用功能要求,墙体设计时应解决好哪些设计要求?

4.砖墙砌筑模数与建筑模数有何区别? 如何调整?

5.散水与外墙的构造关系? 画图说明。

6.勒脚的作用及做法? 墙水平和垂直防潮层的设置条件、位置及构造方式? 水平防潮层的种类、优缺点及适用范围? 试画图说明。

7.墙体加固有哪些构造措施? 其设计要求有哪些?

8.圈梁在墙体中有何作用? 什么条件下圈梁必须贯通闭合?

9.构造柱的作用? 设置条件?

10.隔墙的种类及优缺点?

11.幕墙的种类? 玻璃幕墙的基本构造?

12.建筑物外墙的保温措施有哪些? 适用范围?

13.建筑物外墙的隔热措施有哪些? 各自的构造原理及构造措施?

14.墙体隔声的原理? 主要隔什么传声? 为什么?

15.说明墙面装修的基层处理原则。

16.墙面装修的种类、特点及适用范围?

第 8 章
楼板层、地坪层构造

8.1 概 述

8.1.1 楼板层、地坪层的作用及构造层次

楼板层、地坪层是分隔建筑空间的水平承重结构构件,但它们所处位置不同,故受力和构造层次不同。楼板分隔上下层空间,将承受的上部荷载及自重传递给墙或柱,地坪层直接与土壤相接触。它们均可供人们在上面活动,故有相同面层;为满足使用要求,楼板层、地坪层同时还必须满足一定程度的隔声、防火、防水、防潮、防腐保温及美观要求。

楼板层主要由面层、结构层、顶棚及附加层组成。如图 8.1(a)所示。

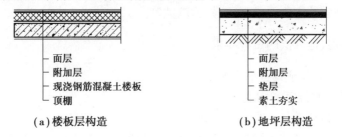

面层	面层
附加层	附加层
现浇钢筋混凝土楼板	垫层
顶棚	素土夯实
(a)楼板层构造	(b)地坪层构造

图 8.1 楼板层组成

①楼板面层:又称楼面或地面。它起到装饰室内,保护楼板,承受和传递荷载的作用。

②楼板:它是楼板层的结构层,一般由梁和板组成。其主要功能是承受楼板层上部荷载,并将荷载传递给墙或柱,就整体空间而言,对墙体还起到水平拉接作用,以增强房屋刚度和整体性。

③顶棚:它是楼板层底面部分。主要起到隔声和装饰室内的作用,根据构造方式不同,有直接式构造和间接吊顶式构造。

④附加层:它是根据现代建筑功能及管道敷设的要求而设置的保温、隔声及防水等各种构造层次。

8.1.2 地坪层构造

地坪层是建筑物底层与土壤相接的构件,和楼板层一样,它承受着地坪上的荷载,并均匀地传给地基。

地坪层是由面层、结构层、垫层和素土夯实层构成。根据需要还可以设各种附加构造层,如找平层、结合层、防潮层、保温层、管道敷设层等。如图 8.1(b)所示。

(1)素土夯实层

素土夯实层是地坪的基层,也称地基。素土即不含杂质的砂质黏土,经夯实后,才能承受垫层传下来的地面荷载。通常是填 300 mm 厚的土夯实成 200 mm 厚,使之每平方米能均匀承受 10 ~ 15 kN 的荷载。

(2)垫层

垫层是承受并传递荷载给地基的结构层,垫层有刚性垫层和非刚性垫层之分。刚性垫层常用低等级混凝土,一般采用 C20 混凝土,其厚度为 80 ~ 100 mm;非刚性垫层,常用 50 mm 厚砂垫层,80 ~ 100 mm 厚碎石灌浆、50 ~ 70 mm 厚石灰炉渣、70 ~ 120 mm 厚三合土(石灰、炉渣、碎石)。

刚性垫层用于地面要求较高及薄而性脆的面层,如水磨石地面、瓷砖地面、大理石地面等。非刚性垫层常用于厚而不易于断裂的面层,如混凝土地面、水泥制品块地面等。

对某些室内荷载大、地基较差且又有保温等特殊要求的,或面层装修标准较高的建筑,可在地基上先做非刚性垫层,再做一层刚性垫层,即复式垫层。

(3)面层

地坪面层与楼板面层一样,是人们日常生活、工作、生产直接接触的地方,根据不同房间对面层有不同的要求,面层应坚固耐磨、表面平整、光洁、易清洁、不起尘。对于居住和人们长时间停留的房间,要求有较好的蓄热性和弹性;浴室、厕所则要求耐潮湿、不透水;厨房、锅炉房要求地面防水、耐火;实验室则要求耐酸碱、耐腐蚀等。

8.1.3 楼板层、地坪层的设计要求

为充分满足其作用,须具备如下要求:

(1)必须具备足够强度和刚度

足够的强度是指可满足承受使用荷载和自重的要求,足够的刚度是指使其在荷载作用下产生的挠度变形仅在允许的范围内。其值是用相对挠度来衡量的。根据结构规范要求,为现浇板时,相对挠度值 $L/250 \leqslant f \leqslant L/350$;为预制装配板时,$f \leqslant L/200$($L$ 为构件跨度)。

(2)隔声要求

声音可通过空气传声和撞击传声方式将一定音量通过楼板层传到相邻的上下空间。为避免其造成的干扰,楼板层必须具备一定的隔撞击传声的能力。不同使用性质的房间对隔声要求不同,如我国住宅的隔撞击声一般标准为 ≤75 dB,高要求标准 ≤65 dB,一些有特殊要求的房间(如听力测听室、演播室、录音室等)隔声要求更高(见表 8.1)。

(3)热工要求

对有一定温度、湿度要求的房间,常在其中设置保温层,使楼板层的温度与室内温度趋于一致,减少通过楼板层造成的冷热损失。

表 8.1　民用建筑允许噪声标准

建筑类型	房间名称	允许噪声级(A 升级,dB)	
		高标准要求	低限要求
住宅建筑	卧室	≤40(昼)/≤30(夜)	≤45(昼)/≤37(夜)
	起居室(厅)	≤40	≤45
学校建筑	语言教室、阅览室	≤40	
	普通教室、实验室、计算机房	≤45	
	音乐教室、琴房	≤45	
	舞蹈教室	≤50	
	教师办公室、休息室、会议室	≤45	
	健身房	≤50	
	教学楼中封闭的走廊、楼梯间	≤50	
医院建筑	病房、医护人员休息室	≤40(昼)/≤35(夜)	≤45(昼)/≤40(夜)
	各类重症监护室	≤40(昼)/≤35(夜)	≤45(昼)/≤40(夜)
	诊室	≤40	≤45
	手术室、分娩室	≤40	≤45
	洁净手术室	—	≤50
	人工生殖中心净化区	—	≤40
	听力测听室	—	≤25[注2]
	化验室、分析实验室	—	≤40
	入口大厅、候诊厅	≤50	≤55
旅馆建筑	客房	≤40(昼)/≤35(夜)	≤45(昼)/≤40(夜)
	办公室、会议室	≤45	≤45
	多用途厅	≤45	≤50
	餐厅、宴会厅	≤50	≤55
办公建筑	单人办公室	≤35	≤40
	多人办公室	≤40	≤45
	电视电话会议室	≤35	≤40
	普通会议室	≤40	≤45
商业建筑	商场、商店、购物中心、会展中心	≤50	≤55
	餐厅	≤45	≤55
	员工休息室	≤40	≤45
	走廊	≤50	≤60

注:①有特殊要求的病房,室内允许噪声级应小于或等于 30 dB。
　　②表中听力测听室允许噪声级的数值,适用于采用纯音气导和骨导听阈测听法的听力测听室。采用声场测听法的听力测听室的允许噪声级另有规定。

（4）防水防潮要求

经常有水作用的用房,须具备防潮、防水的能力,以防水的渗漏,影响使用。

（5）防火要求

楼板层应根据建筑物耐火等级,对防火要求进行设计,满足防火安全的功能。

（6）设备管线布置要求

现代建筑中,各种功能日趋完善,同时必须有更多管线借助楼板层敷设。为使室内平面布置灵活,空间使用完整,在楼板层设计中应充分考虑各种管线布置的要求。

（7）建筑经济的要求

多层建筑中,楼板层的造价占建筑总造价的20% ~ 30%。因此,楼板层设计中,在保证质量标准和使用要求的前提下,要选择经济合理的结构形式和构造方案,尽量减少材料消耗和自重,并为工业化生产创造条件。

8.1.4 楼板的类型及作用

楼板的类型如图8.2所示。

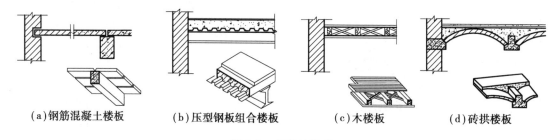

（a）钢筋混凝土楼板　　（b）压型钢板组合楼板　　（c）木楼板　　（d）砖拱楼板

图8.2　楼板的类型

（1）钢筋混凝土楼板

此种楼板强度高,刚度大,防火,耐久,具有一定的可塑性,便于工业化生产和机械化施工,形式多样,是当前应用最广泛的一种。

（2）压型钢板组合楼板

此种楼板是在铺设好的压型钢板上,整浇混凝土而构成。其强度高,施工方便,便于工业化生产。自重较钢筋混凝土楼板轻,但用钢量大,防火性较差,造价高,抗震能力较弱,目前应用较少。

（3）木楼板

自重轻,构造简单,但耐久性、耐火性、隔声性均较差,且浪费木材。除特殊情况外,一般不采用。

（4）砖拱楼板

用砖砌成砖拱支撑于墙上或梁上而成。虽节约水泥、钢材,但自重大。增加层高,极不利于抗震,且施工复杂,一般不采用。

8.2 钢筋混凝土楼板

钢筋混凝土从 1850 年开始使用以来已有 150 余年历史。由于其强度高、耐久、不燃烧,在建筑业得到广泛应用。按施工方法不同,有现浇式、预制装配式和预制装配整体式三种。

8.2.1 现浇钢筋混凝土楼板

该板整体性好、刚度大、利于抗震、布置灵活,适应各种不规则形状和要留孔洞等特殊要求的建筑,但施工过程中模板耗量大,施工周期长。按其受力和传力情况分为板式楼板、梁板式楼板、无梁楼板和压型钢板组合楼板。

(1)板式楼板

砖混结构中主要用于小尺寸空间,直接将上部荷载传递给墙。如空间尺寸小的房间、走廊等。

(2)梁板式楼板

当使用空间尺度较大时,从经济要求及使楼板受力与传力较为合理考虑,采取板下设梁,以增加板的支点来减小板的跨度。这样板受力后,先将荷载传给梁,再由梁将荷载传给墙或柱。这种有梁的板称为梁板式楼板,它有主梁和次梁之分,如图 8.3 所示。

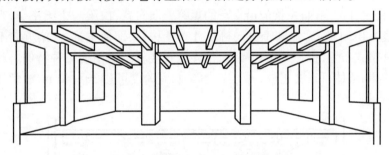

图 8.3 梁板式楼板

根据梁板式楼板的传力特点和四面支承情况,其中组成部分板又分为单向板和双向板。它们的受力和传力方式是不一样的。当板的长边 L_2 和短边 L_1 之比,即 $L_2/L_1 > 2$ 时,受荷载作用后,板基本只在 L_1 方向挠曲。而在 L_2 方向的挠曲很小。经实验知,传给长边的力仅为 1/8 左右,这表明荷载主要沿 L_1 方向传递,称为单向板;当 $L_2/L_1 \leqslant 2$ 时,虽长、短边受力仍有区别,但板的两个方向均有挠曲,均不可忽略不计,称为双向板,如图 8.4 所示。从图 8.4 中可看出,双向板使板的受力更为合理,构件的材料更能充分发挥作用。

1)梁板式楼板的经济尺寸

合理选择构件尺寸,以便充分发挥其结构的效力是至关重要的。经试验和实践总结出楼板结构常用尺寸如下:

主梁跨度一般为 5~9 m,最大可达 12 m,主梁高为跨度的 1/14~1/8;次梁跨度,即主梁之间距,一般为 4~6 m,高为其跨度的 1/18~1/12,梁的高宽之比一般为 1/3~1/2,宽度常采用 250 mm;板的跨度即次梁(或主梁)的间距,一般为 1.7~2.5 m,双向板不宜超过 5 m×5 m,其厚度,为单向板时,民用建筑为 70~100 mm,双向板时,板厚为 80~160 mm。

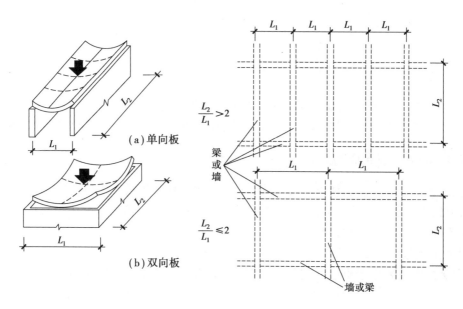

图 8.4　楼板的受力、传力方式

2)板的结构布置

梁板式楼板在结构布置中,承重构件,如柱、梁、墙等应有规律地布置,做到上下对齐,利于结构传力直接,受力合理;空间尺寸超出构件经济尺寸时,应在空间内增设柱子作为梁的支点,使梁跨度在经济尺寸范围内,主梁应沿支点的短跨方向布置,次梁与主梁正交,当空间较大且近似方形,跨度≥10 m 时,常沿两个方向等尺寸布置构件,即使主梁、次梁方向不分。梁正截面同高,形成井格式布置,称为井格式楼板,是梁板式楼板结构中的一种特例。此种楼板布置美观,有装饰效果,梁体可正交正放,亦可正交斜放,其跨度可达 30 ~ 40 m,故常用于建筑物大厅,如图 8.5 所示。

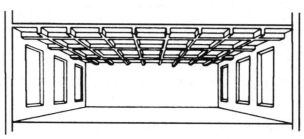

图 8.5　井式楼板

(3)无梁楼板

荷载较大,对空间高度、采光、通风又有一定要求的建筑,如商场、书库、多层车库等不宜采用梁板式,而采用无梁式楼板,即将楼板直接支承在柱上。为提高楼板的承载能力和刚度,必须在柱顶设置柱帽和托板,这是增加柱支撑面积,减小板跨度的方法,如图 8.6 所示。无梁板柱间通常为正方形或接近正方形,柱网尺寸在 6 m 左右,楼面荷载一般 ≥5 kN/m²,小于 5 kN/m² 则不经济,板厚一般大于 120 mm,为 120 ~ 190 mm。

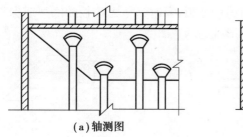 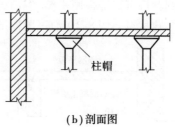

（a）轴测图　　　　　　　　　　　（b）剖面图

图8.6　无梁楼板

8.2.2　预制装配式钢筋混凝土楼板

这种加工厂先预先制作，再运到现场安装的预制楼板，可提高施工机械化水平，缩短建设周期，对建筑工业化、生产水平的提高是一大促进，目前已得到广泛应用。预制楼板有非预应力和预应力两种。预应力是使构件下部的混凝土预先受压，这叫预压应力。混凝土的预压应力使通过张拉钢筋的办法来实现。钢筋的张拉有先张和后张两种工艺。先张法是先张拉钢筋、后浇筑混凝土，待混凝土有一定的强度以后切断钢筋，使回缩的钢筋对混凝土产生压力，如图8.7所示；后张法是先浇筑混凝土，在混凝土的预留孔洞中穿放钢筋，再张拉钢筋并锚固在构件上，由于钢筋收缩对混凝土产生压力，使混凝土受压，如图8.8所示。采用预应力钢筋混凝土可以提高构件强度和减少构件厚度。小型构件一般采用先张法，并多在加工厂中进行。大型构件一般采用后张法，多在施工现场进行。目前在我国应优先选用预应力构件。

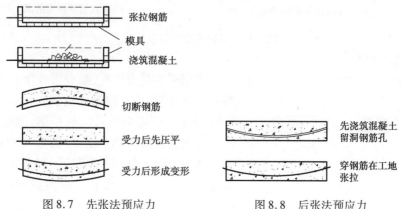

图8.7　先张法预应力　　　　　　　　图8.8　后张法预应力

（1）预制楼板的类型

1）预制实心平板

多用于小跨度空间，一般≤2.4 m，板厚为跨度的1/36，多取δ＝50～80 mm，板宽为600～900 mm。多用于小开间房间，走道板，搁板和管道的盖板，如图8.9所示。

2）预制槽形板

槽形板是一种梁板结合的构件，即在实心板的两侧设有纵肋。构成槽形截面。板跨为3～7.2 m；板宽为600～1 200 mm；板厚为25～30 mm；肋高为120～300 mm。

为提高板的刚度和便于搁置，常将板的两端以端肋封闭。当板跨达6 m时，应在板的中部每隔500～700 mm处增设横肋一道。

搁置时，板有正置（指肋向下）与倒置（指肋向上）两种。正置板由于板底不平，有碍观瞻，多做吊顶。倒置板可保证板底平整,但需另做面板,有时为考虑楼板的隔声或保温,亦可在槽内填充轻质多孔材料。图8.10为正置槽形板的示意图。

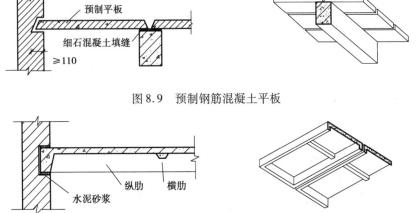

图8.9　预制钢筋混凝土平板

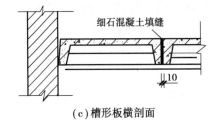

(a)槽形板纵剖面

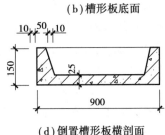

(b)槽形板底面

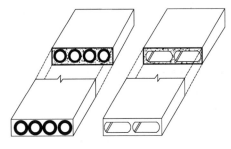

(c)槽形板横剖面

(d)倒置槽形板横剖面

图8.10　正置槽形板的示意图

3)预制空心楼板

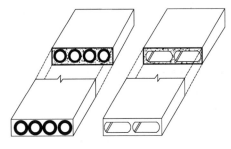

图8.11　预制空心楼板

　　根据板的受力情况,结合考虑隔声的要求,并使板面上下平整,可将预制楼板抽孔做成空心板,如图8.11所示。空心板的孔洞有矩形、圆形、椭圆形等。矩形孔较为经济但抽孔困难,圆形孔的板刚度较好,制作也较方便,因此使用很广。根据板的宽度,孔数有单孔、双孔、三孔、多孔。目前我国预应力空心板的跨度尺寸可以为6 m、6.6 m、7.2 m等。板的厚度为120~300 mm。当采用空心板做楼板时,板上不宜任意打洞,如需要开孔洞,应在板制作时就预先留孔洞位置。

（2）板的布置方式

　　板的布置方式应根据空间的大小,铺板的范围以及尽可能减少板的规格种类等因素综合考虑,以达到结构布置经济、合理的目的。

　　对一个房间进行板的结构布置时,首先应根据其开间、进深尺寸确定板的支承方式,然后根据板的规格进行布置。板的支承方式有板式和梁板式。预制板直接搁置在墙上的称为板式布置,若楼板支承在梁上,梁再搁置在墙上的称为梁板式布置,如图8.12所示。在确定板的规格时,应首先以房间的短边为板跨进行,一般要求板的规格、类型越少越好。因为板的规格多,不仅施工麻烦,同时容易出错。狭长空间如走廊处,可沿走廊横向铺板,这种铺板方式采用的板跨尺寸小,板底平整,如图 8.13(a)所示。也可以采用与房间开间尺寸相同的预制板沿走廊纵向铺设,但需设梁支承,当板底不做吊顶时,走廊内可见板底的梁,如图 8.13(b)所示。同时,板的布置应避免出现三面支承,即板的纵向长边不得深入砖墙内,否则在荷载作用下,板会产生纵向裂缝。

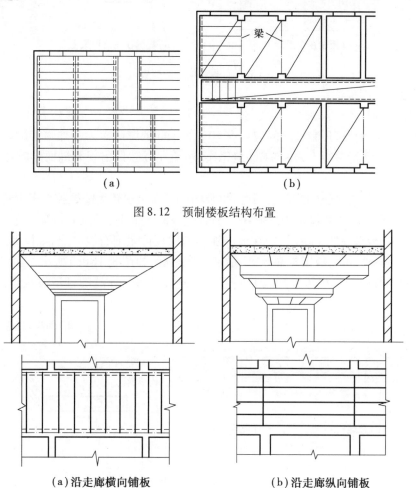

图 8.12　预制楼板结构布置

(a)沿走廊横向铺板　　　　　　　　(b)沿走廊纵向铺板

图 8.13　走廊楼板的结构布置

(3)梁的断面形式

梁的断面形式如图 8.14 所示,有矩形、T 形、十字形、花篮形等。矩形截面梁外形简单,制作方便;T 形截面梁较矩形截面梁自重轻;采用十字形或花篮形梁可减少楼板所占的空间高度。通常梁的跨度尺寸为 5~8 m 较为经济,如图 8.15 所示。

(a)矩形梁　　(b)T 形梁　　　　(c)倒 T 形梁　　　(d)十字形梁　　(e)花篮形梁

图 8.14　梁的断面形式

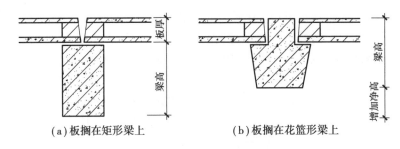

(a)板搁在矩形梁上　　　　　(b)板搁在花篮形梁上

图 8.15　板在梁上的搁置

(4)楼板的细部构造

1)板缝的处理

为了便于板的铺设,预制板之间应留有 10~20 mm 的缝隙。为了加强装配式楼板的整体性,板缝内须灌入细石混凝土,并要求灌缝密实,避免在板缝处出现裂缝而影响楼板的使用和美观。

板的排列受到板宽规格的限制,因此,排板的结果常出现较大的缝隙。根据排板数和缝隙的大小,可考虑采用调整板缝的方式解决。当其缝 ≥30 mm 时,用细石混凝土灌实即可,如图 8.16(a)所示;当板缝≥50 mm 时,应在缝中加钢筋网片再灌细石混凝土,如图 8.16(b)所示;当板缝≤120 mm 时,可将缝留在靠墙处,沿墙挑砖填缝,如图 8.16(c)所示;当板缝 >120 mm 时,可采用钢筋骨架现浇板带处理,如楼板为空心板,可将需穿越的管道设在现浇板处,如图 8.16(d)所示。

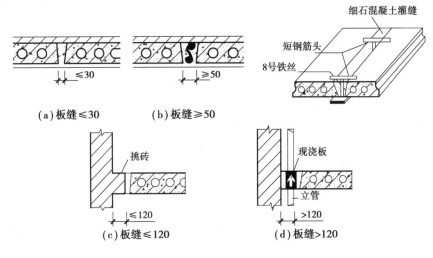

(a)板缝≤30　　　　(b)板缝≥50

(c)板缝≤120　　　　(d)板缝>120

图 8.16　板缝的处理

2)隔墙与楼板的关系

在装配式楼板上采用轻质材料做隔墙时,可将隔墙直接设置在楼板上。如果采用自重较大的材料,如黏土砖作隔墙,则不宜将隔墙直接搁置在楼板上,特别应避免将隔墙的荷载集中在一块板上,通常是设一根梁支承隔墙,如图 8.17(a)所示;当楼板为槽形板时,可将隔墙搁置在板的纵肋上,如图 8.17(b)所示;为了板底平整,可使梁的截面与板的厚度相同或在板缝内配钢筋,如图 8.17(c)所示。

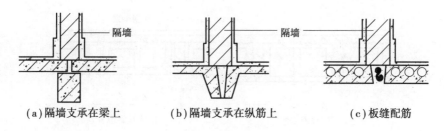

（a）隔墙支承在梁上　　　（b）隔墙支承在纵筋上　　　（c）板缝配筋

图 8.17　隔墙与楼板的关系

3）板的搁置及锚固

预制板搁置在墙上或梁上时,应保证有一定的搁置长度,在墙上的搁置长度不小于 90 mm;在梁上的搁置长度不小于 60 mm,并且在搁置时,还应采用 M50 砂浆坐浆 10 mm 厚,以利于二者的连接。

为了增强楼板的整体刚度,特别是处于地基条件较差或地震地区,应在板与墙以及板端与板端连接处设置锚固钢筋,如图 8.18 所示。

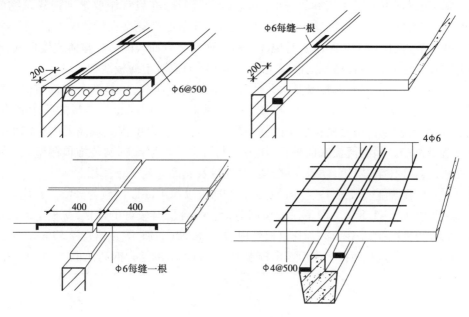

图 8.18　板的锚固

8.2.3　预制装配整体式楼板

装配整体式楼板是将楼板中的部分构件预制,然后到现场安装,再以整体浇筑其余部分的办法连接而成的楼板,它兼有现浇和预制的双重优越性。

（1）密肋填充块楼板

密肋填充块楼板的密肋有现浇和预制两种,前者是在填充块之间现浇密肋小梁和面板,其填充块有空心砖、轻质块或玻璃钢模壳等,如图 8.19（a）、（c）所示;后者的密肋常见的有预制倒 T 形小梁、带骨架芯板等,如图 8.19（b）、（d）所示。这种楼板有利于充分利用不同材料的性能,能适应不同跨度和不规整的楼板,并有利于节约模板。

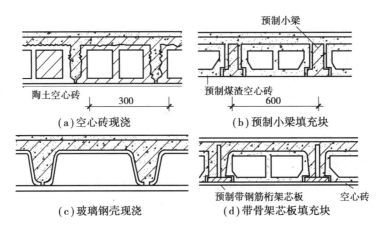

（a）空心砖现浇   （b）预制小梁填充块

陶土空心砖　　300

预制小梁

预制煤渣空心砖　　600

（c）玻璃钢壳现浇   （d）带骨架芯板填充块

预制带钢筋桁架芯板　　空心砖

图 8.19　密肋填充块楼板

（2）预制薄板叠合楼板

近年来,随着城市高层建筑和大开间建筑的不断涌现,在设计中要求加强建筑物的整体性,采用现浇钢筋混凝土楼板的就越来越多。这样一来势必要耗费大量的模板,很不经济。为了解决这些矛盾,便出现了预制薄板与现浇混凝土面层叠合而成的装配整体式楼板,或称预制薄板叠合楼板。它可分为普通钢筋混凝土楼板和预应力混凝土薄板两种。

这种楼板的预制混凝土薄板既是永久性模板承受施工荷载,也是整个楼板结构的组成部分。预应力混凝土薄板内配以刻痕高强钢丝作为预应力筋,同时也是楼板的跨中受力钢筋。板面现浇混凝土叠合层,所有楼板层中的管线均事先埋在叠合层内。现浇层内只需配置少量的支座负弯矩钢筋。预制薄板底面平整,作为顶棚可直接喷浆或粘贴装饰顶棚壁纸。预制薄板叠合楼板适合在住宅、宾馆、学校、办公楼、医院以及仓库等建筑中应用。

叠合组合楼板跨度一般为 4～6 m,最大可达 9 m,以 5.4 m 以内较为经济。预应力薄板厚 50～70 mm,板宽 1.1～1.8 m。为了保证预制薄板与叠合层有较好的连接,薄板上表面需做处理。常见的有两种:一种是在上表面作刻槽处理,如图 8.20(a)所示,刻槽直径 50 mm,深 20 mm,间距 150 mm;另一种是在薄板上表面露出较规则的三角形状的结合钢筋,如图 8.20(b)所示。

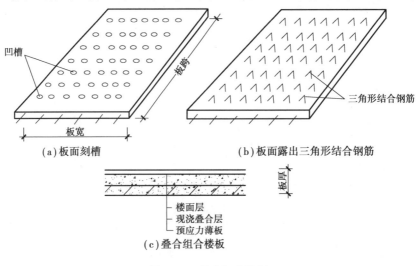

凹槽

板跨

板宽

三角形结合钢筋

（a）板面刻槽   （b）板面露出三角形结合钢筋

板厚

楼面层
现浇叠合层
预应力薄板

（c）叠合组合楼板

图 8.20　叠合组合楼板

现浇叠合层采用 C20 级的混凝土,厚度一般为 70 ~ 120 mm。叠合楼板的总厚取决于板的跨度,一般为 150 ~ 250 mm。楼板厚度以大于或等于薄板厚度的两倍为宜,如图 8.20(c)所示。

(3)压型钢板组合楼板

压型钢板组合楼板是指在压型钢板上现浇混凝土组成压型钢板与混凝土共同承受荷载的楼板。压型钢板组合楼梯主要适用于大空间、高层建筑及大跨度工业厂房等。

该组合楼板中的压型钢板可分为开口型、缩口型和闭口型压型钢板,如图 8.21 所示。

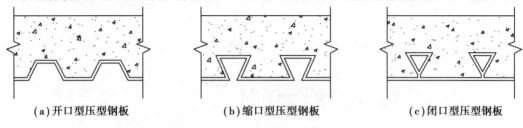

(a)开口型压型钢板　　　　(b)缩口型压型钢板　　　　(c)闭口型压型钢板

图 8.21　压型钢板的形式

1)压型钢板组合楼板的特点

压型钢板以衬板形式作为混凝土楼板的永久性模板,施工时又是施工的台板,简化了施工程序,加快了施工进度。

经过构造处理,可使混凝土、钢衬板共同受力,即混凝土承受剪力和压应力,衬板承受下部的拉弯应力。因此压型钢衬板起着模板和受拉钢筋的双重作用。这样,组合楼板受正弯矩部分不需放置或绑扎受力钢筋,仅需部分构造钢筋即可。不过,外露受力钢筋需作防火处理。

此外,还可利用压型钢衬板肋间的空隙敷设室内电力管线,亦可在钢衬板底部焊接架设悬吊管道、通风管和吊顶棚的支托,从而充分利用楼板结构中的空间。

2)压型钢板组合楼板的构造

①压型钢板组合楼板的基本构成。钢板组合楼板主要由楼面层、组合板和钢梁三部分组成,组合板包括现浇混凝土和钢衬板部分,组合楼板的跨度为 1.5 ~ 4.0 m,其经济跨度在 2.0 ~ 3.0 m。

②构造形式。组合楼板的构造形式较多,根据压型钢板形式的不同有单层钢衬板支承的楼板和双层孔格式支承的楼板之分。

单层钢衬板组合楼板常见的构造如图 8.22 所示。图 8.22(a)是组合楼板在混凝土的上部仍配有钢筋,加强混凝土面层的抗裂强度即支承处作为承受负弯矩的钢筋。图 8.22(b)是在钢衬板上加肋条或压出凹槽,形成抗剪连接,这时钢衬板对混凝土起到加强钢筋的作用。图 8.22(c)则是在钢梁上焊有抗剪螺栓,保证混凝土板和钢梁能共同工作。

双层孔格式钢衬板组合楼板的构造如图 8.23 所示。图 8.23(a)是在压型钢板下加一张平板钢,在钢衬板下形成封闭形空腔 A,这样使承载能力提高。

图 8.23(b)是一种用成对截面较高的压型钢板焊在一起的钢衬板组合楼板,用于承载更大的楼板结构,其跨度可达 4 m。

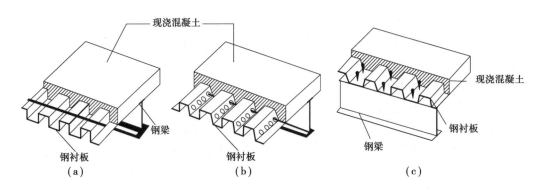

图8.22 单层钢衬板组合楼板常见的构造

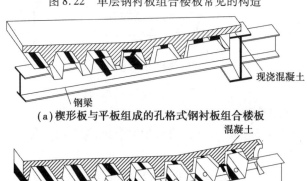

(a)楔形板与平板组成的孔格式钢衬板组合楼板

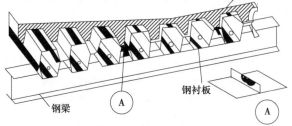

(b)双楔形板组成的孔格式钢衬板组合楼板

图8.23 双层孔格式钢衬板组合楼板的构造

8.3 楼地面构造

地面包括底层地面(地坪层地面)和楼板层地面两部分,地面属于建筑装修的一部分。由于各类建筑对使用功能要求不尽相同,一般应满足以下要求:

8.3.1 对地面使用要求

(1)坚固耐久

地面直接与人接触,家具、设备也大多都摆放在地面上,因而地面必须耐磨,行走时不起尘土、不起砂,并有足够的强度。

(2)减少吸热

由于人们直接与地面接触,地面则直接吸走人体的热量,为此应选用吸热系数小的材料作地面面层,或在地面上铺设辅助材料,用以减少地面的吸热。

（3）满足隔声

隔声要求主要在楼地面。楼层上下的噪声传播，一般通过空气传播或固体传播，而其中固体传声是主要的隔绝对象。

（4）防水要求

用水较多的厕所、盥洗室、浴室、实验室等房间，应满足防水要求。一般应选用密实而不透水的材料，并适当作排水坡度。在楼地面的垫层上部有时还应做防水层。

（5）经济要求

地面在满足使用要求的前提下，应选择经济的构造方案，尽量就地取材，以降低整个房屋的造价。

8.3.2　楼地面构造

楼地面构造即是楼板层和地坪层、地面层。面层一般包括面层和面层下面的找平层两部分。楼地面的名称是以面层的材料和做法来命名的，如面层为水磨石，则该地面称为水磨石地面，面层为木材，则称为木地面。

地面按其材料和做法可分为五大类型，即整体类地面、块材类地面、粘贴类地面、涂料类和木地面。

（1）整体类地面

整体类地面包括水泥地面、水磨石地面等现浇地面。

1）水泥地面

在一般民用建筑中采用较多。其构造简单、坚固、能防潮防水而造价又较低。但水泥地面蓄热系数大，冬天感觉冷，空气湿度大时易产生凝结水，而且表面起灰，不易清洁。

水泥地面做法如下：

①水泥砂浆地面：即在混凝土垫层或结构层上抹水泥砂浆，一般采用双层做法。先做一层 10～20 mm 厚 1∶3 水泥砂浆找平层，表面只抹 5～10 mm 厚 1∶2 水泥砂浆，不易开裂、空鼓。

②水泥石削地面：是以石屑替代砂的一种水泥地面，这种地面性能近似水磨石，表面光洁，不起尘，易清洁。先做一层 15～20 mm 厚 1∶3 水泥砂浆找平层，面层铺 15 mm 厚 1∶2 水泥石屑，提浆抹光即成。

2）水磨石地面

水磨石地面一般分两层施工。在垫层或结构层上用 10～20 mm 厚 1∶3 水泥砂浆找平，面铺 10～15 mm 厚 1∶（1.5～2）的水泥白石子，待面层达到一定强度后加水用磨石机磨光、打蜡即成。所用石子为中等硬度的方解石、大理石、白云石屑等。

为适应地面变形可能引起的面层开裂以及施工和维修方便，做好找平层后，用嵌条把地面分成若干小块，尺寸为 1 000 mm 左右。分块形状可以设计成各种图案。嵌条用料常为玻璃、塑料或金属（铜条、铝条等），嵌条高度同水磨石面层厚度，且用 1∶1 水泥砂浆固定。嵌固砂浆不宜过高，否则会造成面层在嵌条两侧仅有水泥而无石子，影响美观，如图 8.24 所示。

如果将普通水泥换成白水泥，并掺入不同颜料可做成各种彩色地面。

水磨石地面具有良好的耐磨性、耐久性、防水防火性，质地美观，表面光洁，不起尘，易清洁等优点。通常应用于居住建筑的浴室、厨房、厕所和公共建筑门厅、走道及主要房间地面、墙裙等部位。

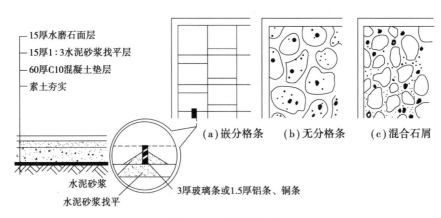

图 8.24　水磨石地面

(2)块材类地面

块材类地面是把地面材料加工成块状,然后借助胶结材料贴或铺砌在结构层上。胶结材料既起胶结又起找平作用,也有先做找平层再做胶结层的。常用胶结材料有水泥砂浆、沥青玛琋脂等,也有用细砂和细炉渣做结合层。

块料地面种类很多,常用的有水泥砖、大理石、缸砖、陶瓷锦砖、陶瓷地砖等。

1)水泥制品块地面

水泥制品块地面常见的有水磨石块、预制混凝土块(尺寸常为 400 ~ 500 mm 见方,厚 20 ~ 50 mm)。

水泥制品块和基层连接有两种方式:当预制块尺寸较大且较厚时,常在板下干铺一层20 ~ 40 mm 厚细砂或细炉渣,待校正后,板缝用砂浆嵌填。这种做法施工简单、造价低,便于维修更换,但不易平整。城市人行道常按此方法施工,如图 8.25(a)所示。当预制块小而薄时则采用 12 ~ 20 mm 厚1∶3水泥砂浆做结合层,铺好后再用1∶1水泥砂浆嵌缝。这种做法坚实、平整,如图 8.25(b)、(c)所示。

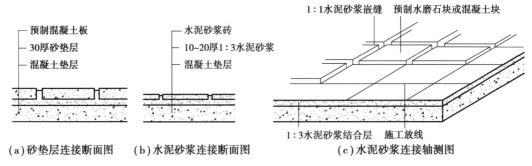

图 8.25　水泥制品块地面

2)缸砖及陶瓷锦砖地面

缸砖是用陶土焙烧而成的一种无釉砖块。形状有正方形(尺寸为 100 mm × 100 mm 和 150 mm × 150 mm,厚 10 ~ 19 mm)、六边形、八角形等,颜色也有多种,由不同形状和色彩可以组合成各种图案。缸砖背面有凹槽,使砖块和基层粘接牢固,铺贴时一般用 15 ~ 20 mm 厚 1∶3 水泥砂浆做结合材料,要求平整,横平竖直,如图 8.26 所示。缸砖具有质地坚硬、耐磨、耐水、耐酸碱易清洁等优点。陶瓷锦砖又称马赛克,其特点与面砖相似。陶瓷锦砖有不同大小、形状和颜色并可以组合成各种图案,使饰面达到一定的艺术效果。

陶瓷锦砖主要用于防滑卫生要求较高的卫生间、浴室等房间的地面,也可用于外墙面。

陶瓷锦砖同玻璃锦砖一样,出厂前已按各种图案反贴在牛皮纸上,以便于施工,如图8.27所示。

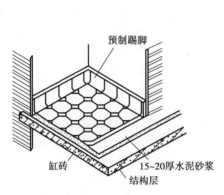

图8.26 缸砖地面   图8.27 马赛克地面

3)陶瓷地砖地面

陶瓷地砖又称墙地砖,其类型有釉面地砖、无光釉面砖和无釉防滑地砖及抛光同质地砖。

陶瓷地砖有红、浅红、白、浅黄、浅绿、蓝等各种颜色。地砖色调均匀,砖面平整,抗腐耐磨,施工方便,且块大缝少,装饰效果好,特别是防滑地砖和抛光地砖又能防滑,因而越来越多地用于办公、商店、旅馆和住宅中。

陶瓷地砖一般厚 6 ~ 10 mm,其规格有 400 mm × 400 mm,300 mm × 300 mm,250 mm × 250 mm,200 mm × 200 mm。块越大,价格越高,装饰效果越好。

综上所述,常用地面做法、楼面做法总结于表8.2、表8.3中。

表8.2 常用地面做法

名 称	材料及做法
水泥砂浆地面	25 mm 厚 1∶2 水泥砂浆面层铁板赶光 水泥浆结合层一道 80 mm、100 mm 厚 C10 混凝土垫层 素土夯实
水磨石地面	表面草酸处理后打蜡上光 15 mm 厚 1∶2 水泥白石子面层 水泥浆结合层一道 25 mm 厚 1∶2.5 水泥砂浆找平层 水泥浆结合层一道 80 mm、100 mm 厚 C10 混凝土垫层 素土夯实

续表

名 称	材料及做法
聚乙烯醇缩丁醛地面	面层、面漆三道 清漆二道 填嵌并满按腻子 清漆一道 25 mm 厚 1:2.5 水泥砂浆找平层 80 mm、100 mm 厚 C10 混凝土垫层 素土夯实
陶瓷锦砖 （马赛克）地面	4 mm 厚陶瓷锦砖面层白水泥浆擦缝 25 mm 厚 1:2.5 干硬性水泥砂浆结合层，上撒 1～2 mm 厚干水泥并洒清水适量 水泥结合层一道 80 mm、100 mm 厚 C10 混凝土垫层 素土夯实
缸砖地面	10 mm 厚缸砖（防潮砖、地红砖）面层配色白水泥浆擦缝 25 mm 厚 1:2.5 干硬性水泥砂浆结合层，上撒 1～2 mm 厚干水泥并洒清水适量 水泥浆结合层一道 80 mm、100 mm 厚 C10 混凝土垫层 素土夯实
陶瓷地砖地面	4 mm 厚陶瓷锦砖面层白水泥浆擦缝 25 mm 厚 1:2.5 干硬性水泥砂浆结合层，上撒 1～2 mm 厚干水泥并洒清水适量 水泥结合层一道 80 mm、100 mm 厚 C10 混凝土垫层 素土夯实

表8.3 常用楼面做法

名 称	材料及做法
水泥砂浆楼面	25 mm 厚 1:2 水泥砂浆面层铁板赶光 水泥浆结合层一道 结构层
水泥石屑楼面	30 mm 厚 1:2 水泥石屑面层铁板赶光 水泥浆结合层一道 结构层
水磨石楼面 （美术水磨石楼面）	15 mm 厚 1:2 水泥白石子面层表面草酸处理后打蜡上光 水泥浆结合层一道 25 mm 厚 1:2.5 水泥砂浆找平层 水泥浆结合层一道 结构层

名　称	材料及做法
陶瓷锦砖 （马赛克）楼面	5 mm 厚陶瓷锦砖面层白水泥浆擦缝并抹干净表面的水泥 25 mm 厚 1∶2.5 干硬性水泥砂浆结合层，上撒 1~2 mm 厚干水泥并洒清水适量 水泥浆结合层一道 结构层
陶瓷地砖楼面	10 mm 厚陶瓷地砖面层配色水泥浆擦缝 25 mm 厚 1∶2.5 干硬性水泥砂浆结合层，上撒 1~2 mm 厚干水泥并洒清水适量 水泥浆结合层一道 结构层
大理石楼面	20 mm 厚大理石块面层配色水泥浆擦缝 25 mm 厚 1∶2.5 干硬性水泥砂浆结合层，上撒 1~2 mm 厚干水泥并洒清水适量 水泥浆结合层一道 结构层

（3）粘贴类地面

主要指塑料地面，塑料地面包括一切有机物质为主所制成的地面覆盖材料。如油地毡、橡胶地毡以及涂布无缝地面。

塑料地面装饰效果好，色彩鲜艳，施工简单，维修保养方便，有一定的弹性，脚感舒适，步行时噪声小。但它有易老化，日久失去光泽，受压后产生凹陷，不耐高热，硬物刻画易留痕等缺点。

下面重点介绍聚氯乙烯塑料地面。

聚氯乙烯塑料地面是以聚氯乙烯树脂为主要胶结材料，配以增塑剂、填充剂、稳定剂、润滑剂和颜料制成。就外形看，有块材和卷材之分；就材质看，有软质和半软质之分；就颜色看，有单色和复色之分。其所用黏结剂有溶剂型如氯丁橡胶剂、聚醋酸乙烯黏结剂、环氧树脂黏结剂等，水乳型如氯丁橡胶黏结剂等。

①聚氯乙烯石棉地砖：该地砖质地较硬，规格常为 300 mm 见方，厚 1.5~3 mm，另外还有三角形、长方形等形状。

聚氯乙烯地面施工是在清理基层后，根据房间大小设计图案排料编号，在基层上弹线定位，由中心向四周铺贴而成。

可由不同色彩和形状聚氯乙烯地砖拼成各种图案，还可仿各种石材，加上价格较低，因而使用广泛。

②软质及半软质聚氯乙烯地面：由于增塑剂较多而填料较少，故较柔软，有一定的弹性，耐凹陷性能好，但不耐燃，尺寸稳定性差，主要用于医院、住宅等。

软质聚氯乙烯地面规格为：宽 800~1 240 mm，长 12~20 mm，厚 1~6 mm。施工是在清理基层后按设计弹线，在塑料板底满涂氯丁橡胶黏结剂 1~2 遍后进行铺贴。地面的拼接方法是将板缝先切割成 V 形，然后用三角形塑料焊条、电热焊枪焊接，如图 8.28 所示。

半软质聚乙烯地板规格为 100 mm × 100 mm ~ 700 mm × 700 mm，厚 1.5~1.7 mm，黏结剂与软质地面相同。施工时，先将黏结剂均匀地刮涂在地面上，几分钟后，将塑料地板按设计图案贴在地面上,并用抹布擦去缝中多余的黏结剂。尺寸较大者如 700 mm × 700 mm 的,可不用黏结剂,铺平后即可使用。

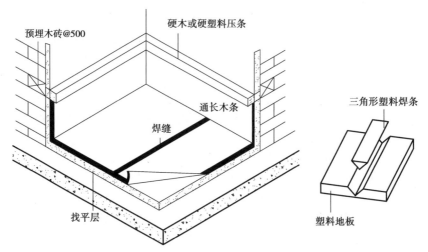

图 8.28　塑料地面拼接方法

(4)涂料类地面

用于地面涂料有地板漆、过氯乙烯地面涂料、苯乙烯地面涂料等。这些涂料施工方便,造价较低,可以提高地面耐磨性和韧性以及不透水性,适用于民用建筑中的住宅、医院等。但由于过氯乙烯、苯乙烯地面涂料是溶剂型的,施工时有大量的有机溶剂逸出,污染环境;另外,由于涂层较薄,耐磨性差,故不适于人流密集、经常受到物或鞋底摩擦的公共场所。

(5)木楼面

包括条木地板、拼花地板等做法。木楼面的构造做法分为单层长条硬木楼地面和双层硬木楼地面做法两种,均属于实铺式。

下面以双层硬木楼地面做法为例,介绍其构造做法。在钢筋混凝土楼板中伸出 $\phi6$ 钢筋,绑扎 Ω 形 $\phi6$ 铁鼻子,400 mm 中距,将 70 mm × 50 mm 的木龙骨用 10 号铅丝两根,绑于 Ω 形铁件上。在垂直于松木龙骨的方向上钉放 50 mm × 50 mm 支撑。中距 800 mm,其间填 40 mm 厚干焦渣隔音层。上铺 22 mm 厚松木毛地板,铺设方向为 45°,上铺油毡一层,表面铺 50 mm × 20 mm 硬木企口长条或席纹、人字纹拼花地板,并烫硬蜡。双层硬木楼地面的做法如图 8.29 所示。

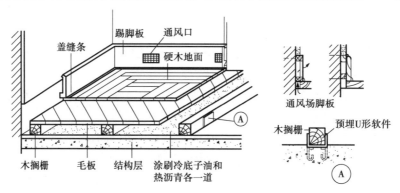

图 8.29　双层硬木楼地面的做法

8.3.3 楼地面防潮防水构造

有水侵蚀的房间,如厕所、浴洗室、淋浴室等,由于各种设备,水管较多,用水频繁,易积水,容易发生漏水现象,因此,设计时需对这些房间的楼板层、墙身采取有效的防潮、防水措施。通常从两方面着手解决。

(1)楼面排水

楼面需有一定的坡度,并设置地漏,引导水流入地漏。排水坡度一般为1%~1.5%。为防止室内积水外泄,对于有水房间的楼面或地面标高应比其他房间或走廊低30~50 mm。

(2)楼板、墙身的防水处理

通常需解决以下问题:

1)楼板防水

对有水侵袭的楼板应以现浇为佳。对防水质量要求较高的地方,可在楼板与面层之间设置防水层一道。常见的防水材料有卷材防水、防水砂浆或涂料防水层,以防止水的渗漏,如图8.30所示。其地面常采用水泥地面、水磨石地面、马赛克地面、地砖地面或缸砖地面等。为防止水沿房间四周浸入墙身,应将防水层沿房间四周墙边向上伸入踢脚线内100~150 mm,如图8.30(c)所示。当遇到开门处,其防水层应铺出门外至少250 mm,如图8.30(a)、(b)所示。

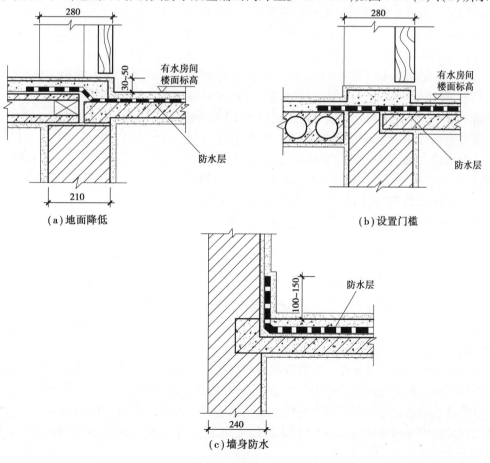

(a)地面降低　　　　　　　　　　　(b)设置门槛

(c)墙身防水

图8.30　楼板防水处理

2)穿楼板立管的防水处理

一般采用两种办法:一是在管道穿过的周围用 C20 级干硬性细石混凝土捣固密实,再以两布二油橡胶酸性沥青防水涂料作密封处理,如图 8.31(a)所示;二是某些暖气管、热水管穿过楼板层时,为防止由于温度变化,出现胀缩变形,致使管壁周围漏水,故常在楼板走管的位置埋设一个比热水管直径稍大的套管,以保证热水管能自由伸缩而不致混凝土开裂。套管比楼面高出 30 mm 左右,如图 8.31(b)所示。

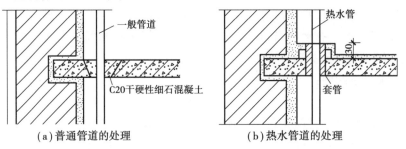

一般管道

C20干硬性细石混凝土

热水管

套管

(a)普通管道的处理 (b)热水管道的处理

图 8.31　管道穿过楼板时的处理

3)对淋水墙面的处理

淋水墙面常包括浴室、浴洗室和小便槽等有水侵蚀墙体的情况。最常见的问题是男小便槽的渗漏水,它不仅影响室内,还严重影响到室外或其他房间。对小便槽的处理首先是迅速排水,其次是小便槽本身需用混凝土材料制作,内配构造钢筋($\phi6@200\sim300$ 双向钢筋网),槽壁厚 40 mm 以上。为提高防水质量,可在槽底加设防水层一道,并将其延伸到墙身,如图 8.32 所示。然后在槽表面作水磨石面层或贴瓷砖。水磨石面层由于经常受尿液侵蚀或水冲刷,使用时间长,表面受到腐蚀,致使面层呈粗糙状,变成水刷石,容易积脏。一般贴瓷砖或刷涂防水防腐蚀涂料效果较好。但贴瓷砖其拼缝要严,且须用酚醛树脂胶泥勾缝。否则,水、尿仍能侵蚀墙体,致使瓷砖剥落。

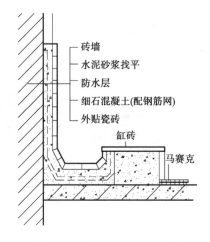

砖墙

水泥砂浆找平

防水层

细石混凝土(配钢筋网)

外贴瓷砖

缸砖

马赛克

图 8.32　小便槽的防水处理

8.3.4　楼地面隔声构造

楼板层主要是隔绝撞击声,即减弱或限制固体传声。方法有三种:

①减弱撞击楼板的力,削弱楼板因撞击而产生的声能。可在楼板面上铺设弹性面层,如地毯、橡胶、塑料板等,如图 8.33(a)所示。

②利用弹性垫层进行处理。在楼板面层和结构层之间设置有弹性的材料作垫层,来降低撞击声的传递。构造做法是使楼面与楼板全脱开,形成浮筑式楼板,如图 8.33(b)所示。

③作楼板吊顶处理。利用吊顶棚内空间使撞击产生的声能不能直接进入室内,同时受吊顶棚面的阻隔而使声能减弱,对隔声要求高的空间,还可在顶棚上铺设吸声材料,效果更佳,如图 8.33(c)所示。

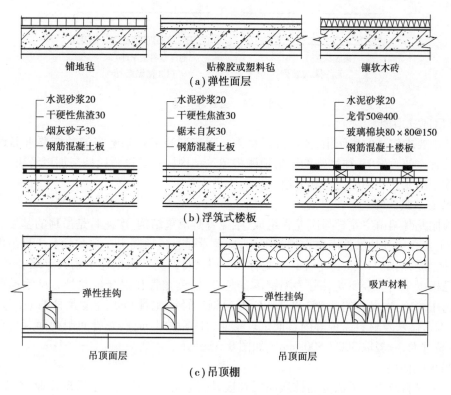

铺地毡　　　　　　贴橡胶或塑料毡　　　　　镶软木砖
(a) 弹性面层

水泥砂浆20　　　　　水泥砂浆20　　　　　　水泥砂浆20
干硬性焦渣30　　　　干硬性焦渣30　　　　　龙骨50@400
烟灰砂子30　　　　　锯末白灰30　　　　　　玻璃棉块80×80@150
钢筋混凝土板　　　　钢筋混凝土板　　　　　钢筋混凝土楼板

(b) 浮筑式楼板

弹性挂钩　　　　　　　　弹性挂钩　　　　吸声材料

吊顶面层　　　　　　　　　吊顶面层
(c) 吊顶棚

图 8.33　楼板层隔绝固体传声构造

8.3.5　顶棚构造

顶棚是指楼层底面部分,亦称天棚、天花等,属于建筑物内部主要装饰部分。对一般建筑而言,要求美观、光洁,增强光线反射,改善室内明度;对要求高的建筑或有一定功能要求的建筑而言,要求室内空间造型及满足使用需要的隔声、防水、保温、隔热等构造。构造形式分为直接式和吊顶式两种。

(1) 直接式顶棚

直接式顶棚构造方式指直接在楼板板底面喷刷、抹灰、贴面。多用于一般民用建筑和工业建筑之中。它的常见构造做法有以下几种:

①直接喷刷涂料:用腻子嵌平板缝或喷刷大白浆涂料或 106 涂料。多用于车间、库房、锅炉房等对室内要求不高的建筑。

②抹灰:室内要求较高时,采用板底面抹灰装修,如水泥砂浆抹灰和麻刀灰、纸筋灰等抹灰[图 8.34(a)]。多用于一般民用建筑。但抹灰中一定要解决好操作程序及步骤,避免抹灰层脱落。首先清洗板底面(采用水泥砂浆抹灰),刷素水泥浆一道,形成胶结膜层,先抹 5 mm 厚1:3水泥砂浆打底,再用 5~8 mm 厚 1:2.5 水泥砂浆抹面,外刷涂料;采用麻刀(或纸筋)灰抹面,先抹6 mm 混合砂浆再用 3 mm 麻刀(或纸筋灰)灰抹面,外刷涂料。

③贴面:主要用于室内装修要求较高,或有吸音、保温、隔热等功能要求的建筑物[图 8.34 (b)]。将所需的满足功能要求的装饰材料用黏结剂直接贴于楼板底面,如墙纸、装饰吸音板等。

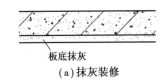
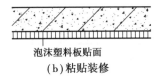

(a)抹灰装修　　　　　　(b)粘贴装修

图8.34　直接式顶棚

(2)吊顶式顶棚

在装饰要求较高的房间中,要解决好室内空间造型装饰效果必需的功能要求而设置的各种设备及管道的敷设等,往往借助于吊顶棚将建筑结构构件及设施遮挡来加以解决。

吊顶棚由龙骨架和面层两部分组成。

1)吊顶棚龙骨架

吊顶棚龙骨架由主龙骨与次龙骨组成,主龙骨是承重结构,次龙骨是吊顶的基层。其构造形式为:主龙骨通过悬吊件固定在楼板下部,次龙骨通过吊顶固定在主龙骨上。悬吊件由吊筋和吊挂件组成,间距1.0 m。龙骨有木龙骨和金属龙骨两类。根据建筑耐火等级及防火要求,木龙骨已极少采用。金属龙骨分为型钢承重龙骨、轻钢龙骨和铝合金龙骨。型钢承重龙骨中主龙骨选用槽钢,次龙骨为角钢,常选用∟2#角钢。轻钢龙骨和铝合金龙骨的断面大小视荷载、面层构造做法及材料品种等因素而定。主龙骨间距约1 m,次龙骨间距视面层材料尺寸而定,但不易过大,一般取300~500 mm。如图8.35所示。

2)吊顶棚面层

面层按材料及施工方法分为抹灰面层和板材面层两类。抹灰面层属湿作业,费工费时,且易开裂,除特殊要求外,现代建筑一般不再采用。板材面层施工方便,工期短,易保证施工质量,得到广泛采用。其材质有植物板材、矿物板材、金属板材等。植物板材据防火规范要求,一般不采用。

3)吊顶棚构造

①矿物板材吊顶棚构造。

一般以轻钢或铝合金型材料作龙骨,以石膏板,各种矿棉板等板材作面层。这种吊顶棚,造型多样,干作业施工方便,荷载轻,吸音效果和耐火性能好,得到广泛应用,多用于公共建筑和装饰较高的建筑之中。

吊顶构造

②金属板材吊顶棚构造。

一般以轻型钢材作龙骨,以铝合金板、条作面层。采用此种吊顶棚构造时,一定要解决好是否有吸音功能的要求,因铝合金板、条作面层时,铺设密实,表面光滑,面密度大,声能反射强,故不宜用于有吸音功能要求的空间。如用于有吸音功能的空间,在构造做法中,应将面层板之间留出一定空隙,且面层加铺吸音材料,使释放于建筑空间的声能通过面层板间隙被吸音材料吸收,如图8.36和图8.37所示。

③轻型龙骨构造形式。

轻钢和铝合金轻型龙骨有明装和暗装两种构造形式。

a.明装构造形式。主龙骨断面一般为槽形,次龙骨断面为倒T形。次龙骨安装时采用双向布置,将面层板材直接搁置于次龙骨翼缘上,形成次龙骨露在吊顶棚面层下的形式,如图8.38所示。龙骨架由三部分组成:一是悬吊件,由吊筋(φ8~φ10)、主龙骨吊挂件组成,固定于楼板上;二是主龙骨,固定于吊挂件上,长度则由主龙骨连接件拼接;三是次龙骨,由次龙骨吊挂件固定于次龙骨上,长度由次龙骨连接件拼接。如图8.38和图8.39所示。

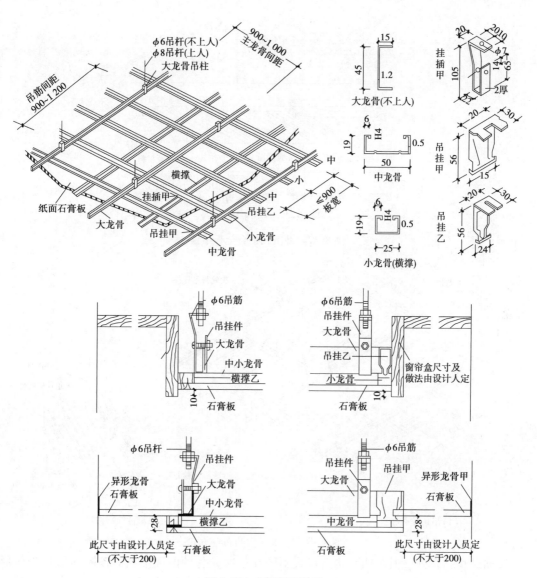

图 8.35　金属吊顶构造

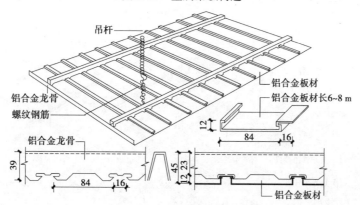

图 8.36　密铺的铝合金条板吊顶

219

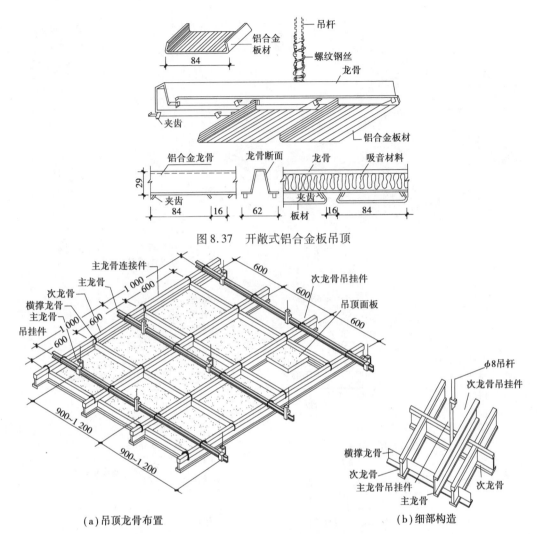

图 8.37 开敞式铝合金板吊顶

（a）吊顶龙骨布置 （b）细部构造

图 8.38 龙骨外露的布置方式

b. 暗装构造形式。其与明装构造形式不同在于次龙骨的断面形状。该断面形状为槽形，吊顶面层用自攻螺钉固定于次龙骨上，形成暗装形式，如图 8.39 所示。

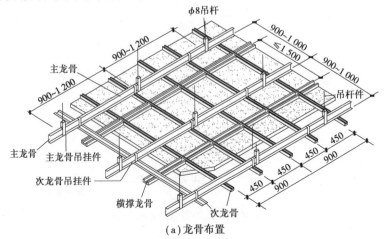

（a）龙骨布置

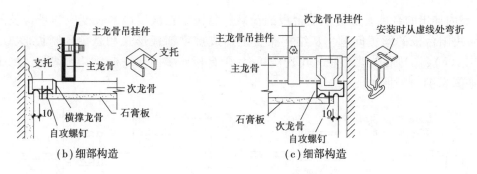

（b）细部构造   （c）细部构造

图8.39 不露龙骨的吊顶

8.4 阳台和雨篷构造

8.4.1 阳台

阳台是用于楼房建筑,供人进行户外活动的平台或空间,同时对建筑物的外部形象也起一定的装饰作用。

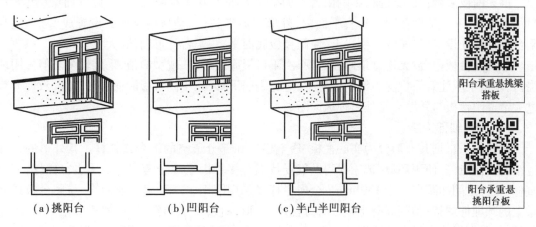

（a）挑阳台   （b）凹阳台   （c）半凸半凹阳台

阳台承重悬挑梁搭板

阳台承重悬挑阳台板

图8.40 各种形式的阳台

（1）阳台的类型、组成

从功能讲可分为生活阳台和服务阳台;按其与外墙相对位置及结构形式可分为挑阳台、凹阳台、半凸半凹阳台(图8.40);按其在外墙上的位置又有中间阳台、转角阳台和外廊(阳台的长度大于两个开间时称为外廊)。

阳台由承重构件阳台板(或梁板)、护栏及扶手组成。在设计中充分考虑坚固耐久的同时,应解决好适用、美观的功能。阳台板出挑长按使用要求一般取值为1.0～1.8 m;为避免雨水流入室内,其地面应低于室内地面30～60 mm,并做0.5%～1.0%坡度和设置排水设施;护栏高度一般不低于1.0 m,高层时不低于1.1 m,并为封闭式,给人以安全感。

（2）阳台的结构布置

阳台作为水平承重构件:其结构形式及布置方式应与楼板结构统一考虑。当楼板采用预制板时,阳台板亦多用预制板,其跨长以与房间开间尺寸相同为宜,故可利用承重的内横墙或

221

由内横墙内伸出的悬挑梁来支承阳台板的荷载。悬挑梁在横墙内的长度应为悬臂长的1.5倍,以解决阳台板的倾覆问题。从结构布置上形成挑梁铺板形式和悬挑预制板形式,如图8.41(b)、(c)、(d)所示;当楼板采用现浇板时,阳台板亦多用现浇板,并与楼板合为一体,并浇注,如图8.41(a)所示。

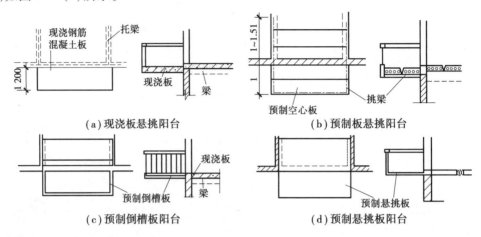

图8.41 阳台的结构形式

挑梁铺板阳台:梁头外露,影响阳台立面效果。处理方法有两种:一是设置面梁(边梁),封住挑梁梁头,与护栏在同一垂直平面内,外形简洁平整;二是将挑梁断面设置成L形,预制阳台板搭接处设卡口,搁置于挑梁上,使阳台板底面平整,阳台外形简洁、大方。

悬挑阳台板阳台:无论是预制还是现浇,阳台板底面平整,造型简洁,采用较多。但采用现浇时,施工中应注意保护受力钢筋的位置,避免钢筋下移,减小阳台板断面有效高度,致使荷载过大造成阳台板与外墙交接处出现纵向断裂。

(3)阳台细部构造

阳台护栏根据其外形分为实心栏板、透空栏杆和部分透空的组合式栏杆。其外形的选择应结合立面造型、使用环境、选用材料及气候特点等多种因素综合考虑。采用透空栏杆,其垂直杆、板件之间净距应小于130 mm。金属栏杆多采用圆钢、方钢、扁钢或钢管,与阳台板或面梁上的预埋件焊接;预制混凝土栏杆有方柱形、异形侧板,要求制作光洁,棱角方正,不再做抹灰面,与阳台板或面梁上的预埋铁件焊接,如图8.42中的ⓒ、ⓖ所示。栏板一般采用预制混凝土板或现浇混凝土板,栏板两面要作装饰面处理,常采用抹灰、涂料或块材贴面。栏杆与扶手或栏杆与栏板的连接方法相同,如图8.42中的ⓑ、ⓓ、ⓔ、ⓕ所示。

阳台扶手宽约120 mm,如为封闭阳台时,可不设扶手,如上面需放置花盆时,其宽应大于250 mm,且扶手外侧应有挡板,如图8.42所示。

8.4.2 雨篷

雨篷是设置于建筑物入口上方用于挡雨,保护入口门免受雨淋的水平构件,同时对建筑立面效果起到很重要的作用。对不同的建筑,不同的入口位置,不同的环境条件,不同的造型,雨篷亦随其变化形成多种形式,如图8.43所示。根据雨篷结构布置和支承方式不同,可归纳为悬挑梁板式和墙、柱支承式的两种形式,如图8.43所示。常用的简单雨篷是悬挑梁板形式,它是将雨篷板与入口处门上过梁浇注在一起,悬挑板长度应小于1.5 m,如图8.44(a)所示,由于雨篷所承受的荷载很小,故雨篷板厚度较薄,一般为 60 mm 左右。考虑立面比例及造型的需要,板沿边常做翻边处理。翻边高度视具体情况而定。排水采用无组织排水,特殊雨篷(如门廊式雨篷)采用有组织排水。与外墙相交处应做泛水,防止雨水侵蚀墙体。板顶面需做防水砂浆抹面,如图 8.44(b)所示。

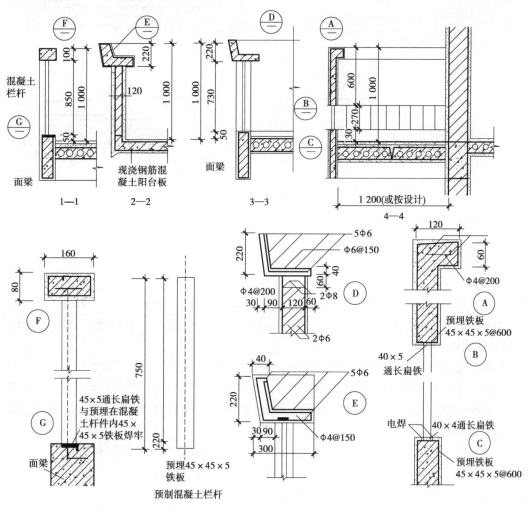

图 8.42 阳台栏杆、栏板构造

图 8.43 雨篷形式

223

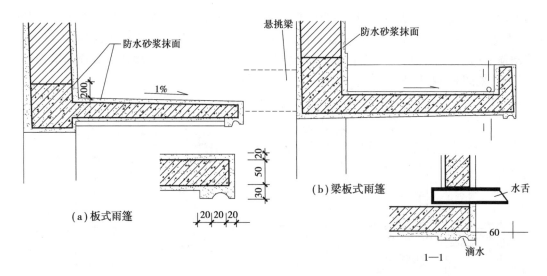

图 8.44　雨篷构造

小　结

1. 楼板层、地坪层是建筑物水平承重构件。楼板层由面层、结构层、顶棚三部分组成,地坪层由面层、结构层(垫层)和基层组成。为满足使用功能设有附加层,解决隔声、保温、隔热、防水、防火等问题。

2. 根据施工方法不同,钢筋混凝土楼板有现浇、预制装配式和预制装配整体式三种。现浇钢筋混凝土楼板有平板、肋梁板和无梁板;预制装配式楼板有平板、槽形板、空心板;装配整体式楼板有密肋填充块楼板和叠合式楼板。为加强其整体性和解决好防渗漏,应制定好楼板的细部构造措施。

3. 楼地面装饰分为四大类,即整体类地面,块料类地面,铺贴类地面和木地面。

4. 顶棚装饰分为直接式顶棚和吊顶棚。直接式顶棚有喷刷、抹灰、粘贴三种方式;吊顶棚由金属龙骨和面层组成,面层有矿物板材、金属板材。

5. 阳台、雨篷均为水平构件。阳台的结构布置为悬挑板和悬挑梁搭板方式,护栏有栏板式和栏杆式,阳台要满足适用、安全、美观的要求。雨篷常采用挑板式,但要使其与建筑立面效果协调、统一。

复习思考题

1. 楼板层、地坪层的相同与不同之处? 基本组成有哪些? 各有何作用?

2. 楼板层、地坪层的设计要求有哪些?

3. 楼板层隔绝固体传声的方法有几种? 试绘图说明。

4. 预制装配式钢筋混凝土楼板的类型及其特点和适用范围。

5. 预制装配式钢筋混凝土楼板的细部构造。

6. 现浇肋梁板的布置原则。

7. 井格板、无梁板的特点及适用范围。

8. 整体类地面各种做法、优缺点、适用范围。

9. 块料地面的种类、优缺点适用范围。

10. 楼地面防水构造措施。

11. 挑阳台的结构布置,绘图说明。

12. 试绘图说明钢筋混凝土栏杆、金属栏杆与阳台板、扶手的连接构造。

墙体和楼地层构造设计任务书

1. 设计题目

墙体和楼地层构造设计

2. 设计条件

(1)第一题目:某砖混结构中学教学楼,层高 3.30 m,外纵墙窗洞口高 1.80 m,窗下墙 0.90 m,室内外高差 0.60 m;第二题目:某砖混结构住宅楼,层高 2.80 m,外纵墙窗洞口高 1.50 m,窗下墙 0.90 m,室内外高差 0.45 m。

(2)外纵墙为砖墙,厚 370 mm。

(3)楼板采用预应力空心楼板,横墙和梁支承楼板。

(4)设防烈度为 8 度。

(5)设计所需的其他条件由学生自定。

3. 设计内容及图纸要求

用 A3 图纸,一律按建筑制图标准绘制。完成外纵墙墙身三个结点详图①、②、③,要求设计图自上而下布置在同一垂直轴线上。

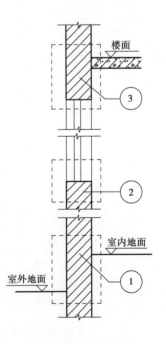

(1)节点详图①——散水、勒脚和地坪构造,比例:1:20 ～ 1:10。

①画出墙身、散水(或明沟)、勒脚、防潮层、室内地坪、踢脚及墙内外面装饰。

②用引出线注明勒脚、踢脚、防潮层、墙面做法,并标注尺寸。

③用多层构造引出线注明散水、室内地坪构造层做法、坡度、尺寸。

④标注墙身定位轴线及墙身厚度,室内外设计标高及各构件竖向尺寸。

⑤注写图名及比例。

225

（2）节点详图②——窗台构造,比例:1:20～1:10

①画内外窗台、窗框、窗下墙墙身及内外墙面装饰做法。

②标注外窗台排水方向及坡度,标注各细部尺寸,用引出线标注窗台及饰面做法。

③画清楚窗框与墙、与窗台饰面的连接关系,窗的材料,窗的开启方式。

④用多层构造引出线注明窗下墙饰面做法;标注定位轴线、窗台标高、图名及比例。

（3）节点详图③——窗过梁、圈梁及楼板层构造,比例:1:20～1:10

①画窗框、窗过梁、墙身、楼板层、踢脚及墙身内外墙面饰面做法。

②画清楚各构件断面尺寸及相互连接关系。

③用多层构造引出线注明楼板层做法及踢脚做法、尺寸。

④标注定位轴线、楼面标高及尺寸、图名、比例。

4. **参考资料**

①《房屋建筑学》教材;

②《建筑设计资料集》,第三版第八、九分册,中国建筑工业出版社;

③全国通用和各省标准图集。

第9章
楼梯构造

9.1 概述

建筑空间的竖向组合联系是依靠楼梯、电梯、自动扶梯、台阶、坡道及爬梯等构成的竖向交通设施。其中使用最为广泛的是楼梯。垂直电梯主要用于高层建筑或使用要求较高的公共建筑和住宅建筑中；自动扶梯主要用于人流量大或使用要求高的公共建筑；坡道为无障碍流线，多用于有使用功能要求的公共建筑，在其他建筑中，亦设有供残疾人轮椅车使用的专用坡道交通设施。

9.1.1 楼梯的形式

楼梯的形式很多，它的选择取决于所处位置、楼梯间的平面形状与大小、楼层高低与层数、人流大小与缓急等因素。一般建筑中，最常用的楼梯形式为双梯段的并列式楼梯，称为平行双跑楼梯。平行双分双合楼梯、折形三跑楼梯、交叉跑楼梯、弧形楼梯等多用于公共建筑。如图9.1所示。

9.1.2 楼梯的组成

一般楼梯主要由楼梯梯段、楼梯平台、楼梯护栏三部分组成。如图9.2所示。

(1)楼梯梯段

由梯段板和踏步或由梁、板和踏步组成的供层间上下行走的通道，称为梯段。

1)踏步

踏步分踏面和踢面。踏步的水平面叫踏面，用 b 表示其宽度，垂直面叫踢面，用 h 表示其高度。踏步的尺寸是根据人体的尺度来确定其数值的，一般取值为 $b+h \approx 450$ mm，或 $b+2h \approx 600 \sim 620$ mm，不同类型的建筑，其要求也不相同。故楼梯段的坡度是由踏步的高宽比决定的。一般而言，$b \geqslant 250$ mm，$h \leqslant 180$ mm，见表9.1，以满足人流行走的舒适安全。

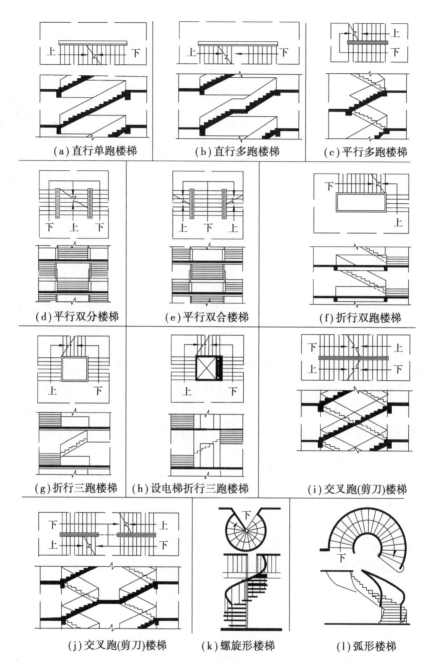

图 9.1　楼梯的形式

表 9.1　楼梯梯段常用踏步尺寸 (mm)

建筑类型	踢面高 h	踏面宽 b	建筑类型	踢面高 h	踏面宽 b
住宅	156 ~ 175	250 ~ 300	医院(病人用)	150	300
学校、办公楼	140 ~ 160	280 ~ 340	幼儿园	120 ~ 150	260 ~ 300
剧院、会堂	120 ~ 150	300 ~ 350			

注:本表摘自《建筑设计资料集》第二版第一册

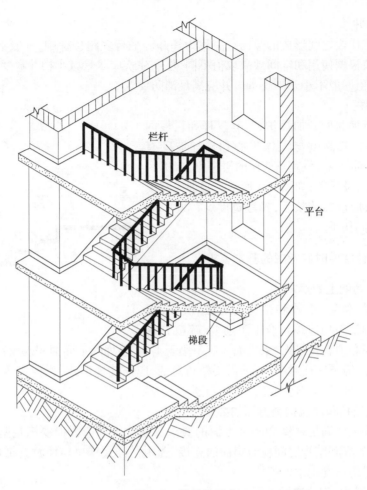

图 9.2　楼梯的组成

2）楼梯板

其尺寸分为楼梯板宽度和梯段板长度。梯段板宽应根据通行的人流股数和消防要求确定。每股人流一般按宽度 500～600 mm，再加少许提物尺寸 0～150 mm 来考虑，双股人流通行时为 1 000～1 200 mm，三股人流通行时为 1 500～1 800 mm。按消防要求考虑时，每个楼梯必须保证二人同时上下，即最小宽度为 1 100～1 400 mm。同时还需满足各类建筑设计规范中对梯段宽度的限定，如住宅≥1 100 mm，公共建筑≥1 300 mm。梯段板长（L）是每一段梯段板水平投影长度，其值 $L = b \times (N-1)$，其中 N 为每一梯段的踏步数。一个梯段踏步数不应少于 3 个，当少于 3 个时一般做坡道；也不应该大于 18 个，当大于 18 个时，行走会感到疲劳，则应设中间平台。

（2）楼梯平台

平台指连接两个梯段之间的水平部分。供楼梯转折和休息之用。平台分为中间平台（其宽度用 D_1 表示）、楼层平台（其宽度用 D_2 表示）。D_1≥梯段宽度，并应大于 1 200 mm。保证在转折处人流的通行和便于家具的搬运。D_2≥D_1，以利于人流分配和停留。但当楼梯开间为 2 400 mm 时，则 D_1≥1 300 mm。对于直跑楼梯，中间休息平台 D_1 等于梯段宽或不小于 1 000 mm。当然，D_1 值必须满足使用功能。如医院，为保证担架在平台处能转向通行，D_1≥1 650 mm。

（3）楼梯梯井

两梯段或三梯段之间形成的竖向空隙称为梯井。平行多跑楼梯中，一般不设梯井。住宅建筑和公共建筑根据使用和空间效果取值不同，住宅建筑应尽量减小梯井宽度，以增大梯段净宽，公共建筑其值一般不小于 160 mm，并应满足消防要求。

（4）楼梯护栏

楼梯在靠近梯井处应加设护栏，有栏杆和栏板两种，顶部设扶手。其高度与人体重心和楼梯坡度有关，一般为 900 mm 左右，供儿童使用的楼梯应在 500 ~ 600 mm 高度处增设扶手，如图 9.3 所示。当梯段宽度 >1 650 mm 时，应设靠墙扶手，梯段宽度 >2 200 mm 时，还应增设中间扶手。

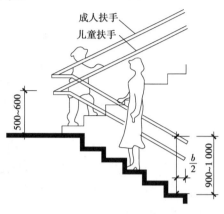

图 9.3　扶手高度位置

9.1.3　设计楼梯时应考虑的基本要求

（1）要满足功能上的要求

楼梯的数量、位置、形式和楼梯的宽度、坡度，还有就是实木楼梯扶手均应该符合上下通畅、疏散方便的原则。楼梯间必须直接采光，采光面积应不小于 1/12 楼梯间平面面积。设置在公共建筑中的主要楼梯，有的需要富丽堂皇，有的需要精巧简洁，应在楼梯形式、栏杆式样、材料选用方面作精心设计，一般建筑也应适当考虑美观问题。

（2）要满足结构和建筑构造方面的要求

楼梯在结构上要满足强度和刚度方面的要求。在建筑构造方面要满足坚固与安全的要求。例如扶手、栏杆和踏步之间应有牢固的连接，选用栏杆式样也应注意花饰形式、插件与杆件的间距应考虑防止发生意外事故。

（3）要满足防火、安全方面的要求

楼梯的间距和距离应根据建筑物的耐火等级，满足防火设计规范安全出口所规定的要求。只有满足了上述基本要求，楼梯才有足够的通行和疏散能力，并且不准有凸出的砖柱、砖垛、散热片、消防栓等其他构件，防止人在紧急疏散时通行受阻而发生意外。在楼梯间内除必需的疏散门以外，不准另外设置门、窗以防止火灾发生时火焰蹿出和烟雾蔓延、扩散到楼梯间而使楼梯失去通行疏散作用。

楼梯材料的选用应该考虑建筑物的耐火等级。同时还应结合考虑材料的耐久、防滑、易清洁和美观等要求。

此外，设计楼梯时还需考虑经济和施工的方便。

9.2　楼梯的设计

在进行楼梯构造设计时，必须符合建筑性质，建筑等级及防火规范等一系列设计规范的规定，同时应对楼梯各细部尺寸及净空高度进行详细计算。

9.2.1　楼梯剖面设计

因建筑物层高为已知条件,即不变值。要满足建筑物的使用性质,首先要根据其高度确定楼梯形式,进而确定楼梯间的进深、梯段踏步尺寸和梯段坡度。故先考虑楼梯的剖面设计。

楼梯坡度和踏步尺寸的设计

一般,楼梯坡度小则平缓,行走舒适,但扩大了楼梯间进深,增加了交通面积和工程造价,故应合理选择。楼梯坡度一般取值为 25°~38°,35°较为适宜,30°左右较为通用,小于 20°时,一般设计为坡道,大于 45°则设计为爬梯,如图 9.4 所示。现以常用的平行双跑楼梯为例说明。

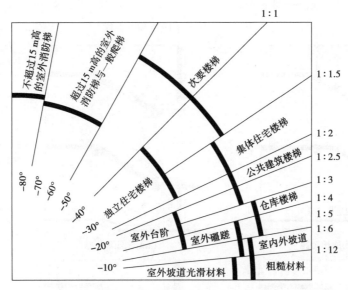

图 9.4　爬梯、楼梯和坡道的坡度范围

1)踏步数的确定

根据层高 H 和建筑物的使用要求初选踏步高 h 并确定每层踏步数 N,则 $N = H/h$。在实际工程中,一般常取等长梯段,减少构件种类,故 N 宜为整数。当所求 N 为奇数或非整数时,可对 h 在允许范围内调整。

2)楼梯的净空高度

楼梯的净空高度系指梯段任何一级踏步至上一层梯段板底的垂直高度,其值应 ≥2 200 mm,或楼地面和平台面至上一层平台底(或平台梁底)的垂直高度,其值应 ≥2 000 mm,如图 9.5 所示。目的是保证在这些部位人流畅通和搬运物件时不受影响。

当在平行双跑或平行双分双合式楼梯底层中间平台下设置通道时,为满足楼梯净空高度,一般采用以下方式解决。

①在底层变等跑楼梯段为长短跑楼梯段。起步第一跑为长跑,以提高中间平台标高[图 9.6(a)]。这种方式仅在楼梯间进深较大、底层平台宽 D_2 富裕时适用。

②局部降低底层中间平台下地坪标高,使其低于底层室内地坪标高 ±0.000,以满足净空高度要求。但降低后的中间平台下地坪标高仍应高于室外地坪标高,以免雨水内溢,如图 9.6(b)所示。这种处理方式可保持等跑梯段,使构件统一。但中间平台下地坪标高的降低,常依靠底层室内地坪 ±0.000 标高绝对值的提高来实现,可增加填土方量或将底层地面架空。

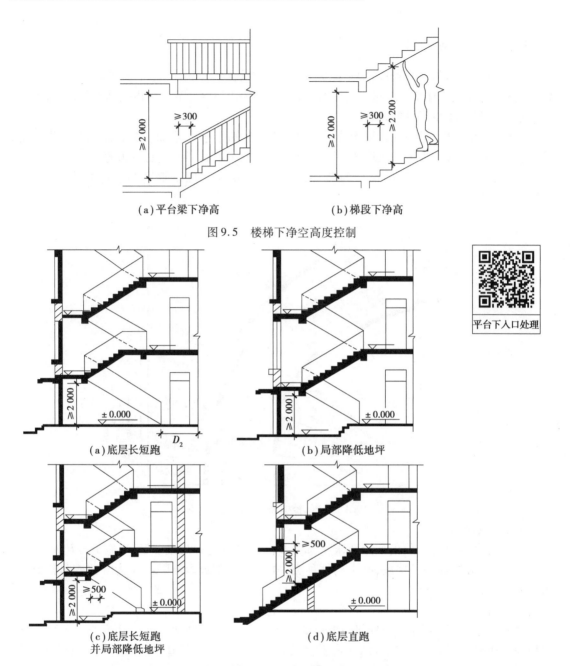

（a）平台梁下净高　　　　　（b）梯段下净高

图 9.5　楼梯下净空高度控制

（a）底层长短跑　　　　　　　　　（b）局部降低地坪

（c）底层长短跑
并局部降低地坪　　　　　　　　（d）底层直跑

图 9.6　底层中间平台下作出入口时的处理方式

③综合以上两种方式，在采取长短跑梯段的同时，又降低底层中间平台下地坪标高，如图 9.6（c）所示。这种处理方式可兼有前两种方式的优点，并改善了其缺点。

④底层用直行单跑或直行双跑楼梯直接从室外上二层，如图 9.6（d）所示。这种方式常用于住宅建筑，设计时需注意入口处雨篷底面标高的位置，保证净空高度在 2 m 以上。

9.2.2　楼梯平面设计

楼梯平面设计主要解决楼梯间的开间、进深尺寸和楼梯梯段、平台水平投影尺寸。

(1)梯段宽度及长度的确定

梯段宽度在满足建筑物适用性质的前提下,根据楼梯开间确定。对双跑楼梯而言,当楼梯开间为 A 时,则梯段宽 a 为:

$$a = (A - C)/2$$

式中: C 为梯井宽度,如图9.7所示。楼梯段长度 L 根据踏步数 N 和满足建筑物使用性质而确定的踏步宽 b 来确定,其值 $L = (N/2 - 1) \times b$。对一般建筑,当楼梯间进深受到限制,L 值不满足时,可在允许范围内调整 b 值,或适当缩小 b 值,而将踏步踢面改为斜面或将踏面外挑 $20 \sim 30$ mm,使踏步实际宽度大于其水平投影宽度来加以解决。如图9.8所示。

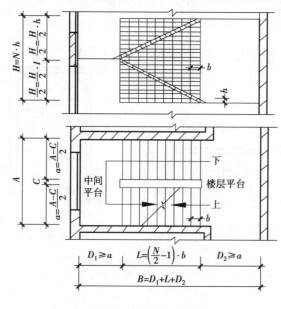

图9.7 楼梯尺寸计算

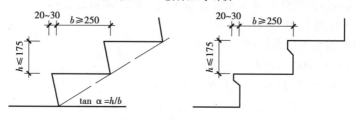

图9.8 踏步出挑形式

(2)楼梯平台宽度的确定

楼梯中间平台 D_1 和楼层平台 D_2 必须满足如图9.9所述外,还应考虑:

楼梯间设门时,门阀边与起始踏步间应留有适当距离,以防止碰撞,一般要大于等于 $1/2$ 踏步宽;当楼梯间与走道连通时,出于安全方面的原因,起始踏步应后退适当距离,其值大于等于踏步宽,如图9.10所示。

例1

某建筑物开间 $3\,300$ mm,层高 $3\,300$ mm,进深 $5\,100$ mm,为开敞式楼梯。内墙240 mm,轴线居中,外墙360 mm,轴线外侧为240 mm,内侧为120 mm,室内外高差450 mm。楼梯间不能通行。

解:

①本题为开敞式楼梯,初步确定 $b = 300$ mm,$h = 150$ mm。选双跑楼梯。

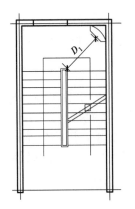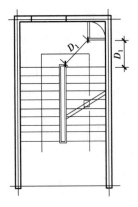

图 9.9　确定 D 值的示意图

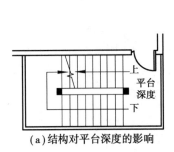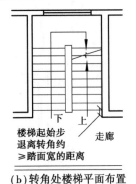

（a）结构对平台深度的影响　　（b）转角处楼梯平面布置

楼梯尺寸计算

图 9.10　楼梯的平面布置

②确定踏步数：

3 300/150 = 22 步

由于 22 步超过每跑楼梯的最多允许步数 18 步,故采用双跑楼梯。

22/2 = 11 步（每跑 11 步）

③确定楼梯段的水平投影长度。

$300 \times (11 - 1) = 3\ 000\ mm(L_1)$

④确定楼梯段宽度 B_1,取梯井宽度 $B_2 = 160\ mm$,

$$B_1 = (3\ 300 - 2 \times 120 - 160)/2 = 1\ 450\ mm$$

⑤确定休息板宽度 L_2,取 $L_2 = 1\ 450 + 150 = 1\ 600\ mm$。

⑥校核：

进深尺寸 $L = 5\ 100 - 120 + 120 = 5\ 100\ mm$

$$L - L_1 - L_2 = 5\ 100 - 3\ 000 - 1\ 600 = 500\ mm$$

500 > 300,故结论为合格。

⑦画平面、剖面草图(图 9.11)。

例 2

某住宅的开间尺寸为 2 700 mm,进深尺寸为 5 100 mm,层高 2 700 mm,封闭式平面,内墙为 240 mm,轴线居中,外墙 360 mm,轴线外侧 240 mm,内侧 120 mm。室内外高差 750 mm,楼梯间底部有出入口,门高 2 000 mm。

解:

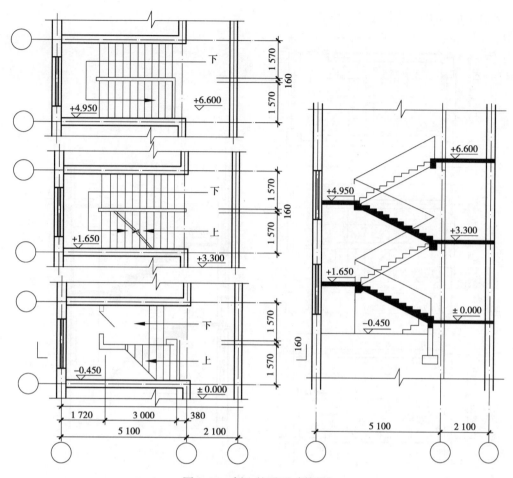

图9.11 例1的平面、剖面图

①本题为封闭式楼梯,层高为2 700 mm,初步确定步数为16 步。

②踏步高度h = 2 700/16 = 168.75 mm,踏步宽度b取250 mm。

③由于楼梯间下部开门,故取第一跑步数多,第二跑步数少的两跑楼梯。步数多的第一跑取9 步,第二跑取7 步,二层以上各取8 步。

④梯段宽度B_1根据开间净尺寸确定。2 700 − 2 × 120 = 2 460 mm,取梯井为160 mm,梯段宽B_1 = (2 460 − 160)/2 = 1 150 mm。

⑤确定休息板宽度L_2,取L_2 = 1 150 + 130 = 1 280 mm。

⑥计算梯段投影长度,以最多步数的一段为准。

L_1 = 250 × (9 − 1) = 2 000 mm。

⑦校核:

进深净尺寸:5 100 − 2 × 120 = 4 860 mm。

4 860 − 1 280 − 2 000 − 1 280 = 300 mm(这段尺寸可以放在楼层处)

高度尺寸:168.75 × 9 = 1 518.75 mm

室内外高差750 mm中,700 mm用于室内,50 mm用于室外。

1 518.75 + 700 = 2 218.75 mm,大于2 000 mm可以满足开门,梁下通行高度至少在1 950 mm以上,也符合要求。

⑧画平面、剖面草图(图 9.12)。

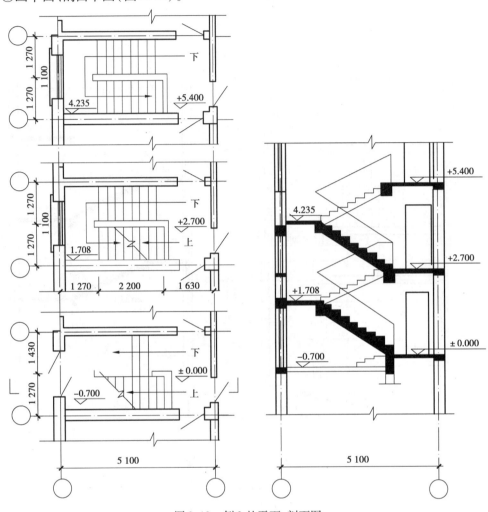

图 9.12 例 2 的平面、剖面图

9.3 钢筋混凝土楼梯构造

钢筋混凝土楼梯有现浇式和预制装配式两种。现浇钢筋混凝土楼梯整体性能好,刚度大,对抗震较为有利。

9.3.1 现浇钢筋混凝土楼梯

现浇钢筋混凝土楼梯根据其受力形式可分为板式楼梯和梁板式楼梯。

(1)板式梯段

板式梯段是将梯段作为一整板,两端支撑在平台梁上,将梯段所承受的荷载传递给平台梁。平台与梯段板相连为一个整体,一端支撑在平台梁上,一端支撑在外纵墙或梁上,将荷载传递给平台梁或墙(梁)。平台梁受力后,将荷载传递给横墙或柱,其位置设在平台口处,如图 9.13(a)所示。

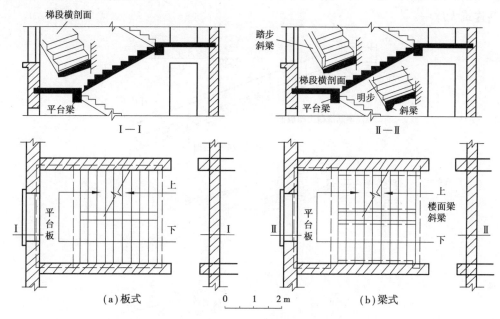

图 9.13　现浇钢筋混凝土楼梯

　　悬臂板式楼梯,多用于庭园建筑或大厅之中。其结构特点是梯段和平台均无支撑,靠上下梯段与平台组成的空间板式结构与上下层楼板结构共同受力。其造型新颖,空间效果好,如图 9.14 所示。

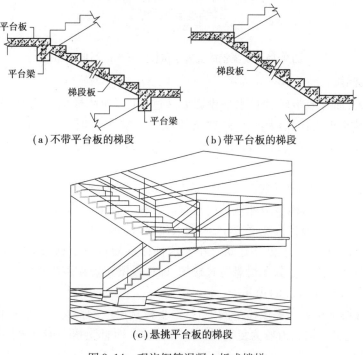

图 9.14　现浇钢筋混凝土板式楼梯

现浇钢筋混凝土扭板式弧形或圆形楼梯如图9.15所示,结构所占空间少,造型美观,多用于公共建筑大厅中。

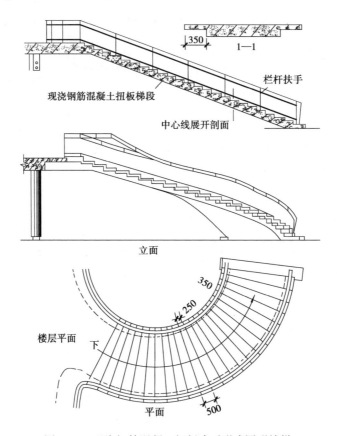

图9.15　现浇钢筋混凝土扭板式弧形或圆形楼梯

(2)梁板式梯段

当荷载较大,而梯段板较宽且水平投影 L 又过长时,为使梯段受力合理,采用梁板式梯段。其梯段的踏步板支撑在斜梁上,斜梁支撑在平台梁上,如图9.13(b)所示。平台的结构布置仍同板式楼梯。梁板式梯段由于改变了传力过程,较之板式梯段可缩小板跨,减小板厚。

梁板式梯段主要有两种形式。第一种是双梁式,它的结构布置形式有两种:一为正梁布置,即斜梁在踏步板下,沿踏步板两端长向布置。这种布置形式梯段宽利于人流通行;第二为反梁布置,即斜向上翻,但梯段宽度变小,不利人流通行,如图9.16所示。

第二种是单梁式,多用于公共建筑之中。这种楼梯的每一个梯段有一根梯梁支撑踏步。梯梁布置亦有两种方式。一为单梁悬臂式楼梯,即梯段梁布置在踏步板的一端,踏步板的另一端向外悬臂挑出,如图9.17(a)所示。

另一种为梯段梁布置在梯段踏步的中间,踏步板从梁的两侧悬挑,称为单梁挑板式,如图9.17(b)所示。这种结构受力较为复杂,梯梁不仅受弯,而且受扭。但其外形简洁、美观,常为建筑空间造型所采用。

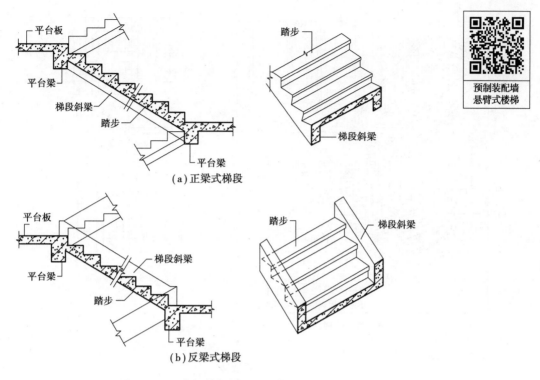

（a）正梁式梯段

（b）反梁式梯段

图 9.16　现浇钢筋混凝土梁板式楼梯

9.3.2　预制装配式钢筋混凝土楼梯

装配式钢筋混凝土楼梯根据生产、运输、吊装和建筑体系的不同,有许多不同的构造形式。由于构件尺度的不同,大致可分为小型构件装配式和中、大型构件装配式两大类。

(1)小型构件装配式楼梯

小型构件装配式楼梯主要特点就是构件小而轻,易制作。但施工繁而慢,有些还要用较多的人工作业和湿作业,适用于施工条件较差的地区。一般预制踏步和其支撑结构是分开的。

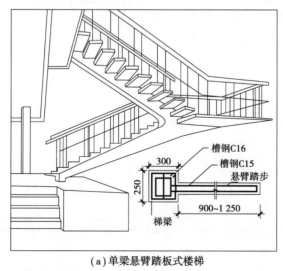

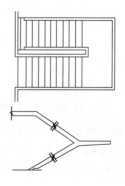

（a）单梁悬臂踏板式楼梯

（b）单梁挑板式楼梯

梁的尺寸及钢筋按设计
单梁挑板式楼梯梯段横断面

梯梁

悬挑踏步板

梁位置

I—I

梁位置

II—II

单梁挑板式楼梯的布置方式

图 9.17　单梁式楼梯

钢筋混凝土预制踏步的构件断面形式，一般有一字形、L 形和三角形三种。

预制踏步的支撑结构一般有梁支撑、墙支撑以及从砖墙悬挑的三种：

1）梁承式楼梯

梁承式楼梯的结构布置形式为：预制踏步搁置在斜梁上形成梯段，梯段斜梁搁置在平台梁上、平台梁搁置在两边墙或柱上，如图 9.18 所示。而平台可用空心板或槽形板搁在两边墙上，也可用小型的平台板搁在平台梁和纵墙上。

梁承式梯段上述三种形式的预制踏步均可采用，其中三角形踏步，明步可用平面矩形斜梁，如图 9.19（a）所示；暗步可用 L 形边梁，如图 9.19（b）所示。三角形踏步的最大的优点是拼装后底面平整，但踏步尺寸较难调整。为了减轻自重，在构件内可抽孔，这种踏步一般以简支较多。一字平板及正反 L 形踏步板均要用预制成锯齿形的斜梁，如图 9.19（c）所示。一字形踏步制作比较方便，踏步的高宽可调节，简支及悬挑均可，可加做立砖踢面，也可露空，因此适用面较广。若能在预制时就把面层及防滑条做好，则更为方便。L 形踏步有正反两种，肋向下者，接缝在下面，踏面和踢面上部交接处看上去较完整。踏步稍有高差，可在拼缝处调整。作为

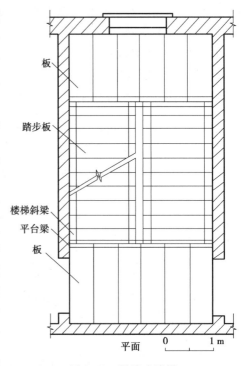

板

踏步板

楼梯斜梁

平台梁

板

平面

0　　　　1 m

图 9.18　梁承式楼梯

简支时,等于带肋的平板,结构合理;L形踏步的肋向上者,接缝在板下作为简支时,下面的肋可作上面板的支承,所以接缝处的砂浆要饱满,这种断面形式改换配筋,并可适用于作悬挑式楼梯。三角形踏步梯段底面可用砂浆嵌缝或抹平;一字形及L形踏步板自重较轻,底面形成折板形。

预制踏步一般用水泥砂浆叠置,L形及平板形可在预制踏步板上预留孔,套于锯齿形斜梁每个台阶上的插铁上,用砂浆窝牢,如图9.19(c)所示。这个预留孔和插铁还可作为栏杆的固定件。

梯段的斜梁与平台梁连接,为不使平台梁落低从而降低平台下净空,通常平台梁多做成L形断面,使斜梁能搁置在平台梁挑出的翼缘上,用插铁套在斜梁的预留孔中用水泥砂浆窝牢,如图9.19(d)所示,也可彼此设预埋铁焊接。

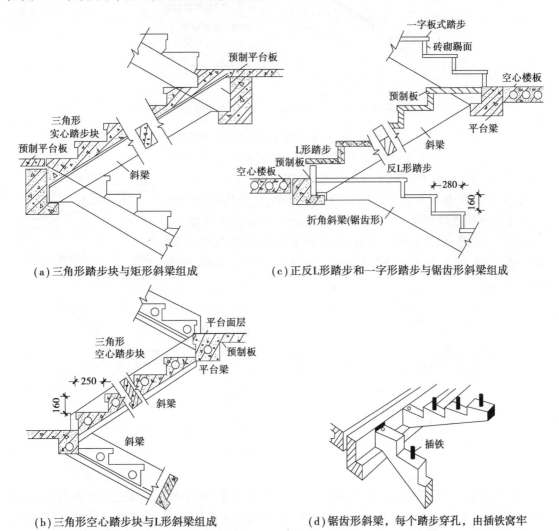

(a)三角形踏步块与矩形斜梁组成　　(c)正反L形踏步和一字形踏步与锯齿形斜梁组成

(b)三角形空心踏步块与L形斜梁组成　　(d)锯齿形斜梁,每个踏步穿孔,由插铁窝牢

图9.19　预制梁承式楼梯构造

为了减少预制斜梁的类型,除一层楼梯下用作出入口外,最好各层上下两个梯段的长度相等,一般斜梁支在平台梁上。而底层常采用现浇梁或砖基础,如图9.20(b)所示。但在进口处

需设置长短不同梯段时,上段斜梁可做成曲梁形式,下段可用上层的标准梁,下面用砖砌踏步接到地坪,如图9.20(a)所示。

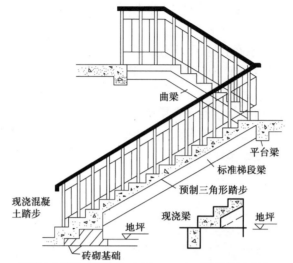

(a)利用标准梯段下部接长至地坪   (b)两梯段等长时设基础梁

图9.20   梁承式楼梯的曲梁和基础构造

楼梯如果采用整体现浇的施工工艺,钢筋在现场绑扎,上下梯段的结构部分能够在不同高度进入支座,如图9.21所示。这时上下梯段的起始步及最末步完全能够对齐。但是,在全装配的情况下,为了简化构件的种类,上下梯段必须在同一高度进入支座,就要把平台梁落低,如图9.22(a)所示,或斜梁做成折梁,如图9.22(b)所示,还有把上下梯段错开半步或一步来解决这个问题,如图9.22(c)所示。

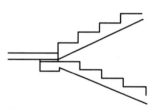

图9.21   现浇楼梯上下楼段在不同高度进入支座

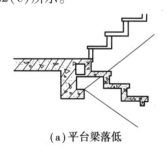 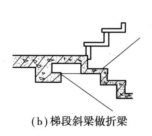 

(a)平台梁落低   (b)梯段斜梁做折梁   (c)踏步错开一步

图9.22   平台梁位置的选择

2)墙承式楼梯

这种楼梯是把预制踏步搁置在两面墙上,而省去梯段上的斜梁。一般适用于单向楼梯,或中间有电梯间的三折楼梯。对于双折楼梯来说,梯段采用两面搁墙,则在楼梯间的中间,必须加一道中墙作为踏步板的支座,如图9.23所示。楼梯间有了中墙以后,使得视线、光线受到阻挡,会感到空间狭窄,使得搬运家具及较多人流上下均不便。但因为预制及安装均较方便、简易和经济,所以还有不少地方采用。

这种楼梯上述三种预制踏步均可采用。楼梯宽度也不受限制,平台可以采用空心或槽形楼板。由于省去平台梁,下面的净高也有所增加。为了采光和扩大视野,可在中间的墙上适当部位留洞口,墙上最好装有扶手。

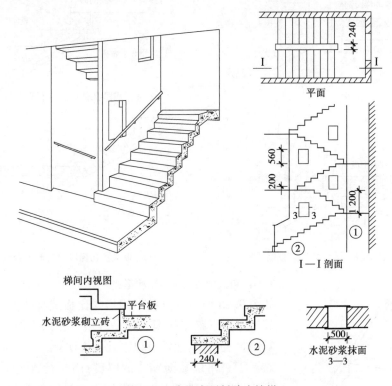

图 9.23　墙承式预制踏步楼梯

(2)中型、大型构件装配式楼梯

从小型构件改变为中型或大型构件装配式,主要可以减少预制件的品种和数量。可以利用吊装工具进行安装,对于简化施工过程、加快速度、减轻劳动强度等都有很大改进。

中型构件装配式双折楼梯一般是以楼梯段和楼梯平台各做一个构件装配而成。

1)平台板

若为预制、吊装能力所限,楼梯平台采用平台梁和平台板分开做法,平台板可用一般楼板,如图9.24(a)所示。平台宽度的变化也比较灵活,但是增加了构件的类型和安装的吊次。

预制生产和吊装能力较强的地方,平台可用平台梁和平台板结合成一个构件,如图9.24(b)所示。平台板一般采用槽形板,为了底面平整,也可做成空心平台板,但厚度必须较大,如图9.24(c)所示,现较少采用。

2)楼梯段

有板式、梁式两种。

板式梯段上面为明步,底面平整,结构形式有实心、空心之分,实心板自重较大,如图9.24(a)所示。空心板有纵向和横向抽孔两种,纵向抽孔厚度较大,横向抽孔孔型可以是圆形或三角形,如图9.24(b)、(c)所示。

梁式梯段的两侧由梁、梁板制成一个整件,一般在梁中间作三角形踏步,形成槽板式梯段,

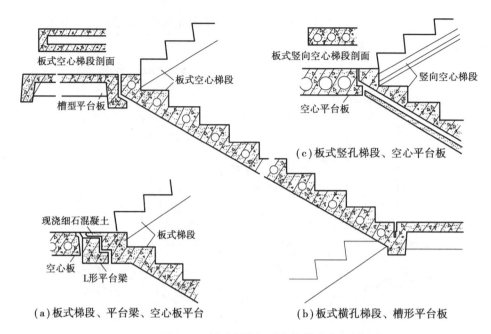

板式空心梯段剖面

板式空心梯段

槽型平台板

板式竖向空心梯段剖面

竖向空心梯段

空心平台板

(c)板式竖孔梯段、空心平台板

现浇细石混凝土

板式梯段

空心板

L形平台梁

(a)板式梯段、平台梁、空心板平台

(b)板式横孔梯段、槽形平台板

图9.24 板式梯段与平台结构形式

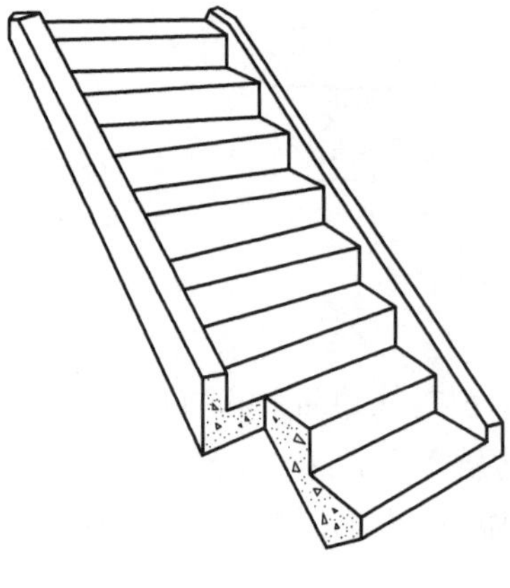

如图9.25所示。这种结构形式比板式梯段节约材料,但是其中三角形踏步的用料还是较多。在踏步断面上设法减少其用料及自重,通常有以下几种方法:

①去角以减薄踏步的厚度:由于行人上下时无论是足尖或足跟,一般都不大会碰到踏步最深处,因此可以把踏面和踢面内部的尖角削薄一段,可使整个梯段底板上升10~20 mm,如图9.26(a)所示。

②踏步内抽孔:在踏步内抽一圆孔或三角形孔以减轻自重,如图9.26(b)、(c)所示。

③折板式踏步:节约材料最多,预制时要用双面模板振动冲压成型,唯梯段的底面不如以上各式平整,易积灰,如图9.26(d)所示。

图9.25 槽板式楼梯

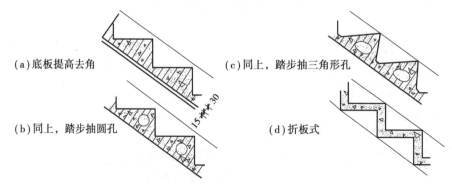

(a)底板提高去角

(c)同上,踏步抽三角形孔

(b)同上,踏步抽圆孔

(d)折板式

图9.26 槽板式梯段的节约材料方法

3）梯段的搁置

梯段在平台梁处的搁置，如图9.27所示。图9.27（a）中平台梁采用断面简单的矩形梁，但平台梁与平台板必须分开，而且降低了平台下的净空。

9.27（b）中L形平台梁于梯段板结合方面有所改进，并增加了净高，但梯段接点处构造复杂。

9.27（c）中L形平台梁做成与梯段斜度相适应的斜面作为搁置面，改进了梯段的搁置构造，虽然在平台梁搁置处可能产生局部水平力，但由于平台梁和平台板结合在一起，较易取得平衡。梯段搁置处一般用预埋件焊接［如图9.28（a）］或梯段顶套在平台梁顶预埋插孔中用砂浆窝牢［图9.28（b）］。安装时，为使构件间的接触面紧贴、受力均匀，通常先铺一层水泥砂浆。

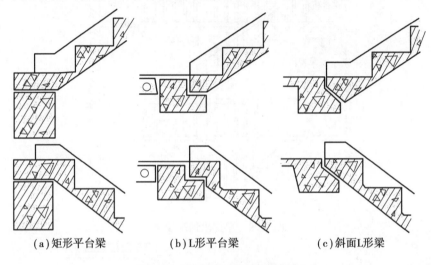

（a）矩形平台梁　　　　　（b）L形平台梁　　　　　（c）斜面L形梁

图9.27　梯段在平台梁处的搁置

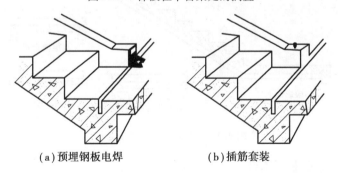

（a）预埋钢板电焊　　　　　（b）插筋套装

图9.28　梯段与平台梁的连接

4）单梯段预制楼梯

单梯段预制楼梯常作为住宅的半外廊的直跑梯，如图9.29所示。这种楼梯的两条平台梁位置，需要在外廊另立两立柱或砖墩方能搁置，构造上较为复杂。

5）梯段连平台预制楼梯

梯段可连一面平台，亦可连两面平台；断面形式可做成板式、双梁式或单梁式，如图9.30所示。这种形式主要用于建筑平面设计和结构布置有一定需要的场所，或用于工业化程度高、专用体系的大型装配式建筑中。

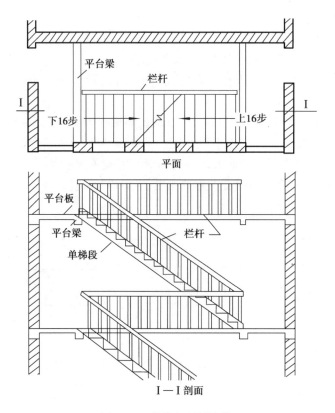

图 9.29　单梯段预制楼梯

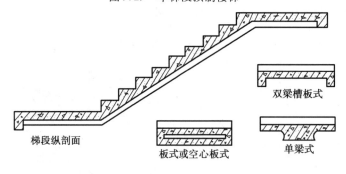

图 9.30　梯段连平台预制楼梯

9.3.3　踏面、护栏、扶手构造

(1)踏步面层及防滑构造

1)踏步面层

其做法与楼层面层装修做法基本一致。考虑到其为建筑的主要交通疏散部位且人流量大、使用率高,应选用耐磨、美观、不起尘的材料来装饰面层,常用普通水磨石、彩色水磨石、钢砖、大理石、花岗石等做面层,如图 9.31 所示。

2)防滑构造

由于人流较为集中,且面层光滑,为防止滑跌和保护踏步阳角,踏步表面应有防滑措施。常用的防滑材料有:水泥铁屑、金刚砂、金属条(铸铁、铝条、铜条)、马赛克带防滑条缸砖等。

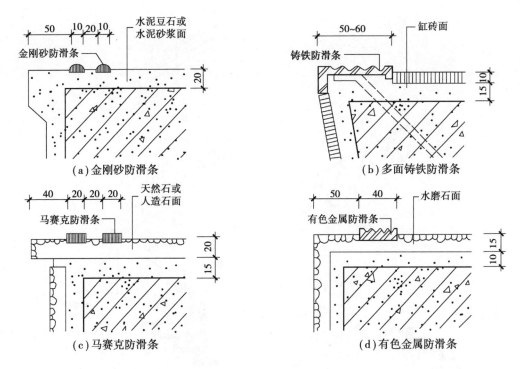

图 9.31　踏步面层及防滑构造

防滑条突出踏步面 2～3 mm 即可。过高反而不便行走,如图 9.31 所示。

(2)栏杆构造

栏杆或栏板是梯段和平台临空一边必设的安全设施,在建筑中也是装饰性较强的构件,同时要有一定的强度和稳度,能承受必要的外力冲力,栏杆一般由立杆和横杆或栏板组成,栏板由预制板装配焊接或现浇钢筋混凝土构成。常用栏杆、栏板形式如图 9.32 所示。栏杆一般采用 15～25 mm 方钢,$\phi 16～25$ mm 圆钢,或$(30～50)$ mm × $(3～6)$ mm 扁钢,或$\phi 20～50$ mm 钢管制成。栏杆竖向空格一般为 110～130 mm,栏杆竖杆与梯段、平台的连接一般为在梯段和平台上预埋钢板焊接或预留孔插接,如图 9.33 所示。

(3)扶手构造

扶手常用木材、塑料、金属管(钢管、铝合金管、不锈钢管等)制作。木扶手和塑料扶手形式多样,使用较为广泛,但不宜用于室外楼梯。不锈钢等扶手造价偏高,使用受限。进行尺寸选择时,既要考虑人体尺度和使用要求,又要考虑护栏的高度和加工的可能性。常见的扶手断面形式与尺寸如图 9.34 所示。

扶手与栏杆的连接,一般是在栏杆竖杆顶部设通长扁钢与扶手底面或侧面槽口榫接,用螺钉固定。金属管材扶手与栏杆竖杆连接一般采用焊接或铆接,但应注意其材料的一致性。如图 9.34 所示。

扶手与墙面连接时,扶手应与墙面有 100 mm 左右的距离。为砖墙时,一般在墙上留洞,将扶手连接杆件伸入洞内,用细石混凝土二次浇注嵌固;当为钢筋混凝土墙时,一般采用预埋件焊接。如图 9.35 所示。

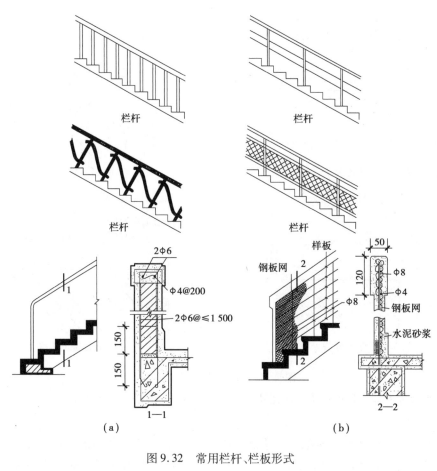

图 9.32　常用栏杆、栏板形式

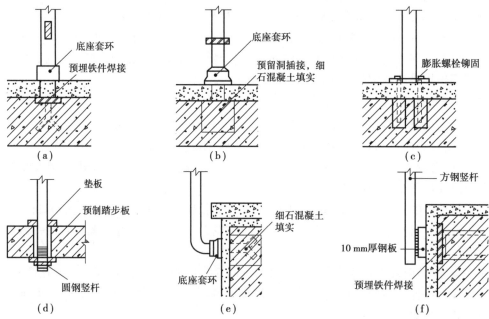

图 9.33　栏杆与梯段、平台连接

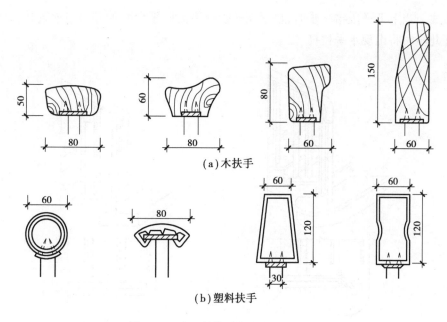

图 9.34 常见的扶手断面形式与尺寸

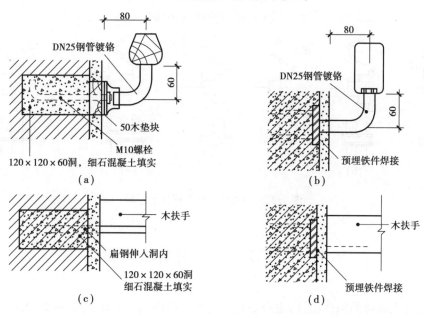

图 9.35 扶手与墙面连接

(4)楼梯起步和梯段转折处栏杆扶手处理

在底层第一跑梯段起步处,为增强栏杆刚度和美观,可对第一级踏步和栏杆扶手进行特殊处理,如图 9.36 所示。

在梯段转折处,由于梯段间的高差关系,为了保持栏杆高度一致和扶手的连续,需根据不同情况进行处理。如图 9.37 所示,当上下梯段齐步时,上下扶手在转折处同时向平台延伸半步,使两扶手高度相等,连接自然,但这样做缩小了平台的有效深度;如扶手在转折处不伸入平台,下跑梯段扶手在转折处需上弯形成鹤颈扶手;因鹤颈扶手制作较麻烦,也可改用直线转折的硬接方式。当上下梯段错一步时,扶手在转折处不需向平台延伸即可自然连接。当长短跑梯段错开几步时将出现水平栏杆。

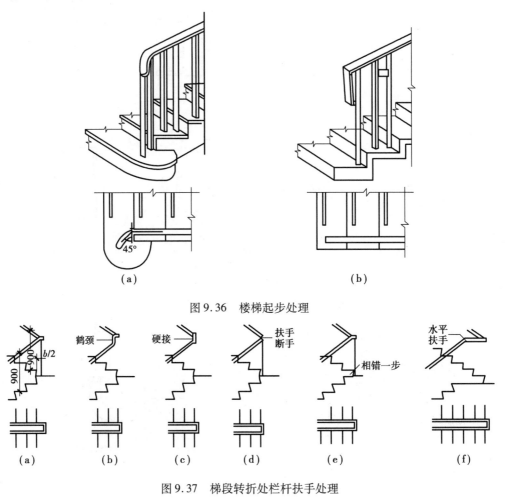

图 9.36　楼梯起步处理

图 9.37　梯段转折处栏杆扶手处理

9.4　竖向通道无障碍的构造设计

竖向通道无障碍的构造设计,主要是方便残疾人的使用。下面就作一般介绍。

在解决连通不同高差的问题时,虽然可以采用诸如楼梯、台阶、坡道等设施,但这些设施在给某些残疾人使用时,仍然会造成不便,特别是下肢残疾的人和视觉残疾的人。下肢残疾的人往往会借助拐杖和轮椅代步,而视觉残疾的人则往往会借助导盲棍来帮助行走。无障碍设计中有一部分就是指能帮助上述两类残疾人顺利通过高差的设计。下面将主要就无障碍设计中一些有关楼梯、台阶、坡道等的特殊构造问题作一些介绍。

9.4.1　坡道的坡度和宽度

坡道是最适合下肢残疾人使用的通道,它还适用于挂拐杖和借助导盲棍通过的人。其坡

度必须较为平缓,还必须有一定的宽度。有关规定如下:

（1）坡道的坡度

我国对便于残疾人通行的坡道坡度标准为不大于 1/12,与其相匹配的每段坡道的最大高度为 750 mm,最大坡段水平长度为 9 000 mm。对于只设坡道的建筑入口及室外通路,其坡道标准为 1/20。最大高度为 1 500 mm,最大坡段水平长度为 30 000 mm,见表 9.2。

表 9.2　坡道的坡度尺寸

坡　度	1:20	1:16	1:12	1:10	1:8
最大高度/m	1.5	1.00	0.75	0.60	0.35
水平长度/m	30.00	16.00	9.00	6.00	2.80

（2）坡道的宽度及平台宽度

为便于残疾人使用的轮椅顺利通过,室内坡道的最小宽度应不小于 1 000 mm,室外坡道的最小宽度应不小于 1 500 mm,图 9.38 表示相关坡道的平台所应具有的最小宽度,坡道位置及其对应的坡度、宽度见表 9.3。

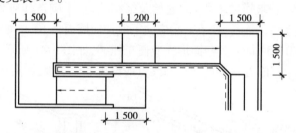

图 9.38　相关坡道的平台所应具有的最小宽度

表 9.3　坡道位置及其对应的坡度、宽度

坡道位置	最大坡度	最小宽度/m
1. 有台阶的建筑入口	1:12	≥1.20
2. 只设坡道的建筑入口	1:20	≥1.50
3. 室内走道	1:12	≥1.00
4. 室外通路	1:20	≥1.50
5. 困难地段	1:10～1:8	≥1.20

9.4.2　楼梯形式及扶手栏杆

（1）楼梯形式及相关尺度

室内残疾者或盲人使用的楼梯,应采用直行形式,不宜采用弧形梯段或在半平台上设置扇步,如图 9.39 所示。

楼梯的坡度应尽量平缓,其坡度宜在 35°以下,梯面高不宜大于 170 mm,且每步踏步应保持等高。民用建筑楼梯的梯段宽度不宜小于 1 200 mm,公共建筑不宜小于 1 500 mm。

（2）踏步设计注意事项

视力残疾者或盲人使用的楼梯踏步应选用合理的构造形式及饰面材料,无直角突沿,表面不滑,以防发生勾拌行人或其助行工具的意外事故。

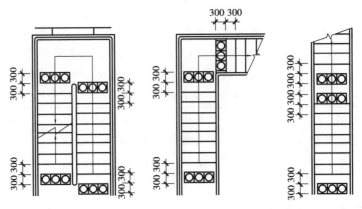

图9.39　楼梯梯段宜采取直行方式

（3）楼梯、坡道扶手栏杆

楼梯、坡道应在两侧内设扶手。公共楼梯可设上下双层扶手。上层扶手高0.85 m,下层高0.68 m。在楼梯的梯段(或坡道的坡段)的起始及终结处,扶手应自其前缘向前伸出300 mm以上,两个相临梯段的扶手应该连通,扶手末端应向下或伸向墙面0.10 m,如图9.40所示。扶手内侧与墙面的距离应为40~50 mm,其断面形式应便于抓握,如图9.41所示。交通建筑、医疗建筑和政府接待部门等公共建筑,在扶手的起点与终点应设盲文说明牌,如图9.41所示。

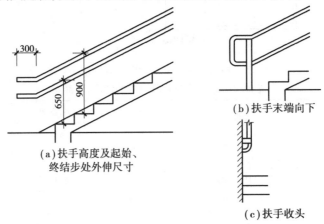

图9.40　扶手基本尺寸及收头

9.4.3　导盲块的设置

导盲块又称地面提示块,一般设置在有障碍物、需要转折、存在高差等场所,利用其表面上的特殊构造形式,向视力残疾者提供触感信息,提示该停步或需改变行进方向等。图9.42为常用导盲块的两种形式。图9.39中已经标明了它在楼梯中的设置位置,在坡道上也适用。

9.4.4　构件边缘处理

鉴于安全方面的考虑,还有凌空处的构件边缘,都应该向上翻起,包括楼梯梯段和坡道的凌空一面、室内外平台的凌空边缘等。这样可以防止拐杖或导盲棍等工具向外滑出,对轮椅也是一种制约。图 9.43 给出相关尺寸。

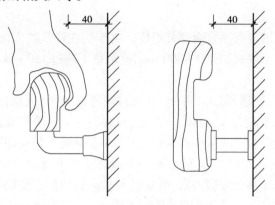

图 9.41　扶手断面应便于抓握

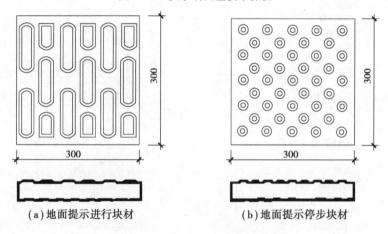

（a）地面提示进行块材　　　　　　　（b）地面提示停步块材

图 9.42　常用导盲块的两种形式

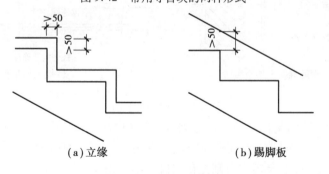

（a）立缘　　　　　　　　　　（b）踢脚板

图 9.43　构件边缘处理

9.5　室外台阶、坡道构造

　　台阶、坡道是指建筑物出入口处室内外高差之间的交通联系部分。由于人流量大，又处于室外，因此要充分考虑环境条件，合理设计以满足使用。

9.5.1 台阶

台阶、坡道由踏步、坡段与平台两部分组成。由于处在建筑物人流较集中的出入口处,其坡度应较缓。台阶踏步一般宽取 300~400 mm,高取值不超过 150 mm;坡道坡度一般取 1/6~1/12。

台阶易受雨水侵蚀,日晒,霜冻等影响,其面材应考虑防滑、抗风化、抗冻融性能强的材料制作,如选用水泥砂浆、斩假石、地面砖、马赛克、天然石等。台阶基础做法基本同地坪垫层做法,一般采用素土夯实、三合土或灰土夯实,上做 C10 素混凝土垫层即可。对大体量台阶或地基土质较差的,可视情况改 C10 素混凝土为 C15 钢筋混凝土或架空做成钢筋混凝土台阶;对严寒地区的台阶需考虑地基土冻胀因素,可改用含水率低的沙石垫层至冰冻线以下。台阶构造示例如图 9.44 所示。

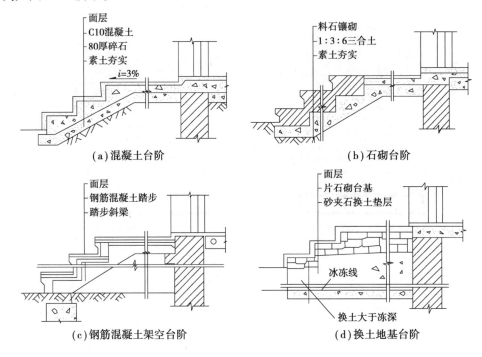

图 9.44　台阶构造示例

平台设于台阶与建筑物出入口大门之间,以缓冲人流,作为室内外空间的过渡。其宽度一般不小于 1 000 mm,为利于排水,其标高应低于室内地面 30~50 mm,并做向外 3% 左右的排水坡度。人流大的建筑,平台还应设刮泥槽,如图 9.45 所示。

9.5.2 坡道

坡道的构造与台阶基本相同,一般采用实铺,垫层的强度和厚度应根据坡道的长度及上部荷载大小进行选择。严寒地区垫层下部设置砂垫层,坡道为防滑,常将其表面作成锯齿形或带防滑条状。台阶变形、坡道表面防滑处理如图 9.46 所示。

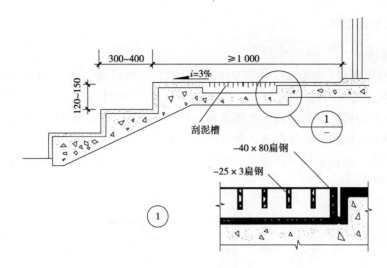

图 9.45 台阶尺寸

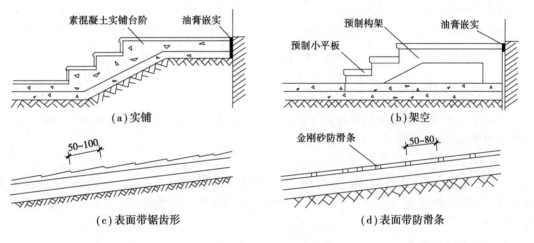

图 9.46 台阶变形、坡道表面防滑处理

9.6 电梯与自动扶梯

为上下运行方便,在多层和高层建筑中,常设有电梯。

9.6.1 类型

按使用性质可分为:客用电梯,供人们在建筑中的联系;货用电梯,主要用于搬运货物及设备;消防电梯,在发生火灾等紧急情况下安全疏散人员和消防人员紧急救援使用。在客用电梯中还有一种观赏电梯,即在竖向运行之中,通过透明的轿厢,观赏外部景观,多用于大型公共建筑之中。

255

9.6.2 电梯的组成

(1)电梯井道

电梯井道是电梯运行的通道。井道内包括出入口、电梯轿厢、导轨、导轨撑架、平衡锤及缓冲器等。根据使用要求可选用相关定型井道尺寸,配置各种实用轿厢。为满足消防和抗震设计要求,井道多采用钢筋混凝土墙。当建筑物顶层净高小于 4 500 mm 时,电梯井道需高出建筑物。因为轿厢架、轿厢吊索等设备还必须有一定的空间高度及长度,才能使轿厢停在规定高度,保证正常使用。故顶层井道高度应大于等于 4 500 mm。电梯分类与井道平面如图 9.47,电梯构造图 9.48 所示。

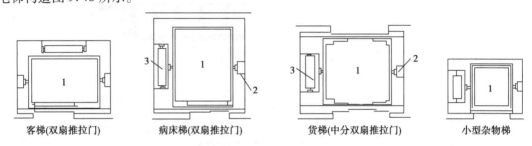

图 9.47　电梯分类与井道平面

1—电梯箱;2—导轨及撑架;3—平衡重

（客梯(双扇推拉门)　病床梯(双扇推拉门)　货梯(中分双扇推拉门)　小型杂物梯）

(2)井道地坑

井道地坑指建筑物最底层平面以下部分的井道,其高度 $H \geq 1.4$ m,作为轿厢下降时必备的缓冲器所需的空间。

(3)电梯机房

一般设在电梯井道的顶部。其平面尺寸根据设备尺寸及平面布置、使用、维修所需空间而定,一般沿井道平面任意两个相临方向伸出。其高度一般为 2.5 ~ 3.0 m。防火要求同井道。

(4)电梯门及轿厢

电梯门指电梯井壁在每层楼面留出的门洞而设置的专用门。其装修与电梯厅墙面装修应统一考虑,达到协调统一。一般采用大理石或金属装修。轿厢指载人、运货的厢体。轿厢门和每层专用门应全部封闭,以保证安全。门为双扇推拉门,宽度一般取值 800 ~ 1 500 mm,开启方式一般为中分推拉式或旁开双折推拉式。轿厢电井壁导轨和导轨支架支承,固定通过牵引轮、平衡锤,使轿厢上下升降安全运行。电梯运行速度视使用要求而定:消防电梯大于等于2 m/s;货运电梯在 2 m/s 以内;食物电梯在 1.5 m/s 以内;客运电梯在1m/s ~ 1.75 m/s 之间。

9.6.3　自动扶梯

自动扶梯适用于商场、宾馆、车站、码头、空港等人流量大且集中的场所,由电动机械牵引。梯段踏步连同扶手同步运行,可正逆运行。其运行垂直高度为 0 ~ 20 m,速度为0.45 ~ 0.75 m/s,坡度一般取 30°、35°。其载运量较大,一般为 4 000 ~ 13 500 人次/小时,自动扶梯示意图如图9.49所示。

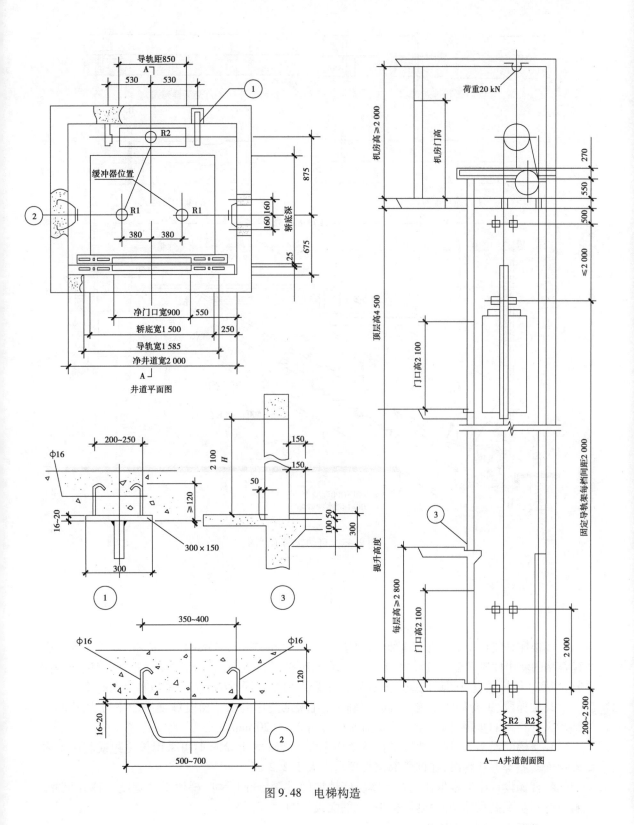

图 9.48 电梯构造

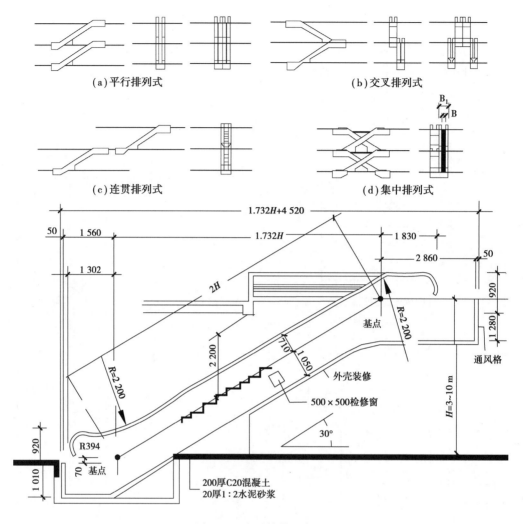

(a) 平行排列式　　　(b) 交叉排列式

(c) 连贯排列式　　　(d) 集中排列式

图 9.49　自动扶梯示意图

小　结

1. 楼梯是建筑物中垂直交通部分,由楼梯段、平台和护栏三部分组成。楼梯的形式主要根据建筑物的使用性质而定。最常用的为平行双跑楼梯,其位置与门厅相连且明显,可避免交通拥挤、堵塞。楼梯数量及间距依据人流量及消防要求而确定,同时满足安全疏散和美观的要求。

2. 楼梯段、平台的宽度按人流股数确定,且满足使用要求。梯段坡度一般不应大于38°。踏步尺寸与人的步距有关,经验公式为 $b + 2h \approx 600 \sim 620$ mm。

3. 楼梯间设出入口时,地层平台下净高应大于2 m,不足2 m时可采用长短跑或利用室内外地面高差等办法解决,在梯段部位其净高应大于2.2 m。

4. 楼梯设计中应根据使用要求解决好楼梯间进深、开间尺寸、梯段平台宽度及梯井尺寸,解决好踏步宽高尺寸,并绘制楼梯平面、剖面设计图。

5. 掌握垂直交通无障碍设计要点。

6.楼梯有现浇、预制装配钢筋混凝土楼梯之分,现浇楼梯有板式和梁板式两种结构形式,梁板式楼梯又分为双梁式和单梁式。

7.室外台阶、室外坡道是解决建筑物入口处室内外高差,便于人流进出和车辆通行的构件。其平面布置有单面踏步、三面踏步、坡道和踏步与坡道结合等多种形式。

8.电梯是大型建筑和高层建筑的主要垂直交通部分,由轿厢、梯井、机房、井道地坑等部分组成。电梯有客梯、货梯、消防电梯。

9.自动扶梯主要用于人流大的大型公共建筑之中。

复习思考题

1.楼梯由哪几部分组成,各组成部分的要求及作用是什么?

2.常见的楼梯主要有哪几种形式? 其适用范围为多少?

3.楼梯的设计要求有哪些? 如何进行楼梯设计?

4.如何确定梯段的宽度、平台宽度? 当楼梯间开间为2.4m时,平台宽度如何确定?

5.楼梯坡度与踏步尺寸有何关系? 其坡度应如何确定?

6.一般民用建筑中,楼梯踏步尺寸有何限制?

7.楼梯间的开间、进深如何设计?

8.楼梯的净高有哪些限制? 一般为多少?

9.楼梯间底层平台下设出入口时,如何设计?

10.无障碍设计对楼梯形式、坡道坡度、尺寸是如何规定的? 有何设置要求?

11.钢筋混凝土楼梯常见的结构形式有几种? 各自优缺点是什么?

12.为什么抗震设防地区采用现浇钢筋混凝土楼梯?

13.预制装配式钢筋混凝土楼梯构造形式及踏步形式有哪些?

14.楼梯踏步做法及防滑措施有哪些?

15.护栏与踏步,扶手与护栏的构造形式是什么?

16.台阶的构造要求有哪些?

17.台阶与坡道的形式有哪些?

18.常用电梯有哪几种? 为什么顶层电梯井道段高度要≥4 500 mm?

19.电梯机房如何设计?

20.护栏出现鹤颈如何解决?

楼梯构造设计任务书

1.设计题目

楼梯构造设计

2.设计条件

第一题目

①某内廊式办公楼,砖混结构,三层,层高3.30 m,室内外高差0.55 m。

②该办公楼次要(辅助)楼梯为平行双跑楼梯,楼梯间开间为3.30 m,进深为5.70 m,楼

梯间底层为该办公楼次要出入口。

③梯间入口的门洞口尺寸为 1 500 mm × 2 100 mm,楼梯间窗的洞口为 1 500 mm × 1 200 mm(或 1 500 mm)。

④楼梯间的墙体为砖墙,外纵墙厚 370 mm,内横、纵墙厚 240 mm。

⑤采用现浇钢筋混凝土板(或梁板)式,或者预制装配式钢筋混凝土楼梯。栏杆及扶手形式自定。不考虑无障碍设计。

第二题目

①单元式住宅楼,砖混结构,5 层,层高 2.80 m,室内外高差 0.45 m。按八度烈度设防。

②入口设在楼梯间,楼梯为平行双跑楼梯。楼梯间开间为 2.70 m,进深为 5.20 m。

③楼梯间入口门洞尺寸为 1 500 mm × 2 100 mm,窗洞口尺寸为 1 500 mm × 2 100 mm。

④楼梯间的墙体为砖墙,外纵墙厚 370 mm,内横、纵墙厚 240 mm,楼梯间设垃圾道,材料以及形式做法自定。

⑤采用现浇钢筋混凝土板式楼梯,或者预制装配式钢筋混凝土楼梯。

3. 设计内容及图纸要求

用 A2 图纸,一律按建筑制图标准规定绘制楼梯间平面图、剖面图和节点详图。

(1)平面图:底层、二层和顶层平面图,比例:1:50

①画出楼梯间墙、门窗、梯段踏步、平台、栏杆扶手及底层所见室外坡道(或台阶)、部分散水等。

②尺寸标注

开间方向:两道尺寸。第一道:细部尺寸,包括梯段宽度、梯井宽度及墙内缘至轴线尺寸。门窗只按比例画出,不标注尺寸;第二道:轴线尺寸,轴线编号。

进深方向:两道尺寸。第一道:细部尺寸,包括楼梯段水平投影长度[标注方法:(踏步数 - 1)×踏面宽 = 长度]、平台长度及墙内缘至轴线尺寸;第二道:轴线尺寸,轴线编号。

③平面图内标注室内外地面设计标高,中间平台、楼层平台(或楼层面)标高,标注梯段折断线及楼梯上下行指示线。

④注写图名、比例;底层平面图中标注剖切符号。

(2)楼梯间剖面图,比例 1:50

①画梯段、平台、栏杆扶手;室外坡道(或台阶)、散水、入口门、雨篷;剖切墙、窗及其他剖切到或投影所见到的所有构件(可不画屋顶,在顶层楼梯扶手以上断开,用折断线表示)等。剖切到的部分用材料图例分别表示。

②尺寸标注(标注在图外部)

水平方向:两道尺寸。第一道:细部尺寸,底层第一梯段投影长度、平台长度、墙内缘至轴线尺寸及定位轴线编号;第二道:轴线尺寸。

垂直方向:两道尺寸。第一道:细部尺寸,室内外设计地面高差和各梯段高度(标注方式:踏步数×踏步高 = 梯段高度)、楼梯间外纵墙门、窗及窗间墙尺寸;第二道:层高。

③室内外设计标高,各中间休息平台,楼层面(或楼层休息平台),平台梁底标高。

④标注节点详图、索引符号、图名、比例。

(3)楼梯节点详图,比例 1:10

内容:梯段踏步、护栏、扶手、梯段与平台交接处,任选 2~3 个。

要求:表示清楚节点中各部位细部构造及做法,标注尺寸。

第**10**章

屋顶构造

10.1 概 述

10.1.1 屋顶的类型与组成

屋顶从外部形式看,可分为平屋顶、坡屋顶和其他形式的屋顶,如图 10.1 所示。而这些形式的形成又源于建筑本身的使用功能、结构造型及建筑造型等要求。

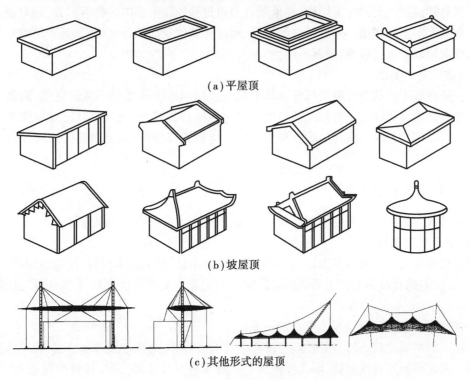

(a) 平屋顶

(b) 坡屋顶

(c) 其他形式的屋顶

图 10.1 屋顶形式

从屋面防水构造看,可分为卷材(柔性)防水屋面、涂膜防水屋面和瓦类防水屋面。

房屋主要由屋顶覆盖层和承重结构组成。它不仅要承担建筑的围护功能,还需兼顾保温、隔热、隔声、排水和防火等多重性能要求,为了实现这些功能,屋顶设计中通常会包含多种辅助层和设施。

10.1.2 屋顶的设计要求

(1)功能要求

屋顶为建筑物最上层外围护结构,主要为抵御自然界风、雨、雪、霜、太阳辐射、气温变化的影响和预防火灾,使建筑空间具备良好的使用环境。故要满足防水、保温、隔热等基本功能要求,而其中防止雨水渗漏也是设计的核心。根据《建筑与市政工程防水通用规范》(GB 55030—2022),平屋面工程的防水做法应符合表10.1。

表10.1 平屋面工程的防水做法

防水等级	防水做法	防水层	
		防水卷材	防水涂料
一级	不应少于3道	卷材防水层不应少于1道	
二级	不应少于2道	卷材防水层不应少于1道	
三级	不应少于1道	任选	

(2)结构要求

屋顶是建筑物上层的承重结构,要承受自身重量和屋顶上部的各种活荷载,同时也起着建筑物上部的水平支撑作用。应有足够的强度、刚度和整体空间的稳定性,保证其结构安全和防止结构变形造成防水层破裂、渗漏。

(3)建筑艺术要求

屋顶是建筑形体的重要组成部分。其形式直接影响建筑造型和形体的完整、均衡。如我国传统建筑的重要特征之一就是屋顶外形的变化多样及其精美的细部装修,对建筑整体造型极具影响。在现代建筑中同样应注重其形式的变化和细部设计,充分表达人们对建筑艺术方面的需求。

10.1.3 屋顶排水设计

屋顶排水设计主要解决好屋顶排水坡度,确定排水方式和排水组织设计。

(1)屋顶坡度选择

屋顶坡度是由多方面因素决定的,受到自然气候条件、屋面防水材料、屋顶结构形式、建筑造型要求、构造组合及施工方法等诸因素影响。归纳看主要受到防水材料和自然气候条件的影响。

1)防水材料和降雨量与排水坡度的关系

当防水材料尺寸较小时,则接缝多,易产生渗漏,因而应选择较大排水坡度,将屋面积水迅速排除。如瓦屋面其坡度较陡,形成坡屋顶。当防水材料尺寸较大时,接缝少且覆盖严密时,产生的渗漏因素小,则屋面排水坡度可适当减小,如卷材防水、涂膜防水等。因其排水坡度小,为 1% ~3% ,故形成平屋顶形式;而降雨量大的地区,屋面渗漏的可能性较大,屋顶的排水坡度应适当加大,反之,屋顶排水坡度则宜小些。

2)屋顶坡度形成方式

屋顶坡度的形成有两种方式,一是材料找坡,二是结构找坡,如图 10.2 所示。

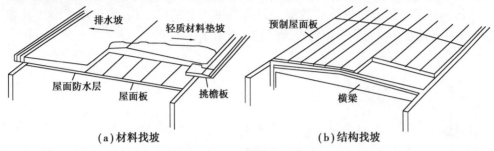

(a)材料找坡　　　　　　　　　　　(b)结构找坡

图 10.2　屋顶坡度的形式

①材料找坡:用轻质材料垫坡,如选用碎加气块、轻质混凝土等,找坡厚度最薄处不小于 30 mm,坡度为 2% ~3% ,适用于坡向长度较小的屋面。材料找坡室内天棚平整,空间效果较好,多用于住宅建筑和公共建筑之中。但增加了屋面荷载,消耗材料、人工较多。

②结构找坡:指屋顶结构自身带有一定坡度。如图 10.2 所示表面倾斜的屋架、屋面梁等,上面放置屋面板,其表面即呈倾斜坡面,如顶面倾斜的横墙上放置屋面板要呈现倾斜坡面。其结构简单,不增加荷载,但室内天棚倾斜、空间效果不够规整,多用于有吊顶的建筑和单层、双层厂房等。

(2)屋面排水设计

1)屋顶排水方式

其排水方式可分为有组织排水和无组织排水两类。

①无组织排水。无组织排水是指屋面雨水直接从檐口排出或通过水舌排出的排水方式,又称自由落水。无组织排水具有构造简单、造价低廉的优点。但刮大风下雨时,易使从檐口落下的雨水浸湿到墙面上,降低墙体的耐久性能,同时,在严寒地区季节交替时,会在檐口上出现冰溜,对在檐口下行走的人造成危险,故这种排水方式可适用于除严寒区的底层建筑或檐口高度小于 10 m 的屋面。

②有组织排水。有组织排水是指雨水经由天沟、雨水口、雨水管等排水装置引导至地面或底下管沟的排水方式。其优缺点与无组织排水正好相反,由于优点较多,在建筑工程中得到广泛应用。在有条件的情况下,宜采用雨水收集系统。

有组织排水方式有外排水和内排水两种。外排水指排水管沿建筑外墙面设置,雨水管不进入室内,不影响室内空间的使用,减少渗漏,使用广泛,尤其在降雨量大的地区和沿街建筑应优先采用。内排水是指排水管沿建筑内墙面、柱面或管道竖井设置,主要用于高层建筑、严寒地区的建筑和屋面宽度过大的建筑。对高层而言,外排水不宜维修,亦不安全。屋面宽度过大的建筑,无法用外排水方案排除屋面雨水,宜采用内排水方案。

2)屋面排水组织设计

其作用就是使屋面雨水排水顺畅,排水路线短捷,避免因积水等原因造成屋面渗漏。其设计内容主要有以下几点:

①合理划分排水区。该设计是便于较均匀布置雨水口和排水管道(雨水管),一般按一个

雨水管负担 150 ~ 200 m² 屋面面积设置,屋面面积以其水平投影计算。

②确定排水坡面数量。一般平屋面建筑屋面宜采用双坡排水,以缩短雨水水流路线。进深较小的屋面和沿街建筑根据实际情况可选用单坡排水。坡屋顶则顺其造型为单坡、双坡或四坡排水。

③天沟断面尺寸和天沟纵坡的坡度。天沟即屋顶上的排水沟,当设屋檐时为外檐天沟(又称檐沟);当设女儿墙时为三角天沟,如图 10.3 所示。

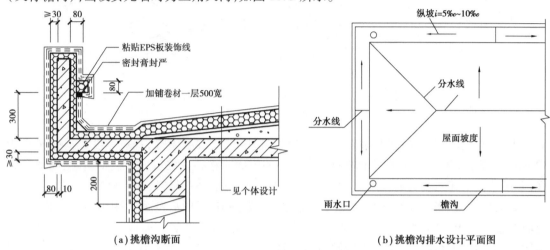

(a)挑檐沟断面　　　　　　　　　　(b)挑檐沟排水设计平面图

图 10.3　挑檐沟断面

为使其汇集和迅速排除屋面雨水,其断尺寸应依据建筑物所在地降雨量和汇水面积的大小来确定。一般其净宽应 ≥300 mm,分水线最下深度 > 100 mm,沟度水落差 < 200 mm。同时,天沟应沿长度方向设纵向排水坡,其坡度应 ≤1%,如图 10.3 所示。

④雨水管设置。其材料种类很多,有铸铁、塑料、镀锌铁皮、陶土管等。考虑其耐久性、荷重及装饰效果,现广泛采用改性 PVC 等塑料管。一般民用建筑常用 75 ~ 100 mm 管径,单独用于阳台、露台或面积 ≤25 m² 时,可选用 50 mm 管径;工业建筑常采用 100 ~ 150 mm 管径。雨水管设置位置应合理,要既便于排水,又不影响使用,亦要充分考虑对立面效果的影响。其设置间距要合理,过大会导致天沟纵坡过长,垫坡材料加厚,必增加荷载,减少天沟容积,雨量过大时,易溢向屋面,而引起渗漏或沿天沟外侧涌出。故一般间距取值为 18 ~ 24 m,如图 10.3 所示。

10.2　卷材防水屋面构造

卷材防水屋面是利用柔性防水卷材与黏结剂结合,粘贴在屋面上而形成的密实防水构造层。按其使用材料的不同,可分为沥青类卷材防水屋面、高聚物改性沥青类卷材防水屋面、高分子类卷材防水屋面。卷材防水层具有良好的韧性和可变性,能适应震动和微小变形等变化因素的影响,整体性好,不易渗漏,使用广泛,Ⅰ ~ Ⅱ 级屋面防水均适用。但耐久性较差,机械强度低,施工操作繁杂,还需不断改进。

10.2.1　卷材防水材料

（1）防水卷材

1）沥青类防水卷材

沥青类防水卷材是用原纸、纤维织物（如玻璃丝布、玻璃纤维布、麻布）等为胎体浸渍沥青而成的卷材，如传统石油沥青油毡（纸胎）。实践证明沥青油毡做屋面防水层易起鼓，沥青易熔化流淌。低温条件下，油毡易脆裂，导致使用寿命缩短和防水质量下降，加之熬制沥青污染环境，已逐渐被淘汰。

2）高聚物改性沥青类防水卷材

高聚物改性沥青类防水卷材是以合成高分子聚合物改性沥青为涂盖层，纤维织物或纤维毡为胎体的卷材。其克服了沥青类卷材温度敏感性大、延伸率小的缺点。该类卷材具有高温不流淌，低温不脆裂，抗拉强度高的特点，能够较好地适应基层开裂及伸缩变形的要求。目前国内使用较广泛的品种有 SBS、APP、PVC 改性沥青卷材和再生胶改性沥青卷材。

3）合成高分子类防水卷材

合成高分子类防水卷材是指以合成橡胶，合成树脂或两者的混合体为基料加入适量化学助剂和填充料而制成的卷材。其具有拉伸强度高，断裂伸长率大，抗撕裂强度高（抗拉强度达到 $2\sim18.2$ MPa），耐热性能好，低温柔性大（适用温度在 $-20\sim80$ ℃），耐老化及可以冷施工等优点，目前属于高档防水卷材。目前我国使用的品种有三元乙丙橡胶、聚氯乙烯、氯化聚乙烯等防水卷材。

（2）卷材黏结剂

1）沥青卷材黏结剂

沥青卷材黏结剂主要有冷底子油和沥青胶等。冷底子油是 10 号或 30 号石油沥青溶于轻柴油、汽油或煤油中而制成的溶液。将其涂在水泥砂浆或混凝土基层上做基层处理剂，使基层表面与沥青黏结剂之间形成一层胶质薄膜，提高黏结性能；沥青胶又称玛琋脂（MASTIC），是在沥青熬制过程中，为提高其耐热度、韧性、黏结力和抗老化性能，掺入适量滑石粉、石棉粉等加工制成。

2）高聚物改性沥青卷材，高分子卷材黏结剂

高聚物改性沥青卷材，高分子卷材黏结剂主要为溶剂型黏结剂。用于改性沥青类的有 RA-86 型氯丁胶黏结剂、SBS 黏结剂等；高分子卷材（如三元乙丙橡胶）用聚氨酯底胶基层处理剂，CX-404 氯丁橡胶黏结剂等。

10.2.2　卷材防水屋面构造

屋面排水组织

卷材防水屋面构造可分为基本构造层次和辅助构造层次两部分。为阐述明确，这里分别讲解。

（1）基本构造层次

按各自作用分为：结构层、保温层、找平层、结合层、防水层和保护层，如图 10.4 所示。

①结构层。结构层位于屋顶的最下面，主要起着承重的作用，多为高度好、变形小的各类钢筋混凝土屋面板。

②保温层。保温层顾名思义主要起着保温的作用。保温材料由松散材料、现场浇筑的混

合料和板块料三大类。应综合考虑建筑物的使用要求、屋面的结构形式、环境气候条件,防水处理方法和施工技术等因素。其厚度主要根据不同气候区的屋面传热系数限值计算确定。

③找平层。为防止防水卷材铺设时出现凹陷、断裂,首先要在屋面板结构层上或松软的保温层上设置一坚固平整的基层,称其为找平层。一般采用1:2.5水泥砂浆,厚度视表面平整度而定,常用值为15~30 mm。将卷材平整密实铺设在找平层上,同时为防止找平层由于干缩、温度、受力等原因,产生变形开裂而波及卷材防水层,找平层应设分格缝,缝距≤6 m,缝宽为20 mm,当屋面板为预制装配式时,分格缝应设置在板端缝处,并在缝上增设一层宽约300 mm卷材,单边粘贴,使分格缝处的卷材有一定的伸缩余地,避免开裂,如图10.5所示。由于整体现浇屋面板上设置的找平层与结构层同步变形,故其找平层可不设分格缝。

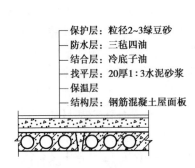

图10.4 卷材防水屋面构造组成

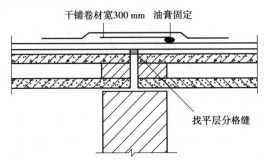

图10.5 卷材防水屋面的分格缝

④结合层。结合层的作用是在卷材与基层间形成一层胶质薄膜,使卷材与基层牢固胶结而涂刷的基层处理剂。沥青类卷材常用冷底子油作结合层;改性沥青卷材常用改性沥青黏结剂;高分子卷材常用配套处理剂,也采用冷底子油或乳化沥青作结合层。

⑤防水层。沥青类卷材防水层为高聚物改性沥青防水卷材,故仍以其为主要构造层次做法加以论述:首先找平层干燥后在上面刷冷底子油一道,将熬制好的沥青胶(玛琋脂)均匀刮涂在找平层上,厚度约1 mm,边刮涂边铺设油毡,然后再刮涂沥青胶再铺油毡,交替进行,直到设计层数为止,最后再刮涂一层沥青胶。

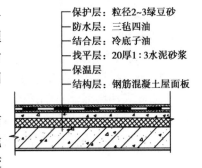

图10.6 卷材防水屋面做法

一般民用建筑防水层应铺设三层防水卷材、四遍沥青胶,称为三毡四油,如图10.6所示。在铺设防水层时,要解决好以下问题:

a.防水卷材的铺设方向:当屋面坡度≤3%时,宜平行于屋脊铺设,且从檐口至屋脊逐层向上铺设;当屋面坡度在3%~15%时可平行或垂直屋脊设置;当坡度>15%或屋面受震动时,应垂直屋脊设置,如图10.7所示。

b.防水卷材搭接方式及长度:上下层及相邻两幅卷材的搭接缝应错开,卷材端头搭接缝应顺着最大频率导风向搭接,搭接宽度应符合表10.2。

c.卷材与基层的粘贴方法:可分为满粘法、点粘法和空铺法。一般采用满粘法使卷材与基层粘接密实,但基层或保温层不干燥存有水汽时,受太阳辐射形成水蒸气蒸发,使卷材形成鼓泡。鼓泡的皱折和破裂形成漏水隐患,或者基层变形较大时,易造成防水卷材撕裂而引起漏水。这时可采用空铺法、点粘法、条粘法等,使卷材与基层之间有一个能使蒸汽扩散的场所和

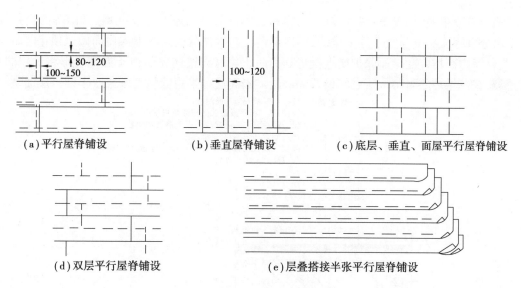

（a）平行屋脊铺设　　　　（b）垂直屋脊铺设　　　（c）底层、垂直、面屋平行屋脊铺设

（d）双层平行屋脊铺设　　　　　　（e）层叠搭接半张平行屋脊铺设

图 10.7　油毡层的铺设

减小基层变形对防水卷材影响的空间,达到减小或避免防水卷材破裂而产生渗漏。

表 10.2　卷材搭接宽度

搭接方法	短边搭接宽度/mm		长边搭接宽度/mm	
铺贴方法卷材种类	满粘法	空铺法、点粘法、条粘法	满粘法	空铺法、点粘法、条粘法
沥青防水卷材	100	150	70	100
高聚物改性沥青防水卷材	80	100	80	100
高分子防水卷材	80	100	80	100

高聚物改性沥青防水层:高聚物改性沥青防水卷材的铺贴方法有冷粘法和热熔法两种。冷粘法使用胶黏剂将卷材粘贴在找平层上,或利用某些卷材的自黏性进行铺贴。冷粘法铺贴卷材时应注意平整顺直,搭接尺寸准确,不扭曲,卷材下面的空气应予排除并将卷材辊压粘接牢固。热熔法施工是用火焰加热器将卷材均匀加热至表面光亮发黑,然后立即滚铺卷材使之平展并辊压牢实。

高分子卷材防水层(以三元乙丙卷材防水层为例):三元乙丙卷材是一种常用的高分子橡胶防水卷材,其构造做法是:先在找平层(基层)上涂刮基层处理剂如 CX-404 胶等,要求薄而均匀,待处理剂干燥不黏手后即可铺贴卷材。

⑥保护层。设置保护层的目的是保护防水层,使卷材不致因光照和气候等的作用迅速老化,防止沥青卷材的沥青过热流淌或受到暴雨的冲刷。保护层的构造做法视屋面的利用情况而定。不上人时,防水卷材防水屋面一般在防水层撒粒经 1.5～2 mm 厚的石粒或砂粒作为保护层,称为绿豆砂保护层;高分子卷材如三元乙丙橡胶防水屋面等通常是在卷材面上涂刷水溶型或溶剂型的浅色保护着色剂,如氯丁银粉胶等,目前采用的高聚物改性沥青防水卷材由于其自带保护层,这一层可以省略。如图 10.8 所示。

上人屋面的保护层又称楼面面层,故要求保护层平整耐磨。做法通常有:用沥青砂浆铺贴缸砖、大阶砖、混凝土板等块材,在防水层上现浇 30～40 mm 厚的细石混凝土。块材或整体保

267

护层均应设分格缝,位置是:屋顶坡面的转折处,屋面与突出屋面的女儿墙、烟囱等的交接处。保护层分格缝应尽量与找平层分格缝错开,缝内用防水油膏嵌封。上人屋面做屋顶花园时,花池、花台等构造均应在屋面保护层上设置。为防止块材或整体屋面由于温度变形将油毡防水层拉裂,宜在保护层与防水层之间设置隔离层。隔离层可采用低强度砂浆或干铺一层油毡。

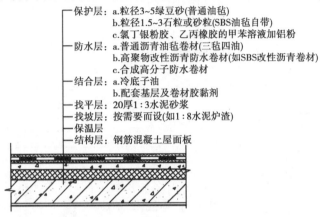

图 10.8　不上人卷材防水屋面的保护做法

上人屋面保护层的做法如图 10.9 所示。

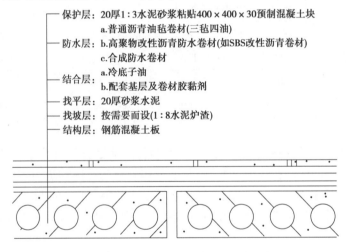

图 10.9　上人卷材防水屋面的保护做法

(2)辅助构造层次

辅助构造层是为满足房屋使用功能而设置的构造层,如隔热层、隔蒸汽层、找坡层等。隔热层主要是为了防止夏季建筑室内过热而设置的;隔气层则是为了防止潮气进入屋面保温层,使其保温功能失效而设置的;找坡层则是材料找坡屋面未形成所需坡度而设置的;而隔离层是为了消除相邻两种材料之间黏结力、机械咬合力、化学反应等不利影响而设置的。有关辅助层在后续章节详述。

10.2.3　卷材防水屋面细部构造

(1)泛水构造

泛水系指屋面防水层与垂直面交接处的防水处理。如女儿墙、烟囱、楼梯间、变形缝、检修孔、立管等凸出物。泛水处除了加铺一层附加油毡,还应有一定高度,一般应≥250 mm。为使防水卷材在转角处能与基层密实粘接,避免形成空鼓或折断应做成直径≥150 mm 的圆弧形或 45°斜面;为防止垂直面段防水卷材下滑,应做好泛水上口收头固定。一般做法是:卷材收头直接铺至女儿墙压顶下,用压条钉压固定并用密封材料封闭严密,压顶应做防水处理[图 10.10(a)];也可在垂直墙中凿出通长凹槽,将卷材收头压入凹槽内,用防水压条钉压后再用密封材料嵌填封严,外抹水泥砂浆保护。凹槽上部的墙体也应做防水处理[图 10.10(b)];墙体为混凝土时,卷材收头可采用金属压条钉压,并用密封材料封固[图 10.10(c)]。

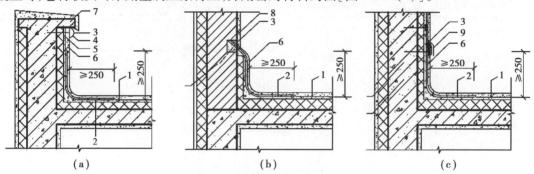

图 10.10　卷材防水屋面的泛水构造
1—防水层;2—附加层;3—密封材料;4—金属压条;
5—水泥钉;6—保护层;7—压顶;8—防水处理;9—金属盖板

(2)屋面变形缝构造

屋面变形缝处卷材防水构造既要防止雨水从变形缝处渗入室内,又不影响屋面变形。其变形缝分为横向变形缝和高低跨变形缝,即同层等高屋面上变形缝和高低屋面交接处的变形缝。

①同层等高屋面变形缝处防水构造做法:缝两边结构体上砌筑附加墙,厚度 120 mm 即可。做法类似泛水构造,为固定卷材顶端,附加墙顶必须预埋木砖。顶部盖缝,先设一层卷材,然后用可伸缩的镀锌铁皮盖牢,并与附加墙固定,湿度大的地区可改用预制混凝土压顶板,确保耐久性。如图 10.11(a)所示。

②高低跨变形缝处防水构造与高低屋面变形缝处防水构造做法大同小异,只需在低跨屋面上砌筑附加墙,镀锌铁皮盖缝片的上端固定在高跨墙上。做法同泛水构造,也可从高跨侧墙中设置钢筋混凝土板盖缝。如图 10.11(b)所示。

(3)屋面出入口、检修口防水构造

上人屋面在楼梯间需设置上屋顶出入门口。一般情况下,室内地坪低于屋面标高。需在出入口处设挡水的门槛,挡水的门槛高度高出屋面 300 mm,其构造做法如图 10.12 所示。

不上人屋面必设屋面检修孔,孔洞四周应设附加竖墙,一般与屋面一并现浇制成,其高度一般为 30 mm,当设保温层等辅助层时视具体情况而定。其防水构造如图 10.13 所示。

(4)挑檐口防水构造

挑檐口防水构造分为无组织排水和有组织排水两种构造做法。

1)无组织排水挑檐口防水构造

为防止卷材收头处黏结不牢、出现"张口"现象,在防水卷材收头处于檐板上做一凹槽,将

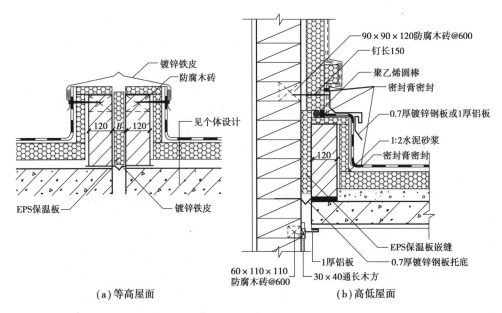

（a）等高屋面　　　　　　（b）高低屋面

图 10.11　变形缝处泛水构造

防水卷材用水泥钉等固牢于檐板上,上面再用油膏嵌固,如图 10.14 所示。

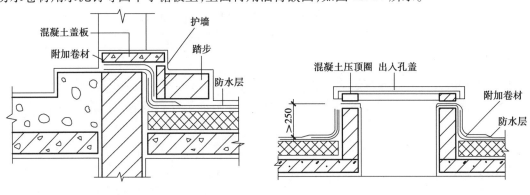

图 10.12　屋面出入口　　　　　　　图 10.13　屋面检修孔

2）有组织排水挑檐口防水构造

将汇水檐沟设置于挑檐上,檐沟板可与圈梁连成整体,亦可预制檐沟板搁置牛腿上,其防水构造需加 1~2 层卷材,转角处应做成圆弧或 45°斜面,防水卷材铺设至檐沟边缘固定,并用砂浆盖缝,如图 10.15 所示。

（5）挑檐口构造

挑檐口分为无组织排水和有组织排水两种做法。其防水构造要点是做好卷材的收头,使屋顶的四周卷材封闭,避免雨水渗入。

①无组织排水挑檐口不宜直接采用屋面板外挑,因其温度变形大,易使檐口抹灰砂浆开裂,引起"爬水"和"尿墙"现象。比较理想的是采用与圈梁整浇的混凝土挑板。挑檐口的做法及构造要点是:在屋面檐口 800 mm 范围内的卷材应满粘,卷材收头应采用金属压条钉压,并应用密封材料封严。檐口下端应做鹰嘴和滴水槽（图 10.16）。

②有组织排水的挑檐口常常将檐沟布置在出挑部位,现浇钢筋混凝土檐沟板可与圈梁连成整体（图 10.17）。预制檐沟板则须搁置在钢筋混凝土屋架挑牛腿上。挑檐沟的做法及构造要点是:

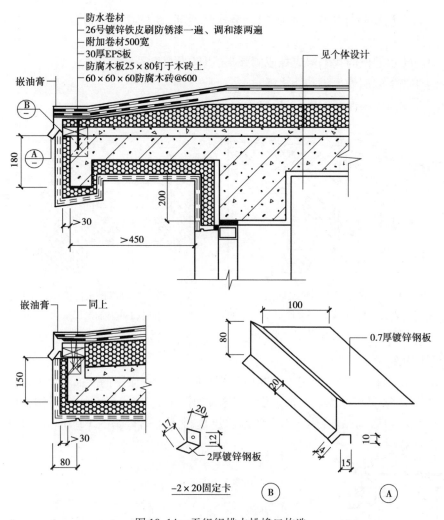

图 10.14　无组织排水挑檐口构造

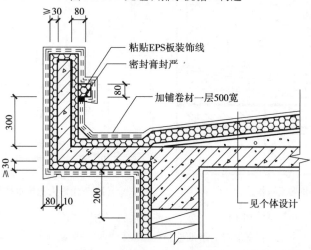

图 10.15　有组织排水檐沟构造

a.檐沟的防水层下应增设附加层,附加层伸入屋面的宽度不应小于 250 mm;

b.檐沟防水层和附加层应由沟底翻上至外侧顶部,卷材收头应用金属压条钉压,并应用密封材料封严;

c.檐沟内转角部位的找平层应抹成圆弧形,以防卷材断裂;

d.檐沟外侧下端应做鹰嘴和滴水槽;

e.檐沟外侧高于屋面结构板时,应设置溢水口。

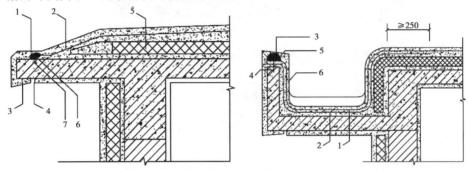

图 10.16　无组织排水挑檐沟防水构造
1—密封材料;2—防水层;3—鹰嘴;4—滴水槽;
5—保温层;6—金属压条;7—水泥钉

图 10.17　有组织排水挑檐沟防水构造
1—防水层;2—附加层;3—密封材料;
4—水泥钉;5—金属压条;6—保护层

(6)天沟构造

在跨度不大的平屋面中,当采用女儿墙外排水时,常利用倾斜的屋面与女儿墙间的夹角做成三角形断面天沟,其泛水做法与前述做法相同,如图 10.18(a)所示。沿天沟长向需用轻质材料垫成 0.5% ~1% 的纵坡,使天沟内的雨水迅速排入水落口。图 10.18(b)为三角形天沟纵坡的平面示意图。

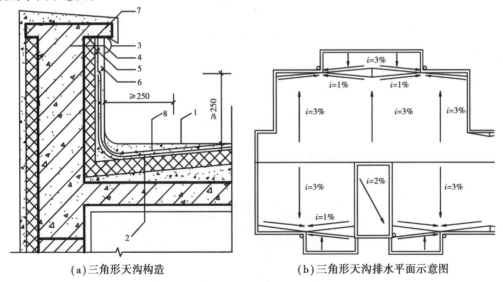

(a)三角形天沟构造　　　　(b)三角形天沟排水平面示意图

图 10.18　女儿墙外排水的三角形天沟
1—防水层;2—附加层;3—密封材料;4—金属压条;
5—水泥钉;6—保护层;7—压顶;8—天沟纵坡分水线

(7)水落口构造

水落口是用来将屋面雨水排至水落管而在檐口处或檐沟内开设的洞口。构造上要求排水通畅,不易堵塞和渗漏。有组织外排水最常用的有檐沟及女儿墙水落口两种形式,有组织内排水的水落口则设在天沟上,构造与外排水檐沟式的相同。

水落口通常为定型产品,分为直式和横式两类。直式适用于中间天沟、挑沟和女儿墙内排水天沟;横式适用于女儿墙外排水天沟。

①直式水落口有多种型号,根据降雨量和汇水面积加以选择(图10.19)。常用的65型铸铁水落口主要由短管、环形筒、导流槽和顶盖组成。短管呈漏斗形,安装在天沟底板或屋面板上,水落口周围半径250 mm范围内坡度不应小于5%,防水层下应增设涂膜附加层;防水层和附加层伸入水落口杯内不应小于50 mm,并应黏结牢固。环形筒与导流槽的接缝需由密封材料嵌封。顶盖底座有放射状格片,用以加速水流和遮挡杂物。

②横式水落口呈90°弯曲状,由弯曲套管和铁箅两部分组成。弯曲套管置于女儿墙预留孔洞中,屋面防水层及泛水的卷材应铺贴到套管内壁四周,铺入深度不少于50 mm,套管口用铸铁箅遮盖,以防污物堵塞水口。构造做法如图10.20所示。

水落口的材质过去多为铸铁,金属水落口虽然管壁较厚、强度较高,但易生锈不美观;而硬质聚氯乙烯塑料(PVC)管具有质轻、不易生锈、色彩多样等优点,近年来越来越多地得到运用。

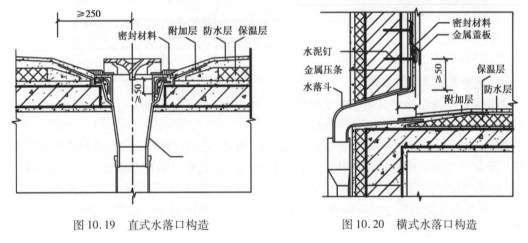

图 10.19　直式水落口构造　　　　　图 10.20　横式水落口构造

10.3　涂膜防水屋面构造

涂膜防水屋面,是将可塑和黏结力较强的防水涂料刷在屋面基层上,固化后形成不透水的薄膜体,达到防水的目的。其特点是防水抗渗,黏结力强,延伸率大,弹性好,耐腐蚀,耐老化,不燃烧,无毒,冷作业施工方便,在建筑防水工程中已得到广泛应用。主要类型分为两大类:一类是水或溶剂溶解后于基层上涂刷,通过水或溶剂蒸发干燥硬化,称为涂料类;另一类是通过材料的化学反应,使涂料与胎体配合,增强涂层的贴附覆盖能力和抗变能力,称为胎体增强材料类。

(1)涂膜防水屋面构造及做法

氯丁胶乳沥青防水涂料以氯丁胶石油沥青为主要原料,选用阳离子乳化剂和其他助剂,经

软化和乳化而成,是一种水乳型涂料。其构造做法为:

①找平层。在屋面板上用1:2.5~1:3的水泥砂浆做15~20 mm厚的找平层并设分格缝,分格缝宽20 mm,其间距不大于6 m,缝内嵌填密封材料。找平层应平整、坚实、洁净、干燥,方可作为涂料施工的基层。

②底涂层。将稀释涂料(防水涂料:0.5~1.0的离子水溶液为6:4或7:3)均匀涂布于找平层上作为底涂层,干后再刷2~3遍涂料。

③中涂层。中涂层为加胎体增强材料的涂层,要铺贴玻璃纤维网格布,有干铺和湿铺两种施工方法。在已干的底涂层上干铺玻璃纤维网格布,展开后加以点粘固定,当铺过两个纵向搭接缝以后依次涂刷防水涂料2~3遍,待涂层干后按上述做法铺第二层网格布,然后再涂刷1~2遍,铺法是在已干的底涂层上边涂防水涂料边铺贴网格布,干后再刷涂料。一布二涂的厚度通常大于2 mm,二布三涂的厚度大于3 mm。

④面层。面层根据需要可做细砂保护层或涂覆着色层,细砂保护层是在未干的中涂层上抛撒20 mm厚浅色细砂并辊压,使砂牢固地黏结于涂层上;着色层可使用防水涂料或耐老化的高分子乳液作黏合剂,加上各种矿物养料配制成品着色剂,涂布于中涂层表面。

全部涂层的做法如图10.21所示。

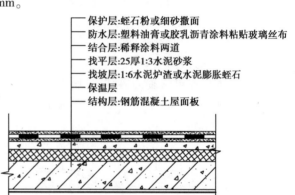

图10.21 涂膜防水屋面构造做法

(2)焦油聚氨酯防水屋面

焦油聚氨酯防水涂料又名851涂膜防水胶,是以异氰酸酯为主剂和以煤焦油为填料的固化剂构成的双组分高分子涂膜防水材料,其甲、乙两液混合后经化学反应能在常温下形成一种耐久的橡胶弹性体,起到防水的作用。做法:将找平以后的基层面吹扫干净,并待其干燥后用配制好的涂液(甲、乙两液的质量比为1:2)均匀涂刷在基层上。不上人屋面可待涂层干后,在其表面刷银灰色保护涂料;上人屋面在最后一遍涂料未干时撒上绿豆砂,三天后在其上做水泥砂浆或浇混凝土贴地砖的保护层。

(3)塑料油膏防水屋面

塑料油膏以废旧聚氯乙烯塑料、煤焦油、增塑剂、稀释剂、防老化剂和填充材料配制而成。做法:先用预制油膏条冷嵌于找平层的分格缝中,在油膏条与基地的接触部位和油膏条相互搭接处刷冷黏剂1~2遍;然后按产品要求的温度将油膏热熔液化,按基层表面涂油膏,铺贴玻璃纤维网格布,压实,表面再刷油膏,刮板收齐边沿顺序进行。根据设计要求可做成一布二油或二布三油。

涂膜防水屋面的细部构造要求及做法类同于卷材防水屋面,读者可根据图10.22的例子加以比较。

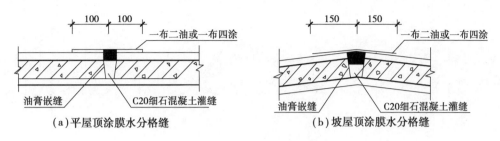

图 10.22　涂膜防水分格缝

10.4　坡屋顶构造

坡屋顶是我们的一种传统结构形式,在一般和大型建筑中得到广泛运用。

10.4.1　坡屋顶的组成

由承重结构和屋面两部分组成。根据需要还设有辅助层,如顶棚、保温层、隔热层等。

(1)承重结构

一般由椽子、檩条、屋架等组成,其作用是承受屋面荷载并传递到墙或柱上。

(2)屋面

一般由屋面盖料及基层(如挂瓦条、屋面板等)组成,其作用是遮挡风雨、冻冰、太阳辐射等大自然气候的作用。

(3)顶棚

美化室内空间,增强光线反射,起到保温隔热和装饰作用。

(4)保温隔热层

根据建筑物使用功能的要求,可设置屋面层或顶棚层。

10.4.2　坡屋顶承重结构

坡屋顶承重结构一般可分为桁架结构、梁架结构和空间结构。我国坡屋面主要采用桁架结构,故本节以桁架结构为主讲述。桁架多为三角形屋架,檩条纵向搁置在屋架上或小开间时直接搁置在内、外横墙上,使檩条和屋架组成屋面承重结构。搁置檩条的横墙称为山墙。我国民间建筑多采用由柱梁、木枋构成的梁架结构,此种结构又称为穿斗结构或立贴式结构。如图10.23 所示。

(1)檩条的布置及类型

檩条亦称桁条,是屋面支承梁。檩条的布置与屋面板的厚薄或椽子的截面尺寸有关。当檩条上直接铺设屋面板时,其间距为 500 ~ 700 mm;当屋面板与檩条之间设置椽子时,其间距可适当放大 1 000 mm 左右。檩条一般有木檩,断面形状有圆形或方形,其跨度在 4 m 以内,圆檩直径约为 100 ~ 130 mm,方檩约(70 ~ 100) mm × (200 ~ 250) mm。采用木檩要做好防腐处理,在端头涂沥青,且搁置点下设混凝土垫块,还预制钢筋混凝土和钢檩条,其跨度在 4 m 左右,最大可达 6 m,钢筋混凝土檩条断面有矩形、T 形和 L 形等,尺寸由结构设计确定。如图10.24 所示。为在檩条上固定屋面基层,常在檩条面上设置木条,其断面为梯形,尺寸为 40 ~

275

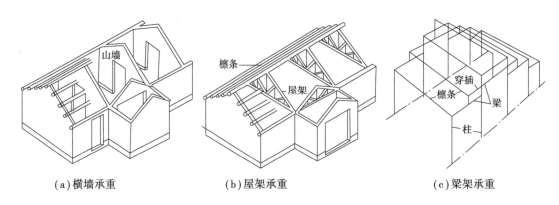

（a）横墙承重　　　　　　　（b）屋架承重　　　　　　　（c）梁架承重

图 10.23　瓦屋面的承重结构体系

50 mm 对开。在现代坡屋顶建筑中，还有一种无檩体系。是将屋面板直接搁置在屋架或山墙上，而瓦屋面主要起防水和造型装饰作用。

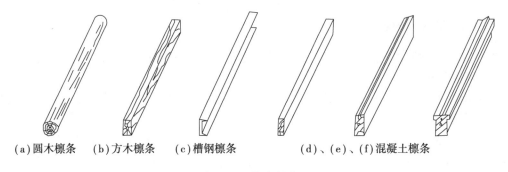

（a）圆木檩条　（b）方木檩条　（c）槽钢檩条　　　（d）、（e）、（f）混凝土檩条

图 10.24　檩条的类型

（2）承檩结构形式

1）山墙承檩

当房屋开间小时，将内外横墙砌成尖顶形状，其上直接搁置檩条以承载屋顶重量，称山墙承重或硬山搁檩。

2）屋架承檩

当房屋为大开间时，需设置屋架，一般为三角形。屋架通常搁置在房屋纵向外墙上或柱上。屋架的间距与檩条跨度必须相同，等距离排列，檩条两端搁置在屋架上。当屋架跨度一般不超过 12 m 时，可采用木屋架；不超过 18 m 时，可采用钢木组合屋架；超过 18 m 时，宜采用钢筋混凝土屋架或钢屋架。常用屋架形式如图 10.25 所示。

10.4.3　坡屋顶屋面构造

坡屋顶屋面组成前面已述。盖料种类有机平瓦、小青瓦、筒瓦、石棉水泥瓦、玻璃钢瓦等，而基层的构造层次则随盖料和质量要求的不同而定。

（1）机平瓦屋面

机平瓦即黏土瓦，有平瓦和脊瓦两种。脊瓦用于屋脊部分，尺寸形状如图 10.26 所示。由机平瓦利用瓦上的榫，槽互相搭扣密合，接缝过多。为避免雨水倒灌，机平瓦屋面坡度不宜小于 1:2（约 26°），多雨地区还应加大。

机平瓦屋面构造做法：

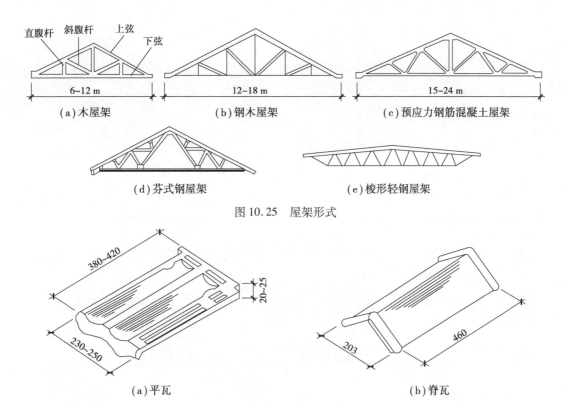

图 10.25　屋架形式

图 10.26　机制平瓦

根据使用要求不同,分为冷摊瓦屋面、屋面板(木或混凝土板)瓦屋面,纤维板(或芦席)瓦屋面等。冷滩瓦屋面仅适用于临时性用房,如图10.27所示,本节不再讲解。

基层为屋面板的瓦屋面有木屋面板瓦屋面和钢筋混凝土板瓦屋面两类。

1)木屋面板瓦屋面

也称木望板瓦屋面。其构造做法是:先在檩条上铺钉厚度为15～20 mm木板,根据需要可采用拼缝搭接密铺或留缝铺设。然后木板上干铺一层防水卷材,防水卷材必须平行于屋脊由下向上压接铺设,以避免雨水渗入室内。用垂直于屋脊的顺水木条压实钉牢,其断面尺寸一般为30 mm×15 mm,中距为500 mm。这样即使有小量雨水通过机平瓦缝渗入,亦可顺防水卷材表面流出。第三步是在顺水条上设置挂瓦条,尺寸为30 mm×30 mm,中距为330 mm。最后在挂瓦条上铺设机平瓦,如图10.27所示。

2)钢筋混凝土板瓦屋面

钢筋混凝土板瓦屋面种类较多,有简易挂瓦板屋面、预制钢筋混凝土板瓦屋面、现浇钢筋混凝土板瓦屋面等,根据建筑物使用功能的要求和造型装饰的要求有不同的构造层次做法。这里主要讲述预制或现浇钢筋混凝土板瓦屋面的构造做法。以钢筋混凝土板做基层的做法有两种方式:一种在基层上做找平层后铺防水卷材一层,并嵌固在基层板缝或预埋件上,然后设挂瓦条挂瓦;另一种在基层板上抹防水砂浆并挂瓦,或并贴陶瓷面砖等,目前的仿古建筑常常采用这种构造做法,如图10.28所示。

(2)机平瓦屋面细部构造

机平瓦屋面的细部构造主要指檐口、天沟、屋脊等,其目的同瓦屋面一样,首先要解决好排水问题,以免造成渗漏。

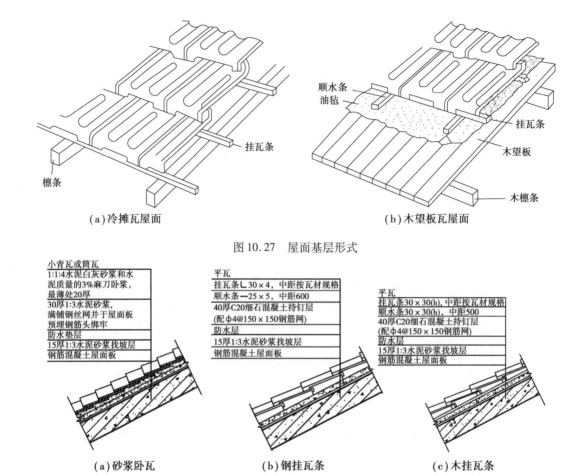

（a）冷摊瓦屋面 （b）木望板瓦屋面

图 10.27 屋面基层形式

（a）砂浆卧瓦 （b）钢挂瓦条 （c）木挂瓦条

图 10.28 屋面板盖瓦构造

坡屋顶建筑的檐口有纵墙檐口和山墙檐口。纵墙檐口的构造形式有挑檐和包檐两种;山墙檐口的构造形式有山墙挑檐和山墙封檐两种。

1）纵墙挑檐构造

①挑檐:指屋面挑出外墙部分,可保护外墙,简便方法是采用砖挑檐,构造方法是砖每皮出挑为 60 mm,两皮一挑,高为 120 mm,但总出挑值不得大于外墙厚度的 1/2,如图 10.29（a）所示。出挑较大挑檐常采用木料挑檐,基本可分为二种情况:

用屋面板做出挑檐口:由于屋面板较薄,出挑长度不宜过大,一般应≤300 mm,如果增加挑檐木来支承挑檐,则出挑檐口可适当加长。挑檐木设在屋架下弦或横墙内,伸入墙内长度应大于等于出挑长度的两倍,如图 10.29（b）所示。

挑椽檐口:利用屋顶层次中已有的椽子或在屋顶的檐边另设椽子挑出作为出挑檐口的支托,如图 10.29（c）（d）（e）所示。

②包檐:包檐是外墙上部设女儿墙（压檐墙）将檐口包住。要解决好屋面排水问题,需做天沟。天沟最好采用钢筋混凝土预制构件,沟内设防水卷材,天沟与女儿墙相交处所形成的泛水的构造做法与前述防水卷材相同。如图 10.29（f）所示。

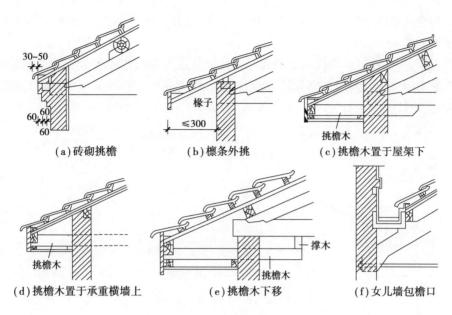

(a)砖砌挑檐　　　　(b)檩条外挑　　　　(c)挑檐木置于屋架下

(d)挑檐木置于承重横墙上　　(e)挑檐木下移　　(f)女儿墙包檐口

图 10.29　纵墙檐口

2)山墙檐口构造

①山墙挑檐:又称悬山。利用屋顶檩条的延长出挑,上铺屋面板,挂瓦,出挑檩条端部用木板封檐(也称博风板)而形成。山墙檐边铺设的瓦,为避免脱落应用 1:2 水泥麻刀或其他纤维砂浆做转角封边(坡水线)固瓦。如图 10.30 所示。

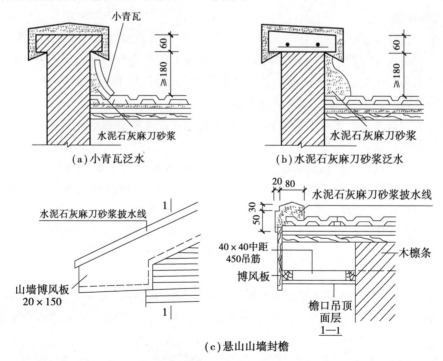

(a)小青瓦泛水　　　　(b)水泥石灰麻刀砂浆泛水

(c)悬山山墙封檐

图 10.30　山墙檐口构造

②山墙封檐:又称硬山。其构造做法是将山墙用砖砌筑高出屋面包住檐口,所形成的女儿

墙与屋面相交处做泛水处理。如图 10.30(b)所示,图 10.30(c)为悬山山墙封檐的构造做法。

3)天沟和斜沟

在等高跨,高低跨倾斜屋面相交处和包檐口处形成的纵向沟称为天沟。在倾斜屋面垂直相交处形成的沟称为斜沟。其断面尺寸,上口宽一般为 300~500 mm。天沟底上铺设镀锌铁皮或缸瓦,或改性防水卷材,并伸入瓦片下面,长度≥150 mm。如图 10.31 所示。

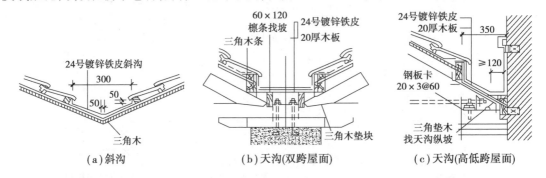

(a)斜沟 (b)天沟(双跨屋面) (c)天沟(高低跨屋面)

图 10.31 天沟、斜沟构造

4)檐口顶棚构造

常做的有露缝板条、硬质纤维板、板条抹灰等。其构造分基层和面层两部分。基层为顶棚龙骨,沿外墙面和封檐板内面纵向设置,其间用横向龙骨等距与纵向龙骨连接,其间距为900~1 000 mm。面层为板条或纤维板等,固定于龙骨底面。檐口顶棚常作为坡屋顶的通风口,当采用密闭面材时,应每间设置百叶通风口。

(3)金属屋面

近年来,为适应大跨度建筑物防水的需要,出现了金属材料防水屋面,其自重轻,刚度较强,耐久性好,防水性能好。金属屋面主要有镀锌铁皮和铝合金制作的金属瓦及压型钢板防水屋面。尤其是彩色压型钢板防水屋面,除上述优点外,人为色彩丰富绚丽,质感好,可满足不同造型和结构形式的需要,丰富了建筑的艺术效果。

彩色压型钢板屋面防水材料根据其功能构造分为单层彩板和保温夹心彩板。

1)单层彩板屋面

采用单层彩板做防水屋面,必须另设保温层,它的外形有波形板、梯形板及带肋梯形板。尤其是带肋梯形板形式克服了板材力学性能不够理想的弱点,通过增加纵向凹凸槽起到加肋作用,提高了其强度和刚度。单层彩板屋面直接支承于金属檩条上,如槽钢、工字型钢或轻钢檩条。檩条间距视屋面板尺寸而定,一般为 1.5~3.0 m。其坡度大小与地区降雨量、采用的板型、拼接方式等有关。一般不小于 3°。其构造方式如图 10.32 所示。

2)保温夹心屋面板

以压型钢板为表层,内设置保温材料的组合形式屋面板,保温材料主要采用岩棉,这种保温夹心屋面板具有质轻、防火、防水、保温、承载力好的特点,主要用于公共建筑和工业建筑的屋顶。

其坡度一般为 1/20~1/6,为防腐蚀,在有腐蚀环境的屋面,其坡度应≥1/12。为减少接缝,防止渗漏,提高保温性能,在运输吊装许可的前提下,尽量采用较长尺寸板,但一般应≤9 m。

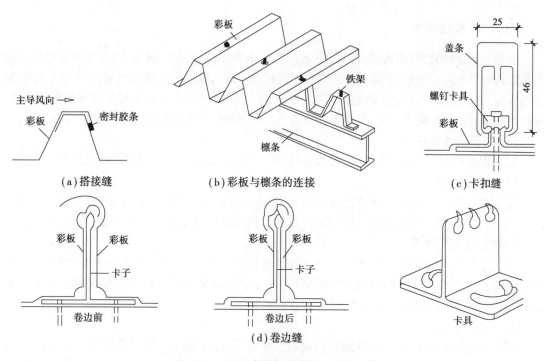

图 10.32 彩色压型钢板屋面的接缝构造

板在安装过程中,需解决好板缝问题。在板与板、板与配件之间采用铝拉铆钉连接,铆钉应预先涂密封胶,拉铆后,钉头用胶封死。板缝要以构造防水为主,材料防水为辅。屋面坡度≤1/10 时,上板压下板搭接长度 300 mm;屋面坡度 >1/10 时,搭接长度 200 mm。每块板应有 3 个以上支承檩支承,减少和限制翘曲变形。如图 10.33 所示。

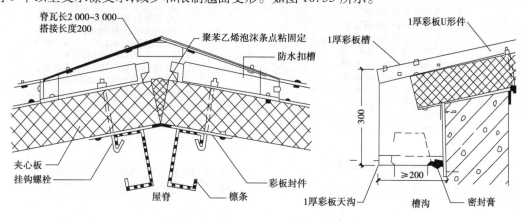

图 10.33 保温夹心板檩条布置

10.5 屋顶的保温与隔热

屋顶是建筑物顶部的外围护结构,在解决好遮风避雨,防止渗漏功能的同时,还应解决好建筑空间必备的保温与隔热功能。

10.5.1　屋顶保温

在寒冷地区的建筑,室内设有采暖设备。但在冬季,由于室内外温差大,室内热量必然通过围护结构向外散失,为减少和限制室内热量散失过多、过快,满足人活动的所需,须解决好围护结构的保温,在其构造中设置必要的保温层。而保温层所选用的材料及构造做法是根据使用功能、材料性质、结构形式、防水构造、气候条件等各种影响因素的程度加以综合考虑而确定。

(1)屋顶保温体系

屋顶保温根据结构层、防水层和保温层所处位置不同,可分为三种屋顶保温体系。

1)热屋顶保温体系

按构造层次为结构层上直接铺设保温层,防水层设置在保温层上的屋顶,由于冬季采暖期间,防水层直接受到室内热量扩散的影响,故称为热屋顶保温体系。多用于平屋顶的保温。

2)冷屋顶保温体系

按构造层次为保温层与防水层之间设置空气间层的保温屋面。由于冬季采暖期间,室内热量向外扩散不能直接影响屋面防水层,故称为冷屋顶防水体系。这种屋面又称正置式保温屋面,其构造如图 10.34 所示,多用于坡屋顶和平屋顶。

3)倒铺保温层屋面体系

倒置式保温屋面将憎水性保温材料设置在防水层上的屋面。其构造层次(自上而下)为保温层、防水层和结构层。其最大优点是防水层不受太阳辐射和气温过大变化的影响,对防水层具有保护作用,但这种保温形式对保温材料性能有一定要求,必须选用吸湿性能低,耐气候性强的材料,保温材料的设计厚度应按节能计算,厚度增加 25% 取值,且最小厚度不得小于 25 mm,屋面防水等级应为 I 级,其防水层合理使用年限不得小于 20 年等。这种保温屋面又叫倒置屋面,其构造如图 10.35 所示。

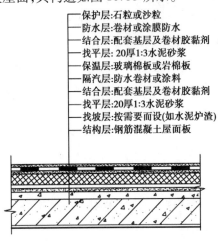

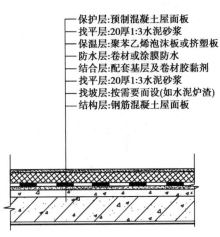

图 10.34　正置式保温屋面构造　　　　图 10.35　倒置式保温屋面构造

(2)保温材料

屋顶保温材料应具备导热系数小、轻质、多孔的性能。一般 $\lambda \leq 0.12$ W/(m·K),容重≤10 kN/m。目前我国多采用的屋顶保温材料分为三大类:

①松散保温材料:常用的有膨胀蛭石、膨胀珍珠岩、炉渣、矿棉等。

②块、板保温材料:常用的有加气混凝土、膨胀珍珠岩板、膨胀蛭石板、泡沫塑料板等。它

们是由水泥、沥青、水玻璃胶等胶结而成的预制板或块材料。

③现场浇筑式保温材料:常采用石灰或水泥与轻质骨料(一般常用炉渣、矿渣、蛭石、珍珠岩、陶粒)胶结而成,如轻质混凝土或浇泡混凝土等。

(3)屋顶保温构造

1)平屋顶保温构造

如图 10.34 所示,在保温构造层中增加了一层隔汽层,之所以增加这一层是为了防止室内水蒸气对保温材料的影响。屋顶设置保温层后会受到两方面因素的影响:

①室内水蒸气的影响。冬季采暖时,室内空气中的水蒸气分子必然随高温区的热气流向低温区流动,进而渗入楼板或进入保温层,当该处实际蒸汽压力超过了该处饱和蒸汽压力时,水蒸气就会产生凝结,从而使保温材料受潮降低保温效果,严重时失去保温作用,因为水的导热系数远远大于保温材料中空气的导热系数。为防止这一现象发生,须在保温层下做隔蒸汽层。一般采用一毡二油。其构造做法是先做一找平层,然后铺设隔蒸汽层。

②材料中水蒸气的影响。这里所说的材料,主要指保温材料和两层找平层材料。当其内部含有一定量的水分时会受热蒸发,但由于其上有防水层,下有隔蒸汽层,水蒸气反而无法排出,必将使防水层起鼓导致破裂;同时由于隔蒸汽层的位置,室内湿气排不出去,易使结构层或室内顶棚产生凝结水现象。解决的构造措施是:

a.隔蒸汽层下设透气层:在结构层和隔蒸汽层之间设一层透气层,使蒸汽可以流通扩散。

b.保温层设透气层:目的是排出保温层内的湿气,其构造做法如图 10.36 所示。

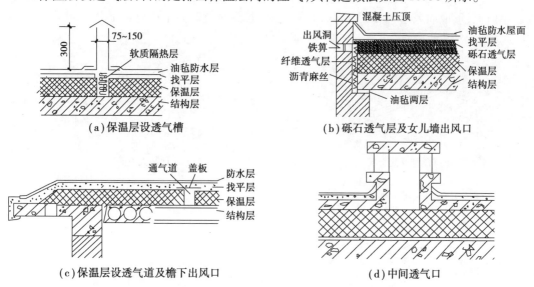

(a)保温层设透气槽

(b)砾石透气层及女儿墙出风口

(c)保温层设透气道及檐下出风口

(d)中间透气口

图 10.36 保温层内设透气层及通风口构造

c.保温层上设架空层:该构造做法即冷屋顶保温体系。有助于保温层的湿气通过架空层排出。

平屋顶卷材防水保温构造做法如图 10.37 所示。

2)坡屋顶保温构造

坡屋顶保温层一般设置在吊顶棚上面,由于有一层空气层,可收到保温、隔热双重效果。保温材料多采用板状材料;也有设置在斜屋顶底面即屋架上弦顶面与屋面板底面之间。可采用松散材料、块状或板状材料;也有在基层面上铺设适当厚度的麦草泥作为保温层,小青瓦或机平瓦直接粘接在麦草泥上。

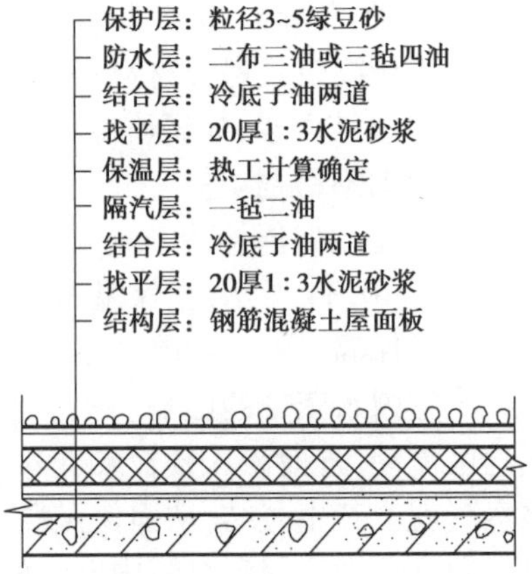

保护层:粒径3~5绿豆砂
防水层:二布三油或三毡四油
结合层:冷底子油两道
找平层:20厚1:3水泥砂浆
保温层:热工计算确定
隔汽层:一毡二油
结合层:冷底子油两道
找平层:20厚1:3水泥砂浆
结构层:钢筋混凝土屋面板

10.5.2 屋顶隔热

炎热地区夏季,在太阳辐射热和室外高温的共同作用下,由屋顶传入室内的热量远比围护墙体多,致使室内温度剧烈升高,故须解决好屋顶的隔热措施。减少和限制屋顶吸热是屋顶隔热的基本构造原理,主要有通风降温、反射降温、种植隔热降温和实体材料隔热降温等。

图 10.37　屋顶保温构造

(1)通风层降温屋顶

通风层降温屋顶是在屋顶设置架空通风空间,一是利用通风间层使屋顶变成两次传热以减少传递于室内的热量,二是利用风压和热压对流通风的作用将通风间层中的受热空气不断带走,使通过屋面板传入室内的热量减少,达到隔热降温的作用。通风间层的构造方式可归纳为屋面上设置架空通风间层和利用吊顶所形成的屋顶空间通风两种。

1)架空通风间层

主要用于平屋顶。其构造做法:在屋面上用砖砌成砖垄或砖墩,上扣瓦、大阶砖或钢筋混凝土预制薄板,形成通风面或通风道,或者用半圆形、F 形、倒 Ⅲ 形预制钢筋混凝土件直接设置在屋面上,形成通风道,如图 10.38 所示。但在构造设置时要解决好以下几个问题:

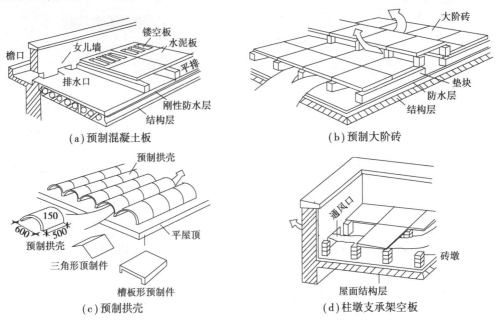

(a)预制混凝土板　　　　(b)预制大阶砖

(c)预制拱壳　　　　(d)柱墩支承架空板

图 10.38　架空通风隔热

①架空通风间层的高度:其高度受风的流速及屋面坡度和宽度的影响。故在设置时,坡度大,屋面宽度大时,架空通风间层高度应相应增高,但不宜大过 360 mm,否则影响风的流动速度,降低降温隔热效果,一般取 180~240 mm。当屋面宽度大于 10 m 时,在屋脊处应增设出风

通道口,以缩短通风线路,改善通风效果。

②夏季主导风向的影响:架空通风间层的通风道最好与当地夏季风向一致,提高通风效果,进风口与夏季主导风向的夹角一般应≥45°,当进风口与夏季主导风向的夹角<45°时,再采用通风间层中的通风道反而不利于通风。这种情况下最好采用砌筑砖墩,上部扣板形成通风面通风。这种形式的弱点是使风速降低,通风效果不如前者。

③设女儿墙屋顶:女儿墙上设通风口会影响建筑立面效果,故在距女儿墙 500 mm 范围内的屋面一般不设架空层,形成小范围开敞地段,利于空气对流。

2)顶棚通风间层

利用吊顶与屋顶形成的空间做通风间层。其优点是减少构件以减轻荷载,缺点是屋顶防水层、结构层易受气温变化的作用而变形。其构造做法如图 10.39 所示。

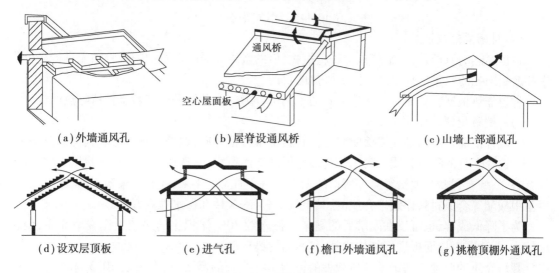

(a)外墙通风孔　　　(b)屋脊设通风桥　　　(c)山墙上部通风孔

(d)设双层顶板　　　(e)进气孔　　　(f)檐口外墙通风孔　　　(g)挑檐顶棚外通风孔

图 10.39　顶棚通风隔热

(2)反射降温屋顶

它是利用屋面材料的质感和颜色,对太阳热辐射的吸收小,从而降低屋顶表面的综合温度的原理达到隔热效果的。屋面材料光滑,色彩淡,则热辐射反射率就高。屋面铺设光滑材料或涂刷为白色,反射效果就好。反射降温原理用于架空通风间层方法中,会起到更好的隔热效果。在通风间层的底面加设铝箔,利用其二次反射作用提高降温效果,亦可将架空通风间层表面做成浅色光滑的面层,增加第一次反射效能,减少热量传递。这些构造方法对屋顶的降温隔热效果必有进一步改善,如图 10.40 所示。

(3)实体材料隔热屋顶

实体材料隔热的实质是利用其蓄热性能,热稳定性,热传导过程时间延缓及材料本身热量的散发等性能。在太阳辐射下,内表面温度低于外表面温度,经过 3~5 小时,内表面温度方出现太阳辐射下的高温,可延缓高温出现的时间,达到降温的作用。但材料的蓄热性及热稳定性又会带来一定的影响,晚间室外气温降低时,实体材料中所蓄存的热量仍然会向室内散发,致使室内温度远超过室外已降下来的气温,适得其反。因此,在气温日间差较小的住宅等建筑不可采用实体材料隔热层方法。实体材料隔热屋顶采用的有:大阶砖或混凝土板实铺,蓄水屋顶等。其中蓄水屋顶对太阳辐射的反射作用及蒸发散热效果较好。

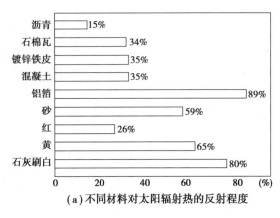
（a）不同材料对太阳辐射热的反射程度

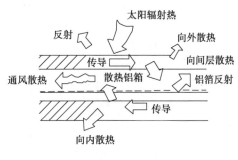
（b）铝箔的反射作用

图 10.40　反射降温屋顶

（4）种植隔热屋顶

种植隔热的原理是：在平屋顶上种植植物，借助栽培介质隔热及植物吸收阳光进行光合作用和遮挡阳光的双重功效来达到降温隔热的目的。

种植隔热根据栽培介质层构造方式的不同可分为一般种植隔热和蓄水种植隔热两类。

1）一般种植隔热屋面

一般种植隔热屋面是在屋面防水层上直接铺填种植介质，栽培各种植物。其构造要点为：

①选择适宜的种植介质。为了不过多地增加屋面荷载，宜选用轻质材料作栽培介质，常用的有谷壳、蛭石、陶粒、泥炭等。即所谓的无土栽培介质。近年来，还有以聚苯乙烯、尿甲醛、聚甲基甲酸酯等合成材料作栽培介质的，其重量更轻，耐久性和保水性更好。

为了降低成本，也可以在发酵后的锯末中掺入约 30% 体积比的腐殖土作栽培介质，但密度较大，此法需对屋面板进行结构验算，且容易污染环境。

栽培介质的厚度应满足屋顶所栽种的植物正常生长的需要，可参考表 10.3 选用，但一般不宜超过 300 mm。

表 10.3　种植层的深度

植物种类	种植层的深度/mm	备　注
草皮	150 ~ 300	
小灌木	300 ~ 450	前者为该类植物的最小生存深度，后者为最小开花结果深度
大灌木	450 ~ 600	
浅根乔木	600 ~ 900	
深根乔木	900 ~ 1 500	

②种植床的做法。种植床又称苗床，可用砖或加气混凝土来砌筑床埂。床埂最好砌在下部的承重结构上，内外用 1:3 水泥砂浆抹面，高度宜大于种植层 60 mm 左右。每个种植床应在其床埂的根部设不少于两个泄水孔，以防种植床内积水过多造成植物烂根。为避免栽培介质的流失，泻水处也需设滤水网，滤水网可用塑料网或塑料多孔板，环氧树脂涂覆的铁丝网等制作，如图 10.41 所示。

③种植屋面的排水和给水。一般种植屋面应有一定的排水坡度（1% ~ 3%），以便及时排

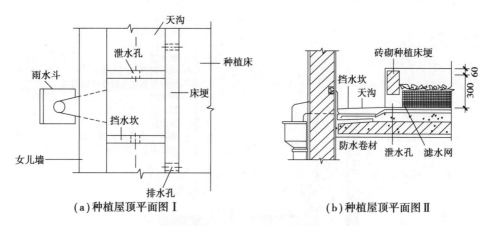

（a）种植屋顶平面图Ⅰ　　　　　　　　　（b）种植屋顶平面图Ⅱ

图 10.41　种植隔热降温屋顶

除积水。通常在靠屋面低侧的种植床与女儿墙间留出 300～400 mm 的距离,利用所形成的天沟有组织排水,如采用含泥砂的栽培介质。屋面排水口处应设挡水坎,以便沉积水中的泥砂,这种情况要求合理地设计屋面各部位的标高,如图 10.41 所示。

种植层的厚度一般都不大,为了防止久晴天气苗床内干涸,宜在每一种植区内设给水阀一个,以供人工浇水之用。

④种植屋面的防水层。种植屋面应做两道防水,其中必须有一道耐根穿刺防水层,普通防水层在下,耐根穿刺防水层在上。防水层做法应满足Ⅰ级防水设防要求。常用的耐根穿刺层有复合铜胎基 SBS 改性沥青防水卷材、APP 改性沥青耐根穿刺防水卷材、聚氯乙烯防水卷材（PVC）等,其厚度符合相关要求。防水层上不宜种植根系发达、对防水层有较强侵蚀作用的植物,如松、柏、榕树等。

⑤注意安全防护问题。种植屋面是一种上人屋面,需要经常进行人工管理（如浇水、施肥、栽种）,因而屋顶四周应设女儿墙等作为护栏以保证安全。

护栏的净保护高度不宜 <1 m,如屋顶栽有较高大的树木或设有藤架等设施,还应采取适当的紧固措施,以免被风刮倒伤人。

2）蓄水种植隔热屋面

蓄水种植隔热屋面是将一般种植屋面与蓄水屋面结合起来,进一步完善其构造后所形成的一种新型隔热屋面,其基本构造层次如图 10.42 所示,以下分别介绍其构造要点。

①防水层:蓄水种植屋面由于有一蓄水层,故而防水层应采用设置涂膜防水层和配筋细石混凝土防水层的复合防水设施做法,以确保防水质量。应先做涂膜防水层,再做刚性防水层。各层做法与前述防水层做法相同。需要注意的是:由于刚性防水层的分隔缝施工质量往往不易保证,除女儿墙泛水处应严格按要求做好分格缝外,屋面的其余部分可不设分格缝,屋面刚性防水层最好一次全部浇捣完成,以免渗漏。

②蓄水层:种植床内的水层靠轻质多孔粗骨料蓄积,粗骨料的粒径不应小于 25 mm,蓄水层（包括水和粗骨料）的深度不超过 60 mm。种植床外的屋面也蓄水,深度与种植床内相同。

③滤水层:考虑到保护蓄水层的畅通,不致被杂质堵塞,应在粗骨料的上面铺 60～80 mm 厚的细骨料滤水层,细骨料按 5～20 mm 粒径级配,下粗上细地铺填。

④种植层:蓄水种植屋面的构造层次较多,为尽量减轻屋面板的荷载,栽培介质的堆积密度不宜 >10 kN/m^3。

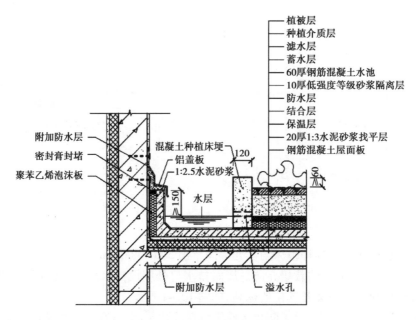

图 10.42　蓄水种植屋面的构造

⑤种植床埂:蓄水种植屋面应根据屋顶绿化设计用床埂进行分区,每区面积不宜大于 100 m²。床埂宜高于种植层 60 mm 左右,床埂底部每隔 1 200 ~ 1 500 mm 设一个溢水孔,孔下口平水层面。溢水孔处应铺设粗骨料或安置滤网以防止细骨料流失。

⑥人行架空通道板:架空板设在蓄水层上、种植床之间,供人在屋面活动和操作管理之用,兼有给屋面非种植覆盖部分增加隔热层的功效。架空通道板应满足上人屋面的荷载要求,通常可支承在两边的床埂上。

蓄水种植屋面与一般种植屋面主要的区别是增加了一个连通整个层面的蓄水层,从而弥补了一般种植屋面隔热不完整、对人工补水依赖较多等缺点,又兼具有蓄水屋面和一般种植屋面的优点,隔热效果更佳。但由于有粗骨料蓄水层,荷载较大,不适合旧建筑屋顶改造,且相对来说造价也较高。

小　结

1. 屋顶按外形分为平屋顶、坡屋顶和曲面屋顶(其他形式屋顶)。平屋顶坡度一般为 1% ~ 3% ,不大于 5% ;坡屋顶主要为结构找坡,坡度大于 10%。曲面屋顶形式,坡度均随结构形式变化而变化。屋顶按屋面防水材料分为卷材防水屋面、涂膜防水屋面和瓦屋面。

2. 屋顶设计主要解决防水、保温隔热、造型美观、坚固安全四大问题,其中防水是设计核心。

3. 屋顶防水通过排水设计解决,主要内容是确定排水坡度、排水方式、雨水管位置、天沟纵坡等,并绘制排水平面图。单坡排水屋面宽度一般应小于 10 m,不宜大于 12 m,民用建筑雨水管间距应≤24 m;矩形天沟宽度应≥200 mm,且天沟檐上口距纵坡应大于 120 mm。

4. 采用卷材防水时,为保护好防水层,其下做找平层,其上做保护层。为上人屋面时,保护层与防水层之间必设隔离层;保温层设在防水层下面时,须在保温层下设隔蒸汽层;卷材防水屋面细部构造处极易产生渗漏,属防水的薄弱部位,故要解决好泛水、天沟、变形缝、雨水口、檐口等的防水构造措施。

5.瓦屋面的承重体系有桁架结构、梁架结构和空间结构。我国以桁架结构为主。平瓦屋面基层主要有木望板做法、挂瓦板做法;小青瓦屋面主要有木望板。

6.保温屋面采用 $\lambda < 0.12$ 的材料做保温层。平屋顶的保温层一般设置于结构层上,坡屋顶的保温层设置于瓦材下或吊顶棚上;隔热屋面降温构造措施主要有架空通风间层、实体隔热、反射降温和植被四种,以架空通风间层最佳。

复习思考题

1.按屋顶外形分有哪些形式? 其特点及适用范围是什么?

2.屋顶的设计要求有哪些?

3.影响屋顶坡度的主要因素是什么? 坡度形成方法有哪些? 各自的优缺点是什么?

4.有组织排水和无组织排水的适用范围和优缺点是什么?

5.有组织排水的方法及适用条件是什么?

6.屋面排水设计的内容主要是什么?

7.卷材防水构造层次有哪些? 各层次做法及要求是什么? 上人和不上人卷材防水屋面在构造做法上有什么不同? 试画图说明。

8.卷材防水屋面细部构造做法要点有哪些? 试画图说明。

9.什么叫涂膜防水屋面?

10.瓦屋面的承重结构体系有哪几种?

11.瓦屋面基层构造做法? 试画图说明。

12.瓦屋面檐口、天沟、泛水细部防水构造要点是什么? 试画图说明。

13.平屋顶和坡屋顶的保温有哪些构造做法? 适用条件是什么? 试画图说明。

14.平屋顶和坡屋顶的隔热有哪些构造做法? 适用条件是什么? 试画图说明。

屋顶构造设计任务书

1.题目

屋顶构造设计

2.设计题目

第一题目

(1)某小学教学楼,如图 10.43 所示。砖混结构,四层,教学区层高 3.60 m,办公区层高 3.30 m,教学区与办公区的交界处做错层处理。

(2)屋顶为平屋顶,非上人屋面,檐口形式自定。

(3)屋顶排水为有组织排水。

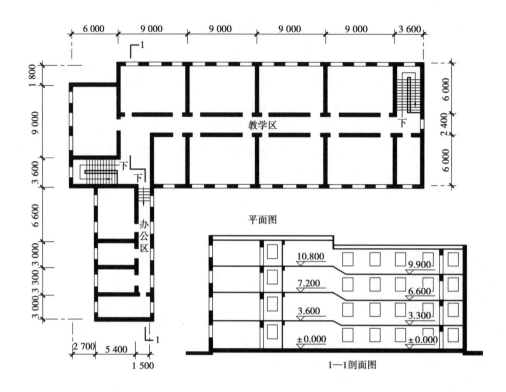

图 10.43　某小学教学楼平面图和剖面图

（4）屋顶设保温层或隔热层。

第二题目

（1）某办公楼,如图所示。砖混结构,主楼四层,副楼三层,层高均为 3.30 m。主、副楼间设变形缝。

（2）屋顶为平屋顶,非上人屋面。檐口形式自定。

（3）屋顶排水为有组织排水。

（4）屋顶设保温层或隔离层。

3. 设计内容及图纸要求

用 A3 图纸,一律按建筑制图标准规定绘制屋顶平面图及屋顶节点详图。

（1）屋顶平面图,比例:1:200

①画出各剖面交线、檐沟或女儿墙及天沟、雨水口和屋面上人孔等。

②标注屋面、檐沟或者天沟内的排水方向和坡度值、屋面上人孔等突出屋面部分的尺寸,标注屋面标高(结构层上表面)。

③标注建筑物四周的定位轴线和编号。

④外部尺寸:标注两道。第一道即轴线尺寸;第二道为雨水口到临近轴线的距离或者雨水口之间的距离。

⑤标注详图索引符号,注图名、比例。

（2）屋顶节点详图,比例:1:20 或 1:10

①泛水构造:画高低屋面处竖墙与低屋面交接处的泛水构造;屋面变形缝处泛水构造,表示清楚泛水、屋顶构造及做法;标注尺寸、详图符号及比例。

②檐口构造：(a)设计外檐：表示清楚檐沟板形式、屋顶构造；檐沟防水构造、檐沟板与圈梁、墙、屋面板之间的连接关系；檐沟、屋面构造做法，并标注尺寸。(b)设计女儿墙：表示清楚其泛水构造和压顶构造、屋顶构造及天沟形式；表示清楚女儿墙、圈梁、屋面板之间的连接关系及各自的构造做法；标明女儿墙高度、泛水高度尺寸及其他有关尺寸。(c)设计檐沟女儿墙外排水。(d)变形缝：有变形缝时，表示清楚屋面平面变形缝或屋面高低跨处变形缝构造做法、各构件之间的连接关系及有关尺寸。(e)用多层构造引出线注明屋顶构造做法，标注屋面排水方向及坡度值，剖切到的部位用材料图例表示，注明详图符号及比例。

③雨水口构造：表示清楚雨水口形式和防水处理，注明细部做法，标注有关尺寸、详图符号及比例。

第11章
门和窗的构造

11.1 概　述

11.1.1 门和窗的作用与设计要求

门和窗是建筑物不可缺少的围护构件。门主要是为室内外和房间之间的交通联系而设,并兼顾通风、采光和空间分隔的作用。窗主要是为了采光、通风和观望而设。门和窗是建筑造型重要的组成部分,它们的形状、尺寸、比例、排列对建筑内外造型影响极大,所以常被作为重要的装饰构件处理。

一般的门和窗通常要求具有保温、隔声、防渗风、防漏雨的能力。在保证其主要功能和经济条件的前提下,还要求门窗坚固、耐久、灵活、便于清洗、维修和工业化生产。门窗可以像某些建筑配件和设备一样,作为建筑构件的成品,以商品形式在市场上供销。

11.1.2 门和窗的类型

(1)按材料分类

门和窗按制造材料分,有木、钢、铝合金、塑料制作的门窗。此外还有玻璃钢,以及钢塑、木塑、铝塑等复合材料制作的门窗。

木门窗在加工方面,虽价格低廉,但木材耗量大,且不防火,故其应用受到一定限制;在节约优质木材的前提下,开发以用途较少的硬杂木等木材制造门窗是重要的途径。铝合金门窗精致,密闭性优于钢门窗。塑料门窗是近几十年发展起来的新品种,保温效果似木门窗,形式类同铝合金门窗,美观精致,目前我国塑料门窗厂很多。复合材料门窗作为一种新型门窗,扬长避短,优于部分其他材料,常见的有钢塑复合、铝塑复合、铝木复合门窗。

(2)按开关方式分类

1)窗按开关方式分类(图11.1)

①固定窗:不能开关(包括在必要时可以卸下的窗),仅作采光和观望用。

②平开窗:有内开和外开两种。构造简单,开关、制作和安装方便,所以用量最大。

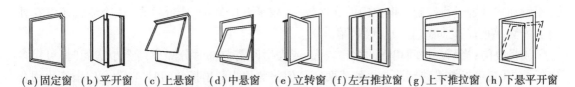

(a)固定窗 (b)平开窗 (c)上悬窗 (d)中悬窗 (e)立转窗 (f)左右推拉窗 (g)上下推拉窗 (h)下悬平开窗

图 11.1 窗按开关方式分类

③悬窗:按横轴的位置不同,有上悬、中悬、下悬之分。外开的上悬和中悬窗便于防雨,多用于外墙。悬窗亦可用于内墙作为高侧窗和门的亮窗,易于通风。下悬窗不利于挡雨,在民用建筑中用者极少。另一种形式的下悬平开窗,是在窗口边框中安设复杂的金属配件,既可下悬开关,也可以平开,根据使用者的需要,可随手改换开关方式。它可用于住宅和办公之类的房屋中;由于部件复杂,其成本高于其他可开窗。

④立转窗:竖轴可以转动的,竖轴设于窗扇中心,或略偏于窗扇的一侧。其通风效果好,但不够严密,防雨防寒性能差。

⑤推拉窗:它可分为左右推拉和垂直推拉。水平推拉窗需上下设轨槽,垂直推拉窗需设滑轮和平衡锤。推拉窗开关时不占室内空间,但推拉窗不能全部同时开启,可开启面积最大不超过 1/2 的窗面积。水平推拉窗扇受力均匀,其窗扇尺寸可以大些,但配套的五金件较贵。

2)门按开关方式分类(图 11.2)

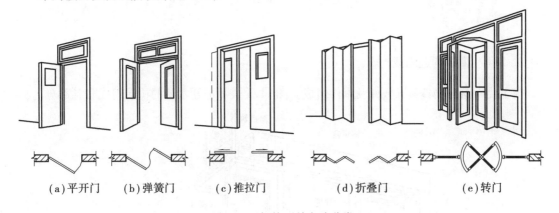

(a)平开门 (b)弹簧门 (c)推拉门 (d)折叠门 (e)转门

图 11.2 门按开关方式分类

①平开门:平开门分为单扇、双扇和多扇,也有内开和外开两种方式。平开门构造简单,制作方便,用量最多。

②弹簧门:弹簧门的形式与平开门一样,两者区别在于弹簧门用弹簧合页和地弹簧代替普通合页,能够自动关闭。单向弹簧门的合页设在门的侧面,单向弹动门常用于有自动关闭要求的房间中,如公共卫生间等。双向弹簧门需用内外双向弹动的弹簧合页或采用设于地面上地弹簧,多用于人流较大和需要自动关闭的公共场所,如公共建筑门厅等。双向弹簧门必须安装透明的大玻璃,便于出入的人们互相察觉和礼让。纱门也常用弹簧门。

③推拉门:门扇开关沿着水平轨道左右滑行,有单扇和双扇两种。单扇多用作内门;双扇用于人流大的公共建筑外门,如宾馆、饭店、办公楼等,也用于内门。滑动的门扇或靠在墙的内外,或藏于夹层墙内。推拉门不占空间,受力合理,不易变形;其门扇可以大些,以增加人流量,但关闭不够严密。门内外两侧的地面相平,不设任何障碍性的配件,行走方便。公共建筑中的推拉门多采用玻璃门,并设有电动自控控制开关。通常是在门扇内、外的正上方安置光电管,

或用触动式设置进行控制。推拉门的配件较多,较平开门复杂,造价较高,寒冷地区还常在外门的内侧,两道门之间(门斗)设暖风幕。

④折叠门:当两个房间相连的洞口较大,或大房间需要临时分隔成两个小房间时,可用多扇折叠式门,可折叠推移到洞口一侧或两侧。但每侧均为双扇折叠门时,在两个门扇侧边用合页连接在一起,开关可同普通平开门一样。两侧均为多扇折叠门时,除在相邻各扇的侧面装合页之外,还需要在门顶和门底装滑轮和导轨及可转动的五金配件。每侧折叠三扇或更多的门扇时,虽然仍可称之为门,实际上已成为折叠或移动式隔墙了。

⑤转门:在两个弧形门套之间,窗扇由同一竖轴组成三扇或四扇夹角相等的、可水平旋转的门扇。其装置与配件较为复杂,造价较高。转门可作为公共建筑中人员进出频繁,且有采暖和空调设备的情况下的外门,对减弱和防止内外空气对流有一定作用。开关时,各门扇之间形成的封闭空间起着门斗作用。人流较多时通行易受阻,或不需要采暖和空调的季节,转门可以停转,双扇并拢,行人在门扇两侧出入通行,如图 11.2(e)所示。门厅较大,人流集中时,常在转门旁边另设平开门,以增加疏散能力,进而满足转门停用时的需要。

此外,还有卷门、上翻门、提升门等,各适用不同条件的需要。

11.2 平开门窗组成与尺寸

11.2.1 窗的构造组成

窗主要由窗框、窗扇、五金件及附件组成。图 11.3 表示平开木窗的构造组成和各部分名称。

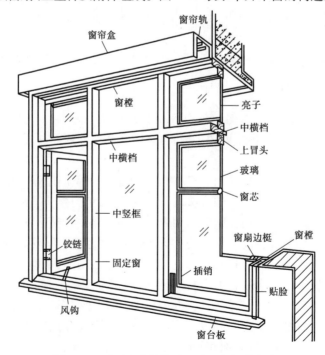

图 11.3 平开木窗的构造组成和各部分名称

根据窗框在墙洞口中的安装位置不同,可分为三种:一是与墙内表面平(内平),这样内开窗扇贴在内墙面,不占室内空间[图11.4(a)];二是位于墙厚的中部(居中),在北方墙体较厚,设置外保温的墙体窗框的外缘靠外墙外表面[图11.4(b)];三是窗框与墙体外表面对齐[图11.4(c)],在做外保温的建筑中常见。

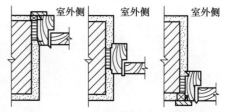

(a)窗框与墙体　　(b)窗框居中　(c)窗框与墙体
外表面对齐　　　　　　　　　　　内表面对齐

图11.4　窗框在墙洞口中的安装位置

11.2.2　窗的尺寸

窗的尺寸应综合考虑以下几个方面:

①采光:从采光要求考虑,窗的面积与房间面积有一定比例关系。

②使用:窗的自身尺寸以及窗台高度取决于人的行为和尺度。

③节能:《建筑节能与可再生资源能源利用通用规范》(GB 55015—2021)提出,居住建筑每套住宅应允许一个房间中一个朝向上的窗墙面积比不大于0.6。表11.1为各气候区不同朝向的居住建筑窗墙面积比限值。这里所指的窗墙面积比,窗户洞口面积与房间立面单元面积(即建筑层高与开间定位线围成的面积)的比值。实际上,窗墙面积比的确定要综合考虑不同地区冬、夏季的日照情况、季风影响、室外空气温度、室内采光设计标准、外窗开窗面积与建筑能耗等因素。

表11.1　各气候区不同朝向的居住建筑窗墙面积比限值

朝　　向	窗墙面积比				
	严寒地区	寒冷地区	夏热冬冷地区	夏热冬暖地区	温和A区
北	≤0.25	≤0.30	≤0.40	≤0.40	≤0.40
东、西	≤0.30	≤0.35	≤0.35	≤0.30	≤0.35
南	≤0.45	≤0.50	≤0.45	≤0.40	≤0.50

④符合窗洞口尺寸系列:为了使窗的设计与建筑设计、工艺化和商品化生产,以及施工安装相协调,国家颁布了《建筑门窗洞口尺寸协调要求》(GB/T 30591—2014)这一标准。常用的标准规格窗洞口的标志尺寸应符合表11.2的规定。

表11.2　常用的标准规格窗洞口的标志尺寸系列(mm)

标志尺寸	洞口宽度	600	900	1 200	1 500	1 800
洞口高度	序号	1	2	3	4	5
600	1					
900	2					
1 200	3					
1 500	4					

续表

标志尺寸	洞口宽度	600	900	1 200	1 500	1 800
1 800	5					

11.2.3 窗的层数

窗按层数可分为单层窗、双层窗。单层窗根据安装玻璃的层数不同,可分为单框双玻、单框三玻等。双层窗根据开启方式和形式不同又分为内外开、全内开和子母窗扇。其中,全内开的形式窗扇需做到"内大外小"。

11.2.4 门的构造组成

门主要由门框、门扇、亮窗、五金和其他附件组成。如图 11.5 所示是平开木门和各部分名称。

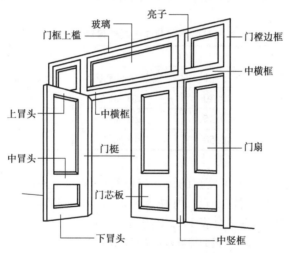

图 11.5 平开木门和各部分名称

门框由边框、上框、中横框等组成,多扇门还要增设中竖框。有时根据需要可设下框、贴脸板等附件。根据门洞高度和采光、比例的需要而设的上亮窗,常用以开关,可采用上悬、中悬或平开方式。

民用建筑常用门扇有镶板门、镶玻璃门、夹板门、弹簧门等。

(1)镶板门、镶玻璃门

构造与其相近的还有纱门、百叶门。由边框、上中下梃组成骨架,内镶门芯板或玻璃,构造简单。镶板门可用木板、胶合板、玻璃或门纱、百叶等材料(图 11.6)。

门扇的边梃和上梃用料相同(40～50)mm×(75～120)mm。中梃稍小(40～50)mm×(75～100)mm。下梃承重和受冲击的机会多,宽度较大(40～50)mm×(170～200)mm。外门为了加强下梃部位的抗冲击破坏,有在其外侧加设铜、铝合金等金属面板的做法。木门和玻璃门门

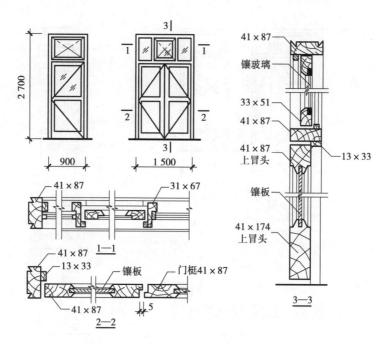

图 11.6　镶板门构造

芯板要求坚固些,而纱门属于轻型门,用料可以少些。

（2）夹板门

夹板门由小断面骨架两侧粘贴各种薄型面材,如胶合板、塑料面层胶合板,或其他表面经过特种工艺加工而成,如图 11.7 所示。夹板门由于轻型骨架和面板共同参与受力,所以用料少、重量轻、外形简洁、便于工业化生产。但夹板门不如镶板门坚固,主要用于内门。

夹板门也可以在上半部开设局部窗口,镶以玻璃,或在下半部开设百叶成为百叶夹板门。在夹板门锁和门拉手位置应通过局部填木块来加强。

（3）弹簧门

弹簧门是利用弹簧合页来控制门扇的随时关闭。单向弹簧门与普通平开门相同,只是合页不同。双向弹簧门为了满足门扇双向自由开关,门框不需要裁口,或做成与门扇侧边相对应的弧形对缝。双扇弹簧门的中缝也应做成圆弧形,以免门扇互相碰撞,并可缩小缝隙。地弹簧门的弹簧合页设在地面内和门框的上框上,而门扇的构造与双面弹簧门相同。弹簧门的局部构造如图 11.8 所示。

门用五金配件除部分与窗用五金配件相似,规格尺寸稍大,形式稍有不同外,主要还有门锁等。其品种较多,市场均有成品出售。

在大型的和标准较高的公共建筑中,有将全玻璃门扇用于主要出入口的。其玻璃扇不仅简洁、清爽、美观、完全透明,而且构造简单。玻璃门扇用厚约 20 mm 的玻璃,拉手、合页可直接安装在门玻璃上。

11.2.5　门的尺寸

门的具体尺寸应综合考虑以下几方面因素:

①使用:人的尺度和人流量,搬运家具、设备所需的高度尺寸,手拿肩扛所需的高度尺寸,

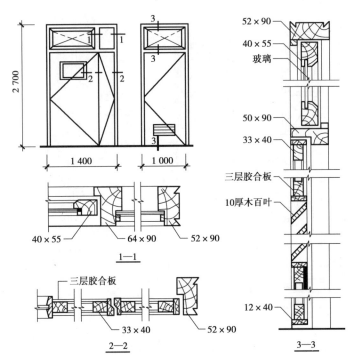

图 11.7　夹板门构造

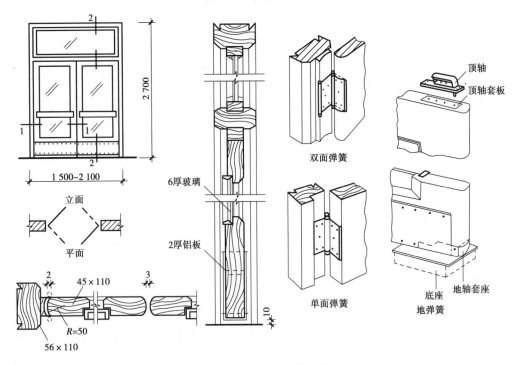

图 11.8　弹簧门的局部构造

以及其他特殊需要。如正厅前的外门由于美观及造型需要,会考虑加高、加宽门的尺度。

②符合门洞口尺寸系列:与窗的尺寸一样,应遵守国家标准《建筑门窗洞口尺寸协调要求》(GB/T 30591—2014)。门洞口尺寸以门洞口标志尺寸表示,常用的标准规格门洞口标志

尺寸应符合表 11.3 的规定。

表 11.3　常用的标准规格门洞口的标志尺寸系列(mm)

标志尺寸	洞口宽度	700	800	900	1 000	1 200	1 500	1 800
洞口高度	序号	1	2	3	4	5	6	7
2 100	1							
2 400	2							

11.3　铝合金门窗

铝合金门窗是表面处理过的铝材经下料、打孔、铣槽、攻丝等加工,制作成门窗的构件,然后与连接件、密封件、开闭五金件一起组合装配成门窗,如图 11.9 所示。

门窗安装时将门窗框在抹灰前立于门窗洞处,与墙内预埋件对正,然后用木楔将其三边固定。经检验确定门窗框水平、垂直、无挠曲后,再用射钉枪将射钉打入墙或柱、梁上,并将连接件与框固定在墙(柱、梁)上。

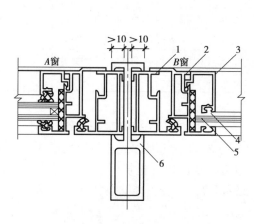

图 11.9　铝合金门窗组合方法示意图
1—外框;2—内扇;3—压条;4—橡胶条;
5—玻璃;6—组合杆件

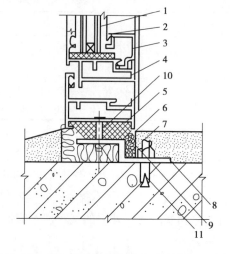

图 11.10　铝合金门窗安装节点及缝隙处理示意图
1—玻璃;2—橡胶条;3—压条;4—内扇;5—外框;
6—密封膏;7—砂浆;8—地脚;
9—软填料;10—塑料垫;11—膨胀螺栓

门窗框固定好后,门窗框与门洞四周的缝隙,一般采用软质保温材料(如泡沫塑料条、泡沫聚氨酯条、矿棉毡条和玻璃丝毡条等),分层填塞,外表留 5~8 mm 深的槽口用密封膏密封。这种做法主要是为了防止门窗框四周形成冷热交换区产生结露而影响其防寒、防风的正常功能和墙体的寿命,进而影响了建筑物的隔声、保温等功能,同时避免了门窗框直接与混凝土、水泥砂浆接触,消除了碱对门窗框的腐蚀。

铝合金门窗装入洞口应横平竖直,外框与洞口应弹性连接牢固,不得将门窗外框直接埋入墙体,其主要目的是防止碱对门窗框的腐蚀。图 11.10 为铝合金门窗安装节点及缝隙处理示意图。

11.4 节能门窗与构造

11.4.1 门窗性能

门窗的物理性能主要包括空气渗透、雨水渗漏、抗风压、保温、隔声、采光性能 6 个方面。其中,后 3 种性能是根据房间功能的具体需求进行选择和控制的,前 3 种性能是建筑门窗基本的 3 项性能,即通常说的门窗"三性"。根据《建筑外门窗气密、水密、抗风压性能分级及检测方法》(GB/T 7106—2008)的规定,建筑外门窗根据不同性能指标,有不同的分级。

(1)门窗气密性指标

门窗气密性能的分级是采用在标准状态下,压力差为 10 Pa 时的单位开启缝长空气渗透量 $q_1[m^3/(m \cdot h)]$ 和单位面积空气渗透量 $q_2[m^3/(m^2 \cdot h)]$ 作为分级指标,将建筑外门窗分为 8 级,见表 11.4。

表 11.4 建筑外门窗气密性能分级表

分 级	1	2	3	4	5	6	7	8
q_1	$4.0 \geqslant q_1 > 3.5$	$3.5 \geqslant q_1 > 3.0$	$3.0 \geqslant q_1 > 2.5$	$2.5 \geqslant q_1 > 2.0$	$2.0 \geqslant q_1 > 1.5$	$1.5 \geqslant q_1 > 1.0$	$1.0 \geqslant q_1 > 0.5$	$\leqslant 0.5$
q_2	$12 \geqslant q_2 > 10.5$	$10.5 \geqslant q_2 > 9.0$	$9.0 \geqslant q_2 > 7.5$	$7.5 \geqslant q_2 > 6.0$	$6.0 \geqslant q_2 > 4.5$	$4.5 \geqslant q_2 > 3.0$	$3.0 \geqslant q_2 > 1.5$	$\leqslant 1.5$

在节能设计标准中规定:居住建筑幕墙、外窗及敞开阳台的门在 10 Pa 压差下,每小时每米缝隙的空气渗透量 q_1 不应大于 1.5 m^3,每小时每平方米的空气渗透量 q_2 不应大于 4.5 m^3。公共建筑:10 层及以上建筑外窗的气密性不应低于 7 级;10 层以下建筑外窗的气密性不应低于 6 级;严寒和寒冷地区外门的气密性不应低于 4 级;幕墙的气密性能:$q_1 \leqslant 1.5$ $m^3/(m \cdot h)$;$q_2 \leqslant 1.2$ $m^3/(m^2 \cdot h)$。

(2)门窗水密性指标

门窗水密性能的分级是采用严重渗漏压力差值的前一级压力差值作为分级指标,将建筑外门窗分为 6 级,见表 11.5。

表 11.5　建筑外门窗水密性能分级表　　　　　　　　　　　单位:Pa

分　级	1	2	3	4	5	6
分级指标 ΔP	$100 \leqslant \Delta P < 150$	$150 \leqslant \Delta P < 250$	$250 \leqslant \Delta P < 350$	$350 \leqslant \Delta P < 500$	$100 \leqslant \Delta P < 150$	$100 \leqslant \Delta P < 150$

注:第 6 级应在分级后同时注明具体检测压力差值。

(3)门窗抗风压性指标

门窗抗风压性能的分级是采用定级检测压力差值 P_3 作为分级指标,将建筑外门窗分为 9 级,见表 11.6。

表 11.6　建筑外门窗抗风压性能分级表　　　　　　　　　　单位:kPa

分　级	1	2	3	4	5	6	7	8	9
分级指标 P_3	$1.0 \leqslant P_3$ < 1.5	$1.5 \leqslant P_3$ < 2.0	$2.0 \leqslant P_3$ < 2.5	$2.5 \leqslant P_3$ < 3.0	$3.0 \leqslant P_3$ < 3.5	$3.5 \leqslant P_3$ < 4.0	$4.0 \leqslant P_3$ < 4.5	$4.5 \leqslant P_3$ < 5.0	$P_3 \geqslant 5.0$

注:第 9 级应在分级后同时注明具体检测压力差值。

(4)门窗的保温性能

我国建筑保温窗按其保温性能(以传热系数以及传热阻 R_0 为指标),共分 5 个等级。表 11.7 是建筑外窗保温性能分级,表 11.8 是常用窗热工参考指标和相应的保温性能分级。

表 11.7　建筑外窗保温性能分级

等　级	传热系数 $K[\mathrm{W}/(\mathrm{m}^2 \cdot \mathrm{K})]$	传热阻 $R_0[(\mathrm{m}^2 \cdot \mathrm{K})/\mathrm{W}]$
Ⅰ	$\leqslant 2.00$	> 0.500
Ⅱ	$(2.00, 3.00]$	$(0.333, 0.500]$
Ⅲ	$(3.00, 4.00]$	$(0.250, 0.333]$
Ⅳ	$(4.00, 5.00]$	$(0.200, 0.250]$
Ⅴ	$(5.00, 6.40]$	$(0.156, 0.200]$

表 11.8　常用窗热工参考指标和相应的保温性能分级

窗框材料	窗类型	空气层厚度(mm)	传热系数 $K[\mathrm{W}/(\mathrm{m}^2 \cdot \mathrm{K})]$	传热阻 $R_0[(\mathrm{m}^2 \cdot \mathrm{K})/\mathrm{W}]$	相应的保温性能分级
钢·铝	单层窗	—	6.4	0.16	Ⅴ
	单层扇双玻璃窗	10	4.2	0.24	Ⅳ
	双层窗	100 ~ 140	3.0	0.33	Ⅱ
	单层扇 + 单层扇双玻璃窗	100 ~ 140	2.4	0.42	Ⅱ
木·塑	单层窗	—	4.7	0.21	Ⅳ
	单层扇双玻璃窗	10	2.9	0.34	Ⅱ
	双层窗	100 ~ 140	2.3	0.43	Ⅱ
	单层扇 + 单层扇双玻璃窗	100 ~ 140	1.7	0.59	Ⅰ

此外,建筑门窗在空气声隔声性能及采光性能方面也有相关的标准和相应的分级指标。因此,在门窗选用上,应根据各地区气候、建筑高度、房间使用要求等因素,合理确定和选择门窗的类型和等级,并满足相关性能指标的要求。

11.4.2 门窗节能设计

门窗是围护结构中保温隔热的薄弱环节,也是影响建筑室内热环境和造成能耗过高的主要原因。例如,在传统建筑中,通过窗的传热耗热量占建筑总能耗的20%以上;随着建筑节能标准的不断提高,窗的热损失占建筑总能耗的比例会更大;在空调建筑中,通过窗户(特别是阳面的窗户)进入室内的太阳辐射热,极大地增加了空调负荷,并且随着窗墙面积比的增加而增大。造成门窗能量损失大的原因,一是门窗与周围环境进行的热交换,如通过门窗框的热损失或通过玻璃进入室内的太阳辐射热或通过玻璃向室外传递的热损失以及窗洞口热桥造成的热损失;二是通过门窗缝隙造成的热损失。因此,门窗节能设计主要应从门窗形式、门窗型材、玻璃、密封等方面入手。

(1)选择节能门窗形式

门窗形式是影响其节能性能的重要因素。以窗型为例,推拉窗的节能效果差,而平开窗和固定窗的节能效果显著。推拉窗在窗框下滑轨来回滑动,下部滑轨间有缝隙,上部也有较大的空间,在窗扇上下形成明显的对流交换,会造成较大的热损失。无论采用何种保温隔热型材做窗框都达不到节能效果。平开窗的窗扇与窗框之间嵌装橡胶密封压条,窗扇关闭时密封橡胶压条压得很紧,几乎没有空隙,很难形成对流。固定窗的玻璃直接安装在窗框上,玻璃和窗框用胶条或密封胶密封,难以形成空气对流而造成热损失。可见,固定窗是最节能的窗型,但是考虑开启,设计时应优先选择平开(门)窗。

(2)选用低传热的门窗型材

门窗框多采用轻质薄壁结构,室外门窗中能量流失的薄弱环节,门窗型材的选用至关重要。目前节能门窗的框架类型很多,如断热铝材、断热钢材、玻璃钢材以及铝塑、铝木等复合型材料。

铝合金、钢窗框等因材料本身的导热系数很大,形成的热桥对外窗的传热系数影响比较大,必须采取断桥处理,即用非金属材,将铝合金、钢型材进行断热。断热铝材构造有穿条式和注胶式两种,前者是铝型材中间穿入聚酰胺尼龙(PA66)隔热条,将铝型材隔开形成断桥,如图11.11所示;后者是将具有优异的隔热性能的高分子材料浇注到铝合金型材槽口内,在型材中央固化形成一道隔热层。断热铝材门窗将铝、塑两种材料的优点集于一身,节能效果好,因而应用广泛。

玻璃钢门窗,即玻璃纤维增强塑料门窗,利用玻璃纤维作为主要增强材料,以热固性聚酯树脂作为主要机体材料,通过拉挤工艺生产出不同界面的空腹型材,然后通过切割等工艺制成的新型复合材料门窗,如图11.12所示。型材表面经打磨后,可用静电粉末喷涂、表面覆膜等多种技术工艺,获得多种色彩或质感的装饰效果。玻璃钢型材的纵向强度较高,一般情况下,不用增强型钢;但型材的横向强度较低,门窗框角梃连接为组装式,连接处需要密封胶密封,防止缝隙渗漏。玻璃钢门窗具有质轻、高强、防腐、保温、绝缘、隔声等诸多优点,成为继木、钢、铝、塑之后的新一代新型门窗。

铝塑复合节能门窗的型材将铝合金和塑料结合起来,铝型材平均壁厚达1.4~1.8 mm,表面采用粉末喷涂技术,保证门窗强度高、不变色、不掉色。中间的隔热断桥部分采用改良的 PVC 塑芯作为隔热桥,其壁厚为 2.5 mm,强度更高。通过铝 + 塑 + 铝的紧密复合,铝材和塑料型材都有较高的强度,使门窗的整体强度更高;其次,多腔室的结构设计,减少了热量的损失,加之三道密封设计,密封性能更好,如图 11.13 所示。

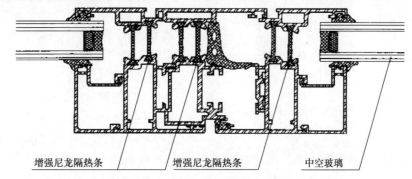

图 11.11　断桥铝合金门窗型材

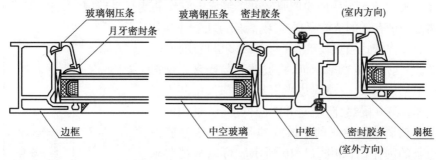

图 11.12　玻璃钢节能门窗型材

　　铝木节能门窗有木包铝门窗和铝包木门窗两种。木包铝节能门窗(图 11.14)运用等压原理,采用空心闭合截面的铝合金框作为主要受力结构,型材整体强度高,且气密性和水密性好;在铝合金框靠室内的一侧镶嵌高档优质木材,质地细致,纹理样式丰富,装饰性强。铝包木节能门窗在其室外部分采用铝合金型材,表面进行氟碳喷涂,可以抵抗阳光中的紫外线及自然界中的各种腐蚀,室内部分为经过特殊工艺加工的高档优质木材,既保护了纯木门窗的特性和功能,外层的铝合金又起到较好的保护作用。

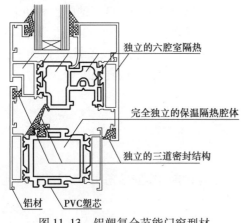

图 11.13　铝塑复合节能门窗型材

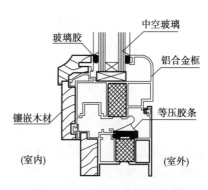

图 11.14　木包铝节能门窗型材

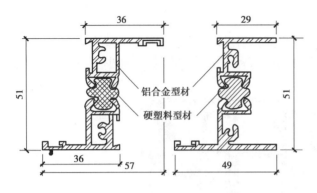

图 11.15 铝塑复合的铝合金窗
用型材的断面形式

绝缘型铝合金窗是将单一材料的铝合金窗用杆件，改用铝合金和硬塑料两种型材复合而成的复合型杆件，从而切断了整体铝合金杆件的热桥作用。图 11.15 是铝塑复合的铝合金窗用型材的断面形式。其内外两侧为铝合金，中间以硬塑料绝缘体隔断。导热情况与内表面温度均可大为改善。

(3)选用节能玻璃

在窗户中，玻璃面积占门窗总面积的 58% ~ 87%，采用节能玻璃是提高门窗保温节能效果的一个重要因素。节能玻璃的种类包括吸热玻璃、镀膜玻璃[热反射玻璃和低辐射(Low-E)玻璃]、中空玻璃和真空玻璃。吸热玻璃、镀膜玻璃、钢化玻璃(又称玻璃纤维或增强塑料)、夹层玻璃等品种的玻璃又可以组成中空玻璃或真空玻璃。其中，建筑门窗中使用中空玻璃是一种有效的节能环保途径，在实际工程中应用广泛。

中空玻璃又称密封隔热玻璃，由两层或多层玻璃构成，使用高强度、高气密性复合粘结剂，将玻璃片与内含干燥剂的铝合金框架粘接制成，玻璃周边用密封胶密封，中间夹层充入干燥气体，隔声、隔热、防结露并能降低能耗，框内的干燥剂用来保证玻璃片间空气的干燥度，其中内层丁基胶主要起着暖边条的的作用，如图 11.16 所示。可以根据要求选用不同性能的玻璃原片，如果色透明浮法玻璃、压花玻璃、吸热玻璃、热反射玻璃、夹丝玻璃、钢化玻璃等。

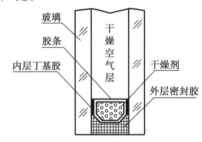

图 11.16 中空玻璃构造示意图

(4)门窗密封要严密

门窗框与墙体之间、框扇间、玻璃与框扇间的这些缝隙，是空气渗透的通道，会大大影响门窗节能效果，应密封严密。门窗框与墙体间缝隙不得用水泥砂浆填塞，应采用弹性材料填嵌饱满，表面用密封胶密封。如塑钢门窗框与墙体间的缝隙，通常用聚氨酯发泡剂进行填充，不仅有填充作用，而且还有良好的密封保温和隔热效果。框扇之间、玻璃与框扇之间用密封条挤紧密封。密封条分为毛条和胶条。密封胶条必须具有足够的抗拉强度、良好的弹性和耐老化性，断面尺寸要与门窗型材匹配，否则，胶条经过太阳长期暴晒会老化变硬，会失去弹性，容易脱落，不仅密封性差，而且易造成玻璃松动，产生安全隐患。常用的密封胶条材质主要有丁腈橡胶、三元乙丙橡胶(EPDM)、热塑性弹性体(TPE)、聚氨酯弹性体(P)、硅橡胶等。

(5)控制窗墙面积比

窗墙面积比的规定见表11.1。

11.4.3 节能门窗连接构造

节能门窗均采用塞口安装，图 11.17 所示为铝合金节能门窗安装通用节点详图，其他节能门窗连接构造可参考选用。

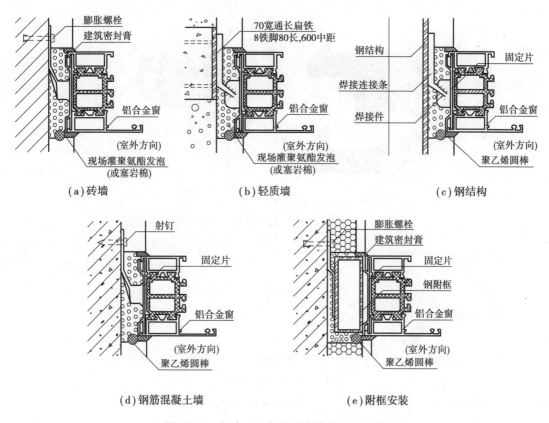

图 11.17　铝合金节能门窗安装通用节点详图

注:①连接件尺寸≥140×20×1.5。
　　②焊接板尺寸≥80×80×5。
　　③金属膨胀螺栓≥M5×65;塑料锚栓套管外径为 7～12 mm。
　　④射钉≥3.7×42。

11.5　遮　阳

11.5.1　遮阳的作用

炎热地区的夏天,阳光直射室内产生眩光,且使室内温度升高,影响室内的正常生活和工作。因此,人们长时间停留的房间,应采取遮阳措施。

遮阳对建筑物立面的造型影响极大,常作为房屋立面设计的重要构件,加以美化处理。遮阳也是炎热地区建筑形象特征之一。

遮阳分有绿化遮阳、简单活动遮阳和构造遮阳。绿化遮阳是利用房前树木和覆盖墙面形成的阴影区,遮挡窗前射来的阳光。绿化遮阳要求与建筑设计配合完成,是房屋竖向绿化设计的一部分,但不属于建筑构配件(图 11.18)。简单活动遮阳可用竹、木、布、苇等制作,经济易行,灵活、可拆卸,对房屋的通风采光有利,但耐久性差(图 11.19)。

构造遮阳是加设专用的构件或配件,或调整原有建筑物构、配件的位置和状态,而取得遮

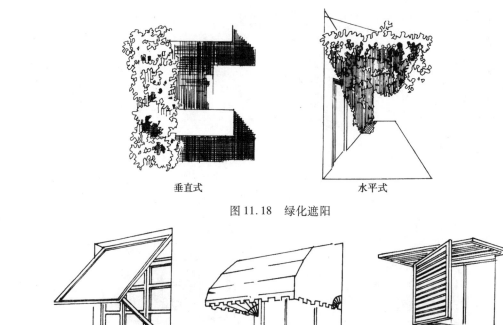

垂直式　　　　　　　水平式

图 11.18　绿化遮阳

苇席遮阳　　　　　篷布遮阳　　　　木百叶遮阳

图 11.19　简单活动遮阳

阳效果的。建筑遮阳应综合考虑和解决遮阳、通风、隔热和采光等各种需要。

11.5.2　窗遮阳板的基本形式

窗遮阳板的主要形式有水平式、垂直式、混合式和挡板式,可以为活动的或固定的。活动式使用灵活,但构造复杂,成本高。固定式坚固耐久,采用较多。图 11.20 是遮阳板的几种形式。

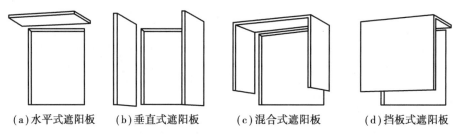

(a)水平式遮阳板　　(b)垂直式遮阳板　　(c)混合式遮阳板　　(d)挡板式遮阳板

图 11.20　遮阳板的几种形式

(1)水平遮阳板

主要遮挡高度角较大的阳光,适用于南向。固定式水平遮阳板可以是实心板、栅形板、百页板,设于窗的上侧。水平板有单层板[图 11.20(a)]和双层板。双层水平板可以缩小板的挑出长度。水平状态的栅形板、百页板和离墙的实心板有利于室内通风和外墙面的散热。实心板多为钢筋混凝土预制件,现场安装,也可以做成钢板(丝)网水泥砂浆轻型板。栅形板和百页板可为钢板、型钢、铝合板型材等现场装配。

(2)垂直遮阳板

用于遮挡太阳高度角较小,从两侧斜射的阳光,适用于东向和西向。根据光线的来向和具体处理的不同,垂直遮阳板可以垂直于墙面,或可倾斜于墙面。垂直遮阳板所用材料和板型,基本上与水平板相似[图11.20(b)]。

(3)混合遮阳板

混合遮阳板是兼顾窗口上方和左右方斜射阳光的遮挡。适用于南向、南偏东、南偏西等朝向,以及北回归线以南低纬度地区的北向窗口[图11.20(c)]。

(4)挡板遮阳板

挡板遮阳板如同离开窗口的外表面一定距离的垂直挂帘,可以是格式挡板、板式挡板或百页式挡板。挡板遮阳板主要适用于东、西向,可遮挡太阳高度角较低,正射窗口的阳光。有利于通风,但影响视线[图11.20(d)]。

小　结

1. 建筑中常见的门窗有铝合金门窗及塑料门窗等类型。按开启方式不同,有平开、推拉等形式。本章重点讲述平开门和金属门窗的构造。

2. 节能门窗是今后重点推广的门窗。门窗节能的基本方法有合理地缩小窗口面积、增加门窗的保温性能、切断热桥、缩减缝长、加强密闭等措施。

3. 夏季炎热地区,窗口常有一定的遮阳措施。常用的遮阳板的形式有水平式、垂直式、综合式和挡板式4种基本类型。

复习思考题

1. 简述门和窗的作用和要求。

2. 简述门和窗按材料、按开关方式和按层数的分类。

3. 简述木门的组成,门框和门扇的组成。

4. 门的尺寸应考虑哪些因素? 常用门扇的类型哪些?

5. 镶板门的用途和构造特点是什么?

6. 夹板门的用途和构造特点是什么?

7. 什么是弹簧门? 弹簧门有哪几种?

8. 为什么要加强门窗节能,门窗节能的设计应从哪些方面考虑?

9. 遮阳的作用是什么? 遮阳板的基本形式有哪些? 它们各自的特点和用途是什么?

第12章

变形缝

12.1　变形缝的作用、类型及要求

　　建筑物由于受温度变化、地基不均匀沉降以及地震的影响,结构内会产生附加的变形和应力,如不采取措施或采取措施不当,会使建筑物产生裂缝甚至倒塌,影响使用与安全。为避免这种状态的发生,可以采取"阻"或"让"两种不同措施。前者是通过加强建筑物的整体性,使其具有足够的强度与刚度,以阻遏这种破坏;后者是在变形敏感部位将结构断开,预留缝隙,使建筑物各部分能自由变形,不受约束,即以退让的方式避免破坏。后面一种措施比较经济,常被采用,但在构造上必须对缝隙加以处理,以满足使用和美观要求。建筑物中这种预留缝隙被称为变形缝。

　　变形缝按其功能分为 3 种类型,即伸缩缝、沉降缝和防震缝。

12.1.1　伸缩缝

　　建筑物处于温度变化之中,在昼夜温度循环和较长的冬夏季节循环作用下,其形状和尺寸因热胀冷缩而发生变化。当建筑物长度超过一定限度时,会因变形大而开裂。为避免这种现象,通常沿建筑物长度方向每隔一定距离预留缝隙,将建筑物断开。这种为适应温度变化而设置的缝隙称为伸缩缝,也称温度缝。

　　伸缩缝要求将建筑物的墙体、楼层、屋顶等地面以上构件全部断开,基础因受温度变化影响较小,不必断开。

　　伸缩缝的设置间距,即建筑物的容许连续长度与结构所用的材料、结构类型、施工方式、建筑所处位置和环境有关。结构设计规范对砌体建筑和钢筋混凝土结构建筑中伸缩缝最大间距的规定见表 12.1 及表 12.2。

表 12.1　砌体建筑中伸缩缝的最大间距(m)

砌体类型	屋顶或楼层结构类别		间距
各种砌体	整体式或装配整体式钢筋混凝土结构	有保温层或隔热层的屋顶、楼层	50
		无保温层或隔热层的屋顶	40
	装配式无檩体系钢筋混凝土结构	有保温层或隔热层的屋顶、楼层	60
		无保温层或隔热层的屋顶	50
	装配式有檩体系钢筋混凝土结构	有保温层或隔热层的屋顶楼层	75
		无保温层或隔热层的屋顶	60
黏土砖、空心砖砌体	黏土瓦或石棉水泥瓦屋顶、木屋顶或楼层、砖石屋顶或楼层		100
石砌体			80
硅酸盐块砌体和混凝土块砌体			75

注:①层高大于 5 m 的砌体结构单层建筑,其伸缩缝间距可按表中数值乘以 1.3,但当墙体采用硅酸盐砌块和混凝土砌块砌筑时,不得大于 75 m。

②温度较大且变化频繁地区和严寒地区不采暖的建筑物墙体伸缩缝的最大间距,应按表中数值予以适当减小。

表 12.2　钢筋混凝土结构建筑中伸缩缝最大间距(m)

结构类别		室内或土中	露天
排架结构	装配式	100	70
框架结构	装配式	75	50
	现浇式	55	35
剪力墙结构	装配式	65	40
	现浇式	45	30
挡土墙、地下室墙	装配式	40	30
等类结构	现浇式	30	20

注:①当屋面板上部无保温或隔热措施时;对框架、剪力墙结构的伸缩缝间距,可按表中露天栏的数值选用;对排架结构的伸缩缝间距,可按表中室内栏的数值适当减小。

②排架结构的柱高低于 8 m 时宜适当减小伸缩缝间距。

③伸缩缝间距应考虑施工条件的影响,必要时(如材料收缩较大或室内结构因施工时外露时间较长)宜适当减小伸缩缝间距。伸缩缝宽度,一般为 20～30 mm。

12.1.2　沉降缝

当房屋相邻部分的高度、荷载和结构形式差别较大且地基发生不均匀沉降时,房屋有可能产生不均匀沉降,致使某些薄弱部位开裂。为此,应在适当位置(如复杂的平面或体形转折处,高度变化处,荷载、地基的压缩性和地基处理的方法明显不同处)设置沉降缝。

沉降缝与伸缩缝不同之处是除屋顶、楼板、墙身都要断开外,基础部分也要断开,使相邻部分也可以自由沉降,互不牵制。沉降缝宽度要根据房屋的层数定,5 层以上时不应小于 120 mm。

沉降缝不但应贯通上部结构,而且也应贯通基础本身。沉降缝应考虑缝两侧结构非均匀沉降倾斜和地面高差的影响。抗震缝、伸缩缝在地面以下可不设缝,连接处应加强。但沉降缝两侧墙体基础一定要分开。

凡属下列情况应考虑设置沉降缝:

①同一建筑物两相邻部分的高度相差较大、荷载相差悬殊或结构形式不同时[图12.1(a)]。

②建筑物建造在不同地基上,且难于保证均匀沉降时。

③建筑物相邻两部分的基础形式不同、宽度和埋深相差悬殊时。

④建筑物体形比较复杂、连接部位又比较薄弱时[图12.1(b)]。

⑤新建建筑物与原有建筑物相毗连时[图12.1(c)]。

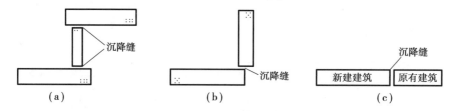

图12.1 沉降缝设置部位举例

沉降缝与伸缩缝的作用不同,因此在构造上有所区别。沉降缝要求从基础到屋顶所有构件均须设缝分开,使沉降缝两侧建筑物成为独立的单元,各单元在竖向能自由沉降,不受约束。

沉降缝的宽度与地基的性质和建筑物的高度有关。地基越软弱,建筑高度越大,缝宽也就越大。建于软弱地基上的建筑物,由于地基的不均匀沉陷,可能引起沉降缝两侧的结构倾斜,应加大缝宽。不同地基情况下的沉降缝宽度见表12.3。

表12.3 不同地基情况下的沉降缝宽度

地基性质	建筑物高度(H)或层数	缝宽/mm
一般地基	$H < 5$ m	30
	$H = 5 \sim 10$ m	50
	$H = 10 \sim 15$ m	70
软弱地基	2～3 层	50～80
	4～5 层	80～120
	6 层以上	>120
湿陷性黄土地基		>30～70

注:沉降缝两侧结构单元层数不同时,由于高层部分的影响,低层结构的倾斜往往很大。
因此,沉降缝的宽度应按高层部分的高度确定。

沉降缝一般与伸缩缝合并设置,兼起伸缩缝的作用。

12.1.3 防震缝

在地震烈度为7～9度的地区,当建筑物体形比较复杂或建筑物各部分的结构刚度、高度以及重量相差较悬殊时,应在变形敏感部位设缝,将建筑物分割成若干规整的结构单元。每个单元的体形规则、平面规整、结构体系单一,可防止在地震波作用下相互挤压、拉伸,造成变形和破坏。这种缝隙称为防震缝。对多层砌体建筑来说。遇下列情况时宜设防震缝：

①建筑立面高差在 6 m 以上时；

②建筑错层,且楼层错开距离较大时；

③建筑物相邻部分的结构刚度、质量相差悬殊时。

防震缝应沿建筑物全高设置,缝的两侧应布置墙或柱,形成双墙、双柱或一墙一柱,使各部分结构封闭,提高刚度(如图 12.2 所示)。防震缝应同伸缩缝、沉降缝尽量结合布置。一般情况下,基础不设缝,如与沉降缝合并设置时,基础也应设缝断开。防震缝的宽度根据建筑物高度和所在地区的地震烈度来确定。一般多层砌体建筑的缝宽取 50 ~ 100 mm。多层钢筋混凝土框架结构建筑,高度在 15 m 及 15 m 以下时,缝宽为 70 mm；当建筑高度超过 15 m 时,按烈度增大缝宽：

地震烈度 7 度,建筑每增高 4 m,缝宽增加 20 mm。

地震烈度 8 度,建筑每增高 3 m,缝宽增加 20 mm。

地震烈度 9 度,建筑每增高 2 m,缝宽增加 20 mm。

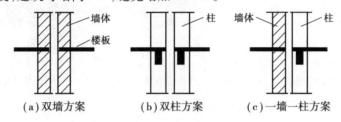

(a)双墙方案　　　(b)双柱方案　　　(c)一墙一柱方案

图 12.2　防震缝两侧结构布置

12.2　变形缝构造

为防止风、雨、冷热空气、灰砂等侵入室内,影响建筑使用和耐久性,也为了美观,构造上对缝隙须予覆盖和装修。这些覆盖和装修同时必须保证变形缝能充分发挥其功能,使缝隙两侧构造单元的水平或竖向相对位移不受阻碍。

12.2.1　墙体变形缝

(1)伸缩缝

根据墙的厚度,伸缩缝可做成平缝、错口缝和企口缝等形式(图 12.3)。

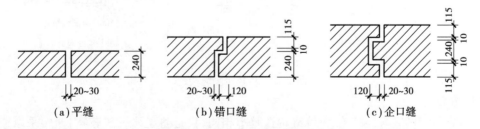

(a)平缝　　　　(b)错口缝　　　　(c)企口缝

图 12.3　砖墙伸缩缝的截面形式

为避免外界自然因素对室内的影响,外墙外侧缝口应填塞或覆盖具有防水、保温和防腐性能的弹性材料,如沥青麻丝、泡沫塑料条、橡胶条、油膏等。当缝口较宽时,还应用镀锌铁皮铝片等金属调节片覆盖。如墙面作抹灰处理,为防止抹灰脱落,可在金属片上加钉钢丝网后再抹灰。填缝或盖缝材料和构造应保证结构在水平方向的自由伸缩。考虑到缝隙对建筑立面的影响,通常将缝隙布置在外墙转折部位或利用雨水管将缝隙挡住,作隐蔽处理。外墙内侧及内缝口通常用具有一定装饰效果的木质盖缝条遮盖,木条固定在缝口的一侧。也可采用金属片盖缝(图 12.4、图 12.5)。

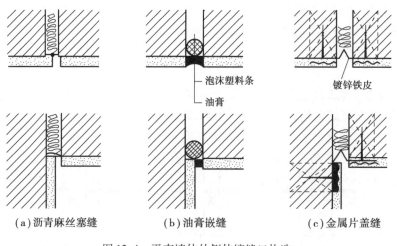

(a)沥青麻丝塞缝　　　(b)油膏嵌缝　　　(c)金属片盖缝

图 12.4　平直墙体外侧伸缩缝口构造

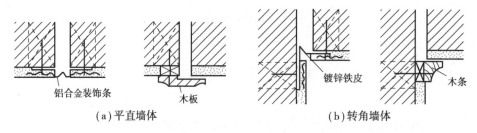

(a)平直墙体　　　　　　　　　(b)转角墙体

图 12.5　墙体内侧、内墙伸缩缝口构造

(2)沉降缝

沉降缝一般兼起伸缩缝的作用。墙体沉降缝构造与伸缩缝构造基本相同,只是调节片或盖缝板在构造上能保证两侧结构在竖向的相对移动不受约束,如图 12.6 所示。

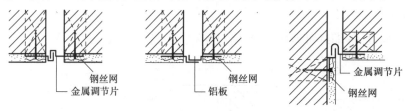

图 12.6　墙体沉降缝构造

(3)防震缝

墙体防震缝构造与伸缩缝、沉降缝构造基本相同,只是防震缝一般较宽,通常采取覆盖做法。外缝口用镀锌铁皮、铝片或橡胶条覆盖,内缝口常用木质盖板遮缝。寒冷地区的外缝口一般用具有弹性的软质聚氯乙烯泡沫塑料、聚苯乙烯泡沫塑料等保温材料填实,如图 12.7 所示。

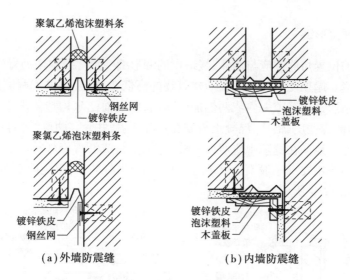

（a）外墙防震缝　　　　　（b）内墙防震缝

图 12.7　墙体防震缝构造

12.2.2　楼地层变形缝

楼地层变形缝的位置与缝宽应与墙体变形缝一致。变形缝内也常以具有弹性的油膏、沥青麻丝、金属或塑料调节片等材料作填缝或盖缝处理,上铺与地面材料相同的活动盖板、铁板或橡胶条等以防灰尘下落。卫生间等有水房间中的变形缝尚应做好防水处理。顶棚的缝隙盖板一般为木质或金属,木盖板一般固定在一侧以保证两侧结构的自由伸缩和沉降,如图 12.8 所示。

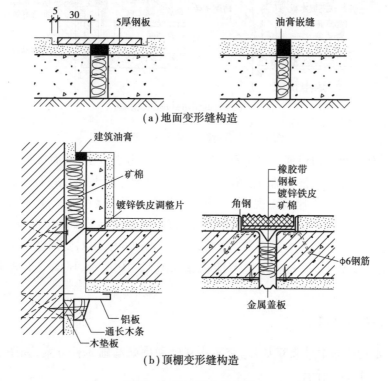

（a）地面变形缝构造

（b）顶棚变形缝构造

图 12.8　楼地层变形缝构造

12.2.3 屋顶变形缝

屋顶变形缝的位置与缝宽应与墙体、楼地层的变形缝一致。缝内用沥青麻丝、金属调节片等材料填缝和盖缝。屋顶变形缝一般设于建筑物的高低错落处，也见于两侧屋面处于同一标高处。不上人屋顶通常在缝隙一侧或两侧加砌矮墙，按屋面泛水构造要求将防水材料沿矮墙上卷，顶部缝隙用镀锌铁皮、铝片、混凝土板或瓦片等覆盖，并允许两侧结构自由伸缩或沉降而不致渗漏雨水。寒冷地区在缝隙中应填以岩棉、泡沫塑料或沥青麻丝等具有一定弹性的保温材料。上人屋顶因使用要求一般不设矮墙，此时应切实做好防水，避免雨水渗漏。卷材防水屋顶变形缝构造如图 12.9 所示。

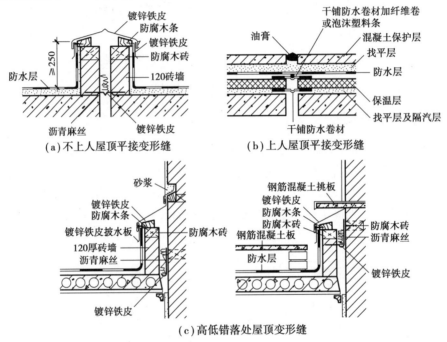

图 12.9 卷材防水屋顶变形缝构造

在节能建筑中，建筑物根据需要设置变形缝时，容易出现冷桥，从而成为节能建筑绝热保温的薄弱环节，影响建筑物整体的节能效果。但是，在外围护结构节能设计与施工时，对外墙、屋面、门窗等处的节能处理比较重视，变形缝处的节能问题往往被人忽视。因此，既要取得良好的节能效果，还要解决好变形缝处的节能构造，即在安装外墙装饰板或屋面盖缝板之前，应将保温材料塞入变形缝内，并填塞密实。待装饰盖板固定好后，再对变形缝两侧的保温层适度进行处理，严禁直接覆盖。墙身变形缝节能构造如图 12.10 所示，屋面变形缝节能构造如图 12.11 所示。

12.2.4 基础变形缝

基础沉降缝构造通常采取双基础、交叉式基础和挑梁基础 3 种方案，如图 12.12(a)、图 12.12(b)、图 12.12(c)所示。

①双基础方案：建筑物沉降缝两侧各设有承重墙，墙下有各自的基础。这样，每个结构单

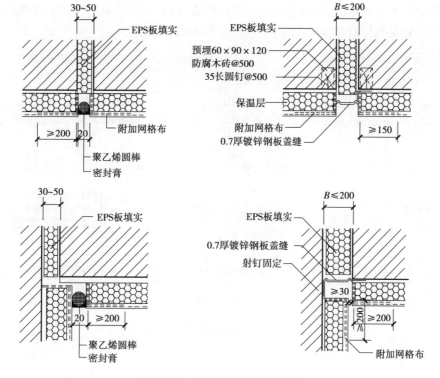

图 12.10 墙身变形缝节能构造

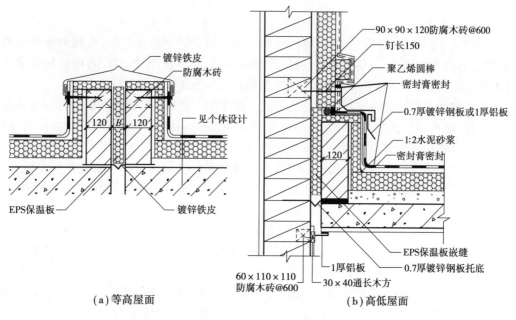

（a）等高屋面　　　　　　　　　　　　（b）高低屋面

图 12.11 屋面变形缝节能构造

元都有封闭连续的基础和纵横墙,结构整体刚度大,但基础偏心受力,在沉降时相互影响。

②交叉式基础方案:沉降缝两侧的基础交叉设置,在各自的基础上支撑基础梁,墙体砌在基础梁上的方案。

③悬挑基础方案:为使缝隙两侧结构单元能自由沉降又互不影响,经常在缝的一侧做成挑

梁基础。缝侧如需设置双墙,则在挑梁端部增设横梁,将墙支承其上。当缝隙两侧基础埋深相差较大以及新建筑与原有建筑毗连时,一般多采取挑梁基础方案。

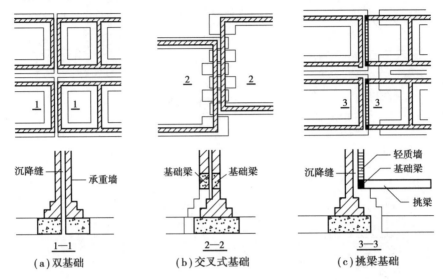

图 12.12　基础沉降缝的构造

小　结

1. 变形缝是伸缩缝、沉降缝、防震缝的总称。为了避免因建筑物过长、荷载和地基承载力不均、地震等因素的影响,使建筑构件变形、开裂和破坏,故在设计时,事先将建筑物分成几个独立的部分,使各部分自由变形,这种将建筑物垂直分开的缝称为变形缝。

2. 伸缩缝是为防止建筑物因温度变化引起热胀冷缩不规则破坏而设置的。伸缩缝从基础以上的墙体、楼板到屋顶全部断开。缝的宽度为 20～30 mm;缝的间距与构件所用材料、结构类型、施工方法、构件所处位置和环境有关。

3. 沉降缝是为了避免建筑物因不均匀沉降而导致某些薄弱环节部位错动开裂而设置的。沉降缝要从基础一直到屋顶全部断开。缝的宽度与地基性质以及建筑物高度有关,沉降缝可以代替伸缩缝,但伸缩缝不能代替沉降缝。

4. 防震缝是考虑地震的影响而设置的,防震缝的两侧应采用双墙、双柱。防震缝可以结合伸缩缝、沉降缝的要求统一考虑。防震缝的构造原则是保证建筑物在缝的两侧,在垂直方向能自由沉降,在水平方向又能左右移动。

5. 基础沉降缝构造通常有双基础、交叉式基础和挑梁基础 3 种方案。

复习思考题

1. 变形缝的作用是什么? 它有哪几种基本类型?

2. 什么情况下需设伸缩缝? 伸缩缝的宽度一般为多少?

3. 什么情况下需设沉降缝？沉降缝的宽度由什么因素确定？

4. 什么情况下需设防震缝？确定防震缝宽度的主要依据是什么？

5. 伸缩缝、沉降缝、防震缝各有什么特点？它们在构造上有什么异同？

6. 墙体中变形缝的截面形式有哪几种？

7. 用图表示外墙伸缩缝的构造。

8. 用图表示卷材防水平屋顶变形缝的构造。

第 *13* 章
建筑防火与绿色建筑

13.1 建筑防火的一般知识

13.1.1 建筑构件的燃烧性能

建筑材料受到火烧以后:有的要随着起火燃烧;有的只见火热,或可见火焰微燃;有的只见碳化成灰,不见起火;有的不起火;有的不微燃也不碳化。根据建筑构件在空气中遇火时的不同反应,将建筑构件分为 3 类:

(1)非燃烧体

用非燃烧材料做成的构件属于非燃烧体。此类材料在空气中受到火烧或高温作用时,不起火、不碳化、不微燃,如砖石、钢筋混凝土、金属等。

(2)难燃烧体

难燃烧体是用难燃烧材料制成的构件,或用燃烧材料作基材且用非燃烧材料作保护层的构件。难燃烧材料是指在空气中受到火烧或高温作用时难起火、难微燃、难炭化,当火源移走后燃烧或微燃立即停止的材料。例如,沥青混凝土、经过阻燃处理的木材、水泥刨花板以及木骨架两面加钢丝网抹灰,或板条抹灰墙等,都属于难燃烧体。

(3)燃烧体

用燃烧材料做成的构件属于燃烧体。此类材料在空气中受到火烧或高温作用时会立即起火或燃烧,离开火源会继续燃烧或微燃,如木材、苇箔、纤维板、胶合板等。

13.1.2 建筑构件的耐火极限

建筑构件起火或受热失去稳定而被破坏,能使建筑物倒塌。为了疏散人员、抢救物资和扑灭火灾,要求建筑物有一定的耐火能力。建筑物的耐火能力取决于建筑构件的耐火性能,称为耐火极限。

耐火极限是指在标准耐火试验条件下,建筑构件、配件或结构从受到火的作用时起,至失去承载能力、完整性或隔热性时止所用时间,用小时表示。

13.1.3　建筑物的耐火等级

（1）耐火等级的划分

建筑物的耐火等级分为四级,其构件的燃烧性能和耐火等级不应低于表 13.1 的规定。

表 13.1　不同耐火等级建筑相应构件的燃烧性能和耐火极限(h)

构件名称		耐火极限			
		一级	二级	三级	四级
墙	防火墙	不燃性 3.00	不燃性 3.00	不燃性 3.00	不燃性 3.00
	承重墙	不燃性 3.00	不燃性 2.50	不燃性 2.00	难燃性 0.50
	非承重墙	不燃性 1.00	不燃性 1.00	不燃性 0.50	可燃性
	楼梯间和前室的墙 电梯井的墙 住宅建筑单元之间的 墙和分户墙	不燃性 2.00	不燃性 2.00	不燃性 1.50	难燃性 0.50
	疏散走道两侧的隔墙	不燃性 1.00	不燃性 1.00	不燃性 0.50	难燃性 0.25
	房间隔墙	不燃性 0.75	不燃性 0.50	难燃性 0.50	难燃性 0.25
柱		不燃性 3.00	不燃性 2.50	不燃性 2.00	难燃性 0.50
梁		不燃性 2.00	不燃性 1.50	不燃性 1.00	难燃性 0.50
楼板		不燃性 1.50	不燃性 1.00	不燃性 0.50	可燃性
屋顶承重构件		不燃性 1.50	不燃性 1.00	可燃性 0.50	可燃性
疏散楼梯		不燃性 1.50	不燃性 1.00	不燃性 0.50	可燃性
吊顶(包括吊顶搁栅)		不燃性 0.25	难燃性 0.25	难燃性 0.15	可燃性

注:①除防火规范另有规定外,以木柱承重且以不燃烧材料作为墙体的建筑,其耐火等级应按四级确定。

②住宅建筑构件的耐火极限和燃烧性能可按现行国家标准《住宅建筑规范》(GB 50368)的规定执行。

建筑物的耐火等级是由组成建筑物的墙、柱、梁、楼板等主要构件的燃烧性能和耐火极限决定的。制定耐火等级标准时,以楼板的耐火极限为基准,就是首先确定各耐火等级建筑物中楼板的耐火极限,然后将其他建筑构件与楼板相比较。在建筑结构中所占地位比楼板重要者,其耐火极限应高于楼板,比楼板次要者,其耐火极限适当降低。

楼板的耐火极限是根据我国火灾情况和建筑特点确定的。我国大部分火灾的延续时间为 1~2 h,目前建筑物所采用的钢筋混凝土楼板其钢筋保护层为 15 mm,其耐火极限一般大于 1 h。因此,将二级耐火等级建筑物楼板的耐火极限定为 1 h;一级耐火等级的定为 1.5 h;三级定为 0.5 h。其他建筑构件的耐火极限,如在二级耐火等级的建筑物中,支承楼板的梁比楼板重要,其耐火极限应比楼板高,定为 1.5 h;柱和墙承受梁的重量,更为重要,其耐火极限定为 2.0~2.5 h,其余依此类推。

各耐火等级的建筑物,对建筑构件燃烧性能的具体要求是:一、二级耐火等级建筑物的构件都应该是非燃烧体,其中一级耐火等级应该是钢筋混凝土结构或砖墙与钢筋混凝土组成的混合结构;二级耐火等级建筑可以是钢屋架、钢筋混凝土柱或砖墙组成的混合结构;三级耐火等级建筑是木屋顶和砖墙组成的砖木结构;四级耐火等级是木屋顶、难燃烧体墙组成的可燃结构。大体上说,一级耐火等级建筑是用钢筋混凝土结构楼板、屋顶、砌体墙组成;二级耐火等级建筑和一级基本相似,但所用材料的耐火极限可以较低;三级耐火等级建筑是用木结构屋顶、钢筋混凝土楼板和砖墙组成的砖木结构;四级耐火等级建筑是木屋顶,难燃烧体楼板和墙组成的可燃结构。

(2)耐火等级的选择

如何确定拟建建筑物的耐火等级是一个重要的问题,因为它直接关系到有关部分的材料和构造。单从防火要求来说,建筑物的耐火性能显然是越高越好,但是由于投资、材料的控制等各方面原因,建筑物全部采用非燃材料建造实际上也是不必要的。建筑物的耐火等级标准,主要应由建筑物的重要性和其在使用中的火灾危险性来确定。有时采用可燃材料的建筑结构,按使用要求增加一些措施,也同样可以保证防火安全,符合适用、经济的要求。对各类建筑耐火等级的确定应区别对待,例如,具有重大政治意义的建筑物或具有贵重设备的建筑物都应采用耐火性能较高的建筑结构;一般住宅火灾危险性较小,与使用人数众多的大型公共建筑就要区别对待。

根据使用性质、重要程度及火灾危险性,一般要求重要的民用建筑应采用一、二级耐火等级的建筑;商店、学校、食堂、菜市场如采用一、二级耐火等级的建筑有困难,可采用三级耐火等级的建筑。

13.1.4 建筑构件与火灾的发展蔓延

建筑防火设计的任务是采取防火措施、减少火灾损失,当火灾发生后,能限制火势的发展或抵制火的直接威胁。

火灾的发展即火势的蔓延,主要是靠可燃构件的直接燃烧、热的传导、热的辐射和对流。研究火势蔓延途径,是在建筑物中采取防火隔断,设置防火分隔的根据。火从起火点向外蔓延的途径主要是外墙窗口、内墙门、隔墙、楼板与空心构造。

(1)由外墙窗口向上层蔓延

在现代建筑中,火通过外墙窗口喷出烟气和火焰,沿窗间墙及上层窗口窜到上层室内,这样逐层向上蔓延,会使整个建筑物起火,如图 13.1 所示。若采用带形窗则更易吸附喷出向上的火焰,蔓延更快。为了防止火势蔓延,要求上、下层窗口之间的距离尽可能大些。要利用窗过梁、窗楣板或外部非燃烧体的雨篷、阳台等设施,使烟火偏离上层窗口,阻止火势向上蔓延。

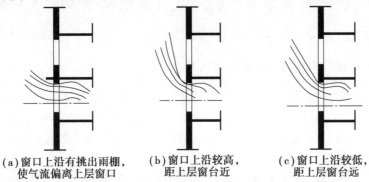

(a)窗口上沿有挑出雨棚,
使气流偏离上层窗口

(b)窗口上沿较高,
距上层窗台近

(c)窗口上沿较低,
距上层窗台远

图 13.1　火由外墙窗口向上蔓延示意图

(2)火势的横向蔓延

火势的横向蔓延主要是通过内墙门及间隔墙进行。入户门为可燃的木质门,被火烧穿;铝合金防火卷帘因无水幕保护或水幕未洒水,导致卷帘被熔化;管道穿孔处未用非燃材料密封等处理不当导致火势蔓延;铁皮防火门在正常使用时是开着的,一旦发生火灾,不能及时关闭;当采用木板隔墙时,火容易穿过木板、缝隙窜到墙的另一面,木板极易燃烧;板条抹灰墙受热时,内部首先自燃,直到背火面的抹灰层破裂,火便会蔓延过去。当墙为厚度很小的非燃烧体时,隔壁靠墙堆放的易燃物体,可能因墙的导热和辐射而自燃起火;此外,防火卷帘受热后变形很大,一般凸向加热一侧,在火焰作用下,其背火面温度很高,如无水幕保护,其背火面将会产生强烈的热辐射,因此背火面堆放可燃物时,或卷帘与可燃装修接触时,就会导致火势横向蔓延。

(3)火势通过竖井等蔓延

在现代建筑物中,有大量的电梯、楼梯、垃圾井、设备管道井等竖井,这些竖井往往贯穿整个建筑,若未作周密完善的防火设计,一旦发生火灾,火势便会通过竖井蔓延到建筑物的任意一层。

此外,建筑物中一些不引人注意的吊装用的或其他用途的孔道,有时也会造成整个大楼的恶性火灾,如吊顶与楼板之向、幕墙与分隔结构之间的空隙、保温夹层、下水管道等都有可能因施工质量等留下孔洞,有的孔洞在水平与竖直两个方向互相穿通,用户往往还不知道,这些隐患的存在,发生火灾时会导致重大生命财产的损失。

(4)火势由通风管道蔓延

通风管道蔓延火势一般有两种方式:一是通风道内起火,并向连通的空间,如房间、吊顶内部、机房等蔓延;二是通风管道可以吸进起火房间的烟气蔓延到其他空间,在远离火场的其他空间再喷吐出来,造成火灾中大批人员因烟气中毒而死亡。例如,1972 年 5 月,日本大阪千日百货大楼 3 层发生火灾,空调管道从火灾层吸入烟气,在 7 层的酒吧间喷出,烟气很快笼罩了大厅,引起在场人员的混乱,加之缺乏疏散引导,导致发生 118 人丧生的恶性事故,因此在通风管道穿通防火分区和穿越楼板处,一定要设置自动关闭的防火阀门。

13.2 耐火等级与面积、长度、层数的关系及防火间距

13.2.1 耐火等级与面积、长度、层数的关系

建筑物的面积大,室内容纳的人和可燃物的数量也多,起火后疏散量大,燃烧时间长,灭火所需力量也多,面积过大对减小火灾损失是不利的,因此应按建筑物耐火等级的不同加以限制。民用建筑还必须限制其最大允许长度,它是根据消防车水带最大长度时的供水能力,以及室外消火栓的保护半径等因素决定的。

一、二级耐火等级的单、多层民用建筑,因它采用了非燃烧体的建筑构件,构件的耐火极限高,建筑物倒塌的可能性小,一般都能较好地限制火势蔓延,有利于安全疏散和扑救火灾,所以其占地面积和长度可以大些,防火规范规定最大允许占地面积为 2 500 m²,长度可为 150 m。

三级耐火等级的单、多层民用建筑屋顶是可以燃烧的,通常起火后的火灾损失严重,其占地面积应比一、二级要小,其最大允许占地面积为 1 200 m²,长度可为 100 m。

四级耐火等级的单、多层建筑物,不仅屋顶可以燃烧,四周的墙大多也是可燃的,而且燃烧较快,因此其占地面积不得超过 600 m²,长度不超过 60 m。

一、二级耐火等级的民用建筑,防火条件好,其层数不必限制。三级耐火等级的建筑在中小城镇建造较多,而目前中小城镇一般消防车设施能直接扑救的高度不超过 5 层,因此规范规定三级耐火等级建筑物最多不超过 5 层,四级不超过两层。

对各耐火等级的建筑物,按其使用性质的不同,还应适当降低其层数。

关于耐火等级、层数、长度和面积的限制详见表 13.2。

表 13.2 不同耐火等级建筑的允许建筑高度或层数、防火分区最大允许建筑面积

名　称	耐火等级	允许建筑高度或层数	防火分区的最大允许建筑面积/m²	备　注
高层民用建筑	一、二级	按表 1.1 确定	1 500	对于体育馆、剧场的观众厅,防火分区的最大允许建筑面积可适当增加
单、多层民用建筑	一、二级	按表 1.1 确定	2 500	
	三级	5 层	1 200	
	四级	2 层	600	
地下或半地下建筑(室)	一级	—	500	设备用房的防火分区最大允许建筑面积不应大于 1 000 m²

注:①表中规定的防火分区最大允许建筑面积,当建筑内设置自动灭火系统时,可按本表的规定增加 1.0 倍;局部设置时,防火分区的增加面积可按该局部面积的 1.0 倍计算。

②裙房与高层建筑主体之间设置防火墙时,裙房的防火分区可按单、多层建筑的要求确定。

13.2.2 防火间距

当一幢建筑物起火后,燃烧时产生的高温气流和强烈的热辐射作用,能使靠近它的建筑物

被烤着并起火,但距离起火点较远的地方受热辐射和热气流的影响就相对减少。因此,建筑物之间留出适当的距离就可以有效地防止火灾蔓延扩大,这个距离称为防火间距。防火间距不仅能阻止火势的蔓延,同时还为安全疏散和扑灭火灾创造了有利条件,因此它在建筑防火中具有相当重要的作用。

确定建筑物间的防火间距,除了考虑建筑物的耐火等级、使用性质等因素,还要考虑消防人员能够及时到达并迅速扑救这一因素。如灭火人员能在起火后 20 min 之内到达火场,就不需要设置太大的安全距离,例如三级耐火等级的民用建筑起火,热辐射对站在 7 m 外的灭火人员威胁尚大,因此在三级与三级耐火等级民用建筑之间防火间距就采用 8 m,四级与四级之间更多一些,采用 12 m 等。民用建筑之间的防火间距见表 13.3,相邻两座建筑之间的防火间距示意图如图 13.2 所示。

表 13.3　民用建筑之间的防火间距(m)

建筑类型		高层民用建筑	裙房和其他民用建筑		
		一、二级	一、二级	三级	四级
高层民用建筑	一、二级	13	9	11	14
裙房和其他民用建筑	一、二级	9	6	7	9
	三级	11	7	8	10
	四级	14	9	10	12

注:①相邻两座单、多层建筑,当相邻外墙为不燃性墙体且无外露的可燃性屋檐,每面外墙上无防火保护的门、窗、洞口不正对开设且该门、窗、洞口的面积之和不大于外墙面积的 5% 时,其防火间距可按本表规定减少 25% 。

②两座建筑相邻较高一面外墙为防火墙[图 13.2(b)],或高出相邻较低一座一、二级耐火等级建筑的屋面 15 m 及以下范围内的外墙为防火墙时,其防火间距不限[图 13.2(c)]。

③相邻两座高度相同的一、二级耐火等级建筑中相邻任一外墙为防火墙,屋顶的耐火极限不低于 1.00 h 时,其防火间距不限[图 13.2(d)]。

④相邻两座建筑中较低一座建筑的耐火等级不低于二级,相邻较低一面外墙为防火墙且屋顶无天窗,屋顶的耐火极限不低于 1.00 h 时,其防火间距不应小于 3.5 m;对于高层建筑,不应小于 4.0 m[图 13.2(e)]。

⑤相邻两座建筑中较低一座建筑的耐火等级不低于二级且屋顶无天窗,相邻较高一面外墙高出较低一座建筑的屋面 15 m 及以下范围内的开口部位设置甲级防火门、窗,或设置符合现行国家标准《自动喷水灭火系统设计规范》(GB 50084—2017)规定的防火分隔水幕时,其防火间距不应小于 3.5 m;对于高层建筑,不应小于 4 m[图 13.2(f)]。

⑥相邻建筑通过连廊、天桥或底部的建筑物等连接时,其间距不应小于本表的规定。

⑦耐火等级低于四级的既有建筑,其耐火等级可按四级确定。

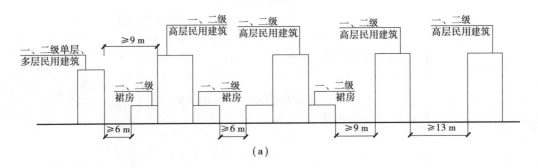

(a)

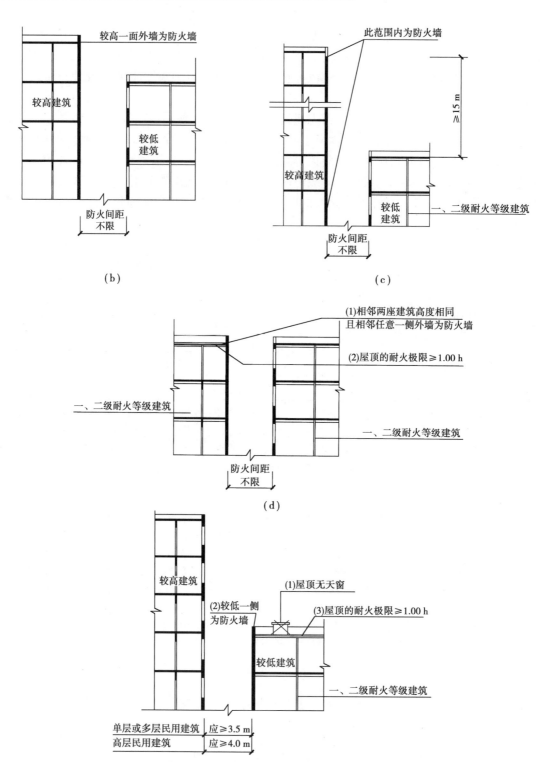

（b）

（c）

（d）

（e）相邻高低两座建筑防火间距要求

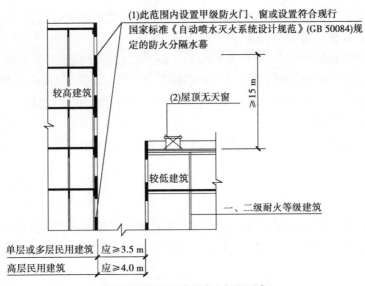

图 13.2　相邻两座建筑之间的防火间距示意图

一般民用建筑占地面积不大,除高层建筑外,每幢建筑物间都设 8 m 甚至更大的间距,将对节约用地不利,规划上也难以做到。为此,规范规定数座一、二级耐火等级不超过 6 层的住宅或办公建筑,当占地面积的总和不超过 2 500 m² 时,可成组布置,但组内建筑之间不宜少于 4 m。组与组或组与相邻建筑之间的防火间距则仍应符合表 13.3 的规定。

13.3　安全疏散

建筑发生火灾时,为避免室内人员由于火烧、烟雾中毒和房屋倒塌而遭到伤害,必须尽快撤离;室内物资也要尽快抢救出来,以减少火灾损失;同时,消防人员要迅速接近起火部位。为此都需要完善建筑物的安全疏散设施,为安全疏散创造良好条件。

安全疏散设施包括安全出口(疏散门、走道、楼梯)、事故照明以及防烟、排烟设施等。

13.3.1　安全疏散时间

为了保障室内人员在火灾构成危害前即能从现场撤离,必须确定安全疏散允许时间。火灾使人受到伤害主要是一氧化碳中毒、缺氧窒息、高温烘烤或火烧和吊顶烧毁塌落,根据以上各项使人遭到伤害的极限时间,同时考虑发现火灾早晚等各种因素,可以确定安全疏散的允许时间:

一般民用建筑,一、二级耐火等级可为 6 min,三、四级耐火等级可为 2～4 min;人员密集的公共建筑一、二级耐火等级应为 5 min,三级耐火等级应为 3 min,其中观众厅的疏散时间:一、二级耐火等级的建筑物不应超过 2 min,三级耐火等级的不应超过 1.5 min。

当发生火灾时,由于人群的密集程度不同,疏散速度也不同,密集的人群,由于互相拥挤,疏散速度大大降低,根据实测,水平疏散速度在人数较少时,按 60 m/min 计算;人员密集时,按 22 m/min 计算。垂直疏散速度,人员密集时,下楼梯的疏散速度按 15 m/min 计算。疏散时,密集的人群可视为由若干前后相随的单股人流组成。单股人流的疏散通行能力,在平地上行走时为43人/min,下楼梯时为37人/min。

当人员集中的公共建筑失火时,室内人员由于惊慌失措以及对疏散路线不熟悉等复杂因素,疏散的速度和通行能力会受到较大影响。特别是在老、弱、妇孺和病、残疾人员较多的建筑物中,火灾时这些人员由于行动不便,疏散速度比较缓慢,通行能力也比较低。对这些场所的安全疏散设施应当从严要求。

上述疏散时间、疏散速度以及通行能力就是设置安全疏散设施的依据。

13.3.2　安全疏散与避难

(1)一般要求

①民用建筑应根据其建筑高度、规模、使用功能和耐火等级等因素合理设置安全疏散和避难设施。安全出口和疏散门的位置、数量、宽度及疏散楼梯间的形式,应满足人员安全疏散的要求。

②建筑内的安全出口和疏散门应分散布置,且建筑内每个防火分区或一个防火分区的每个楼层、每个住宅单元每层相邻两个安全出口以及每个房间相邻两个疏散门最近边缘之间的水平距离不应小于5 m。

③建筑的楼梯间宜通至屋面,通向屋面的门或窗应向外开启。

④自动扶梯和电梯不应计作安全疏散设施。

⑤除人员密集场所外,建筑面积不大于500 m²、使用人数不超过30人且埋深不大于10 m的地下或半地下建筑(室),当需要设置两个安全出口时,其中一个安全出口可利用直通室外的金属竖向梯;除歌舞娱乐放映游艺场所外,防火分区建筑面积不大于200 m²的地下或半地下设备间、防火分区建筑面积不大于50 m²且经常停留人数不超过15人的其他地下或半地下建筑(室),可设置一个安全出口或一部疏散楼梯;除本规范另有规定外,建筑面积不大于200 m²的地下或半地下设备间、建筑面积不大于50 m²且经常停留人数不超过15人的其他地下或半地下房间,可设置一个疏散门。

⑥直通建筑内附设汽车库的电梯候梯厅,并采用耐火极限不低于2.00 h的防火隔墙和乙级防火门与汽车库分隔。

⑦高层建筑直通室外的安全出口上方,应设置挑出宽度不小于1.0 m的防护挑檐。

(2)安全出口的设置数量

①公共建筑内每个防火分区或一个防火分区的每个楼层,其安全出口的数量应经计算确定,且不应少于两个。凡符合下列情况的,可只设一个安全出口或一部疏散楼梯:

a.除托儿所、幼儿园外,建筑面积不大于200 m²且人数不超过50人的单层公共建筑或多层公共建筑的首层。

b.除医疗建筑,老年人建筑,托儿所、幼儿园的儿童用房,儿童游乐厅等儿童活动场所和歌舞娱乐放映游艺场所外,符合表13.4规定的公共建筑。

表13.4　仅设置1个安全出口或1部疏散楼梯的公共建筑

建筑的耐火等级或类型	最多层数	每层最大建筑面积/m²	人　数
一、二级	3层	200	第二、三层的人数之和不大于50人

续表

建筑的耐火等级或类型	最多层数	每层最大建筑面积/m²	人　数
三级、木结构建筑	3 层	200	第二、三层的人数之和不大于 25 人
四级	2 层	200	第二层人数不大于 15 人

②公共建筑内房间的疏散门数量应经计算确定且不应少于两个。除托儿所、幼儿园、老年人建筑、医疗建筑、教学建筑内位于走道尽端的房间外,符合下列条件之一的房间可设置一个疏散门:

a. 位于走道尽端的房间,建筑面积小于 50 m² 且疏散门的净宽度不小于 0.9 m,或房间内任一点至疏散门的直线距离不大于 15 m,建筑面积不大于 200 m² 且疏散门净宽度不小于 1.40 m,可设一个疏散门。

b. 设有不少于两个疏散楼梯的一、二级耐火等级的公共建筑,当顶层局部升高时,其高出部分的层数不超过两层,每层面积不超过 200 m²,人数之和不超过 50 人时,高出部分可设一部疏散楼梯,但至少应另设一个直通建筑主体上人平屋面的安全出口,且上人屋面应符合人员安全疏散的要求。

c. 歌舞娱乐放映游艺场所内建筑面积不大于 50 m² 且经常停留人数不超过 15 人的厅、室,可设置一个疏散门。

(3)安全疏散距离

①公共建筑的安全疏散距离,应符合下列要求:

a. 直通疏散走道的房间疏散门至最近安全出口的直线距离,应不大于表 13.5 中的规定,公共建筑的安全疏散距离示意图如图 13.3 所示。

b. 楼梯间应在首层直通室外,确有困难时,可在首层采用扩大的封闭楼梯间或防烟楼梯间前室。当层数不超过 4 层且未采用扩大的封闭楼梯间或防烟楼梯间前室时,可将直接通往室外的门设置在离楼梯间不大于 15 m 处。

表 13.5　公共建筑的安全疏散距离(m)

名　称			位于两个安全出口之间的疏散门			位于袋形走道两侧或尽端的疏散门		
			耐火等级			耐火等级		
			一、二级	三级	四级	一、二级	三级	四级
托儿所、幼儿园 老年人建筑			25	20	15	20	15	10
歌舞娱乐放映游艺场所			25	20	15	9	—	—
医疗 建筑	单层或多层		35	30	25	20	15	10
	高层	病房部分	24	—	—	12	—	—
		其他部分	30	—	—	15	—	—

续表

名 称		位于两个安全出口之间的疏散门			位于袋形走道两侧或尽端的疏散门		
		耐火等级			耐火等级		
		一、二级	三级	四级	一、二级	三级	四级
教学建筑	单层或多层	35	30	25	22	20	10
	高层	30	—	—	15	—	—
高层旅馆、展览建筑		30	—	—	15	—	—
其他建筑	单层或多层	40	35	25	22	20	15
	高层	40	—	—	20	—	—

注:①建筑中开向敞开式外廊的房间疏散门至最近安全出口的距离可按本表的规定增加5(图13.3(b))。

②直通疏散走道的房间疏散门至最近敞开楼梯间的直线距离,当房间位于两个楼梯间之间时,应按本表的规定减少5 m;当房间位于袋形走道两侧或尽端时,应按本表的规定减少2 m(图13.3(c))。

③建筑物内全部设置自动喷水灭火系统时,其安全疏散距离可按本表规定增加25%。

c. 房间任一点至房间直通疏散走道的疏散门距离,不应大于表13.5规定的袋形走道两侧或尽端的疏散门至最近安全出口的直线距离。

d. 一、二级耐火等级建筑内疏散门或安全出口不少于两个的观众厅、展览厅、多功能厅、餐厅、营业厅等,其室内任一点至最近疏散门或安全出口的直线距离不应大于30 m;当疏散门不能直通室外地面或疏散楼梯间时,应采用长度不大于10 m的疏散走道至最近的安全出口。当该场所设置自动喷水灭火系统时,室内任一点至最近安全出口的安全疏散距离可分别增加25%。

剧院、电影院、礼堂、体育馆等人员密集的公共场所,其观众厅内的疏散走道宽度应按其通过人数每100人不小于0.6 m计算,但最小净宽度不应小于1.0 m,单边走道不宜小于0.8 m。

剧院、电影院、礼堂等人员密集的公共场所观众厅的疏散内门和观众厅外的疏散外门、楼梯和走道各自总宽度,均应按每100人的最小疏散净宽度不小于表13.6中的规定来计算。

表13.6 剧院、电影院、礼堂等场所每100人所需最小疏散净宽度(m)

观众厅座位数(座)			≤2 500	≤1 200
耐火等级			一、二级	三级
疏散部位	门和走道	平坡地面	0.65	0.85
		阶梯地面	0.75	1.00
	楼梯		0.75	1.00

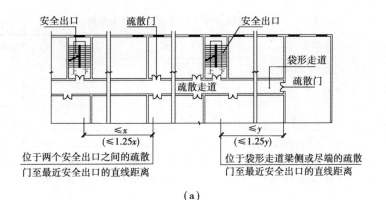

（a）

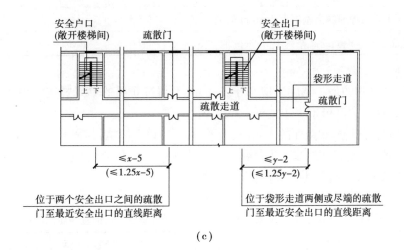

（c）

图 13.3 公共建筑的安全疏散距离示意图

注：①x 为表 13.5 中位于两个安全出口之间的疏散门至最近安全出口的最大直
线距离(m)；y 为表 13.5 中位于袋形走道两侧或尽端的疏散门至最近安
全出口的最大直线距离(m)。

②建筑物内全部设自动喷水灭火系统时，安全疏散距离执行括号内数字。

体育馆观众厅的疏散门以及疏散外门，楼梯和走道各自宽度，均应按每 100 人的最小疏散
净宽度不小于表 13.7 的规定计算。

表13.7 体育馆每100人所需最小疏散净宽度(m)

观众厅座位数范围(座)			3 000~5 000	5 001~10 000	10 001~20 000
疏散部位	门和走道	平坡地面	0.43	0.37	0.32
		阶梯地面	0.50	0.43	0.37
	楼梯		0.50	0.43	0.37

注:表中对应较大座位数范围按规定计算的疏散总净宽度,不应小于对应相邻较小座位数范围按其最多座位数计算的疏散总净宽度。对于观众厅座位数少于3 000个的体育馆,计算供观众疏散的所有内门、外门、楼梯和走道的各自总净宽度时,每100人的最小疏散净宽度不应小于表13.6的规定。

学校、商店、办公楼、候车室等民用建筑底层疏散外门、楼梯、走道的各自总宽度,应通过计算确定,疏散宽度指标不应小于表13.8的规定。

表13.8 学校、商店、办公楼、候车室等场所每层的房间疏散门、
安全出口、疏散走道和疏散楼梯的最小疏散净宽度(m/百人)

建筑层数	耐火等级		
	一、二级	三级	四级
地上一、二层	0.65	0.75	1.00
地上三层	0.75	1.00	—
地上四层及以上	1.00	1.25	—
与地面出入口地面的高差不大于10 m的地下室	0.75	—	—
与地面出入口地面的高差大于10 m的地下室	1.00	—	—

疏散走道和楼梯的最小宽度不应小于1.1 m,不超过6层的单元式住宅中一边设有栏杆的疏散楼梯,其最小宽度可不小于1 m。

人员密集的公共场所观众厅的入场门、太平门,不应设置门槛,其宽度不应小于1.4 m,紧靠门口1.4 m范围内不应设置踏步。人员密集的公共场所的室外疏散通道,其宽度不应小于3 m。

②住宅建筑的安全疏散距离,应符合下列要求:

a.直通疏散走道的户门至最近安全出口的直线距离不应大于表13.9的规定。

表13.9 住宅建筑直通疏散走道的户门至最近安全出口的直线距离(m)

住宅建筑类别	位于两个安全出口之间的户门			位于袋形走道两侧或尽端的户门		
	一、二级	三级	四级	一、二级	三级	四级
单、多层	40	35	25	22	20	15
高层	40			20		

注:①开向敞开式外廊的户门至最近安全出口的最大距离可按本表的规定增加5 m。
②直通疏散走道的户门至最近敞开楼梯间的直线距离,当户门位于两个楼梯间之间时,应按本表的规定减少5 m;当户门位于袋形走道两侧或尽端时,应按本表的规定减少2 m。
③住宅建筑内部全部设置自动喷水灭火系统时,其安全疏散距离可按本表的规定增加25%。
④跃廊式住宅户门至最近安全出口的距离,应从户门算起,小楼梯的一段距离可按其水平投影长度的1.50倍计算。

b. 楼梯间应在首层直通室外,或在首层采用扩大的封闭楼梯间或防烟楼梯间前室。层数不超过 4 层时,可将直通室外的门设置在离楼梯间不大于 15 m 处。

c. 户内任一点至直通疏散走道的户门的直线距离不应大于表 13.9 规定的袋形走道两侧或尽端的疏散门至最近安全出口的最大直线距离。

注:跃层式住宅户内楼梯的距离可按其梯段水平投影长度的 1.50 倍计算。

13.3.3　疏散设施的构造要求

民用建筑中设置安全疏散设施的目的,在于发生火灾时,使人员能迅速而有序地通过安全地带疏散出去。特别是影剧院、体育馆、大型会堂、歌舞厅等大量人员密集的公共建筑物中,疏散问题更为重要。

(1)楼梯及楼梯间

按照《建筑防火通用规范》(GB 55037—2022)的相关规定,疏散楼梯间应确保安全疏散功能,不得设置影响疏散的设施或管道,如烧水间、可燃材料储藏室、甲乙丙类液体管道等。在住宅建筑中,只有在特定情况下(如设置燃气管道和计量表)允许采用敞开楼梯间(图 13.4),并需采取严格的防泄漏措施;非住宅建筑中,建议采用开敞式楼梯间作为疏散楼梯。疏散楼梯间及前室应与其他部位有效防火分隔,不得使用卷帘或设置无关开口。封闭楼梯间如图 13.5 所示,若自然通风条件不符合防烟要求,应采取机械加压防烟措施或设置防烟楼梯间(图 13.6)。老年人照料设施的疏散楼梯或楼梯间宜与敞开式外廊直接连通,若无法直接连通外廊,应采用封闭楼梯间;当建筑高度大于 24 m 时,应采用防烟楼梯间。

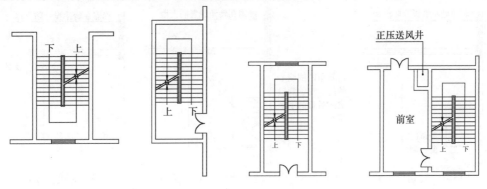

图 13.4　敞开楼梯间　　　图 13.5　封闭楼梯间　　　图 13.6　防烟楼梯间

防烟楼梯间前室的面积应满足规范要求:住宅建筑不少于 4.5 m^2,公共建筑不少于 6.0 m^2;若与消防电梯前室合用,住宅建筑不少于 6.0 m^2,公共建筑不少于 10.0 m^2。疏散楼梯间及前室与建筑外墙上其他相邻开口的水平距离不得小于 1.0 m,若不符合要求,应采取防火措施,防止火势蔓延,确保发生火灾时的安全疏散。

疏散楼梯的净宽度应符合以下规定:住宅建筑高度不大于 18 m 且一边设置栏杆时,室内疏散楼梯净宽度不应小于 1.0 m;其他住宅建筑的室内疏散楼梯净宽度不应小于 1.1 m;公共建筑的室内疏散楼梯净宽度也不应小于 1.1 m;当净宽度大于 4.0 m 时,应设置扶手栏杆,将其分隔为宽度均不大于 2.0 m 的区段。室外疏散楼梯的净宽度不应小于 0.80 m。

(2)疏散用门

疏散用门应开向疏散方向。当房间内人数不多时,除甲、乙类生产车间外,人数不超过 60

人,且每个门的平均疏散人数不超过 30 人时,其开启方向则可不限。为避免打不开门而把人困在起火房间内,疏散门不得采用水平推拉门,严禁使用转门。疏散用门开启时,门扇不应影响疏散走道和平台的宽度。

人员密集的公共场所,观众厅的入场门、太平门不应设门槛,必须向外开,紧靠门口处不应设置踏步。严禁在建筑物使用时上锁,宜装置自动门闩。

13.4　防火构造

民用建筑内应设防火墙来划分防火分区。建筑物内如没有上下层相连通的走马廊、开敞楼梯、自动扶梯、传送带、跨层窗等开口部位,应按上下连通层作为一个防火区。需设排烟设施的走道,净高不超过 6 m 的房间,应采用挡烟垂壁、隔墙或从顶棚下突出不小于 50 mm 的梁来划分防烟区。每个防烟分区的建筑面积不宜超过 500 m²,且防烟分区不应跨越防火分区。

13.4.1　防火墙

民用建筑的防火墙不宜设在 U 形、L 形建筑物的转角处(图 13.7)。如设在转角附近,内转角两侧墙上的门窗洞口之间最近的水平距离不应小于 4 m(图 13.8);当相邻一侧装有固定一级防火窗时,距离可不受限制(图 13.9)。紧靠防火墙两侧的门窗洞口之间最近的水平距离不应小于 2.00 m。当水平间距小于 2.00 m 时,应设置固定一级防火门、窗。

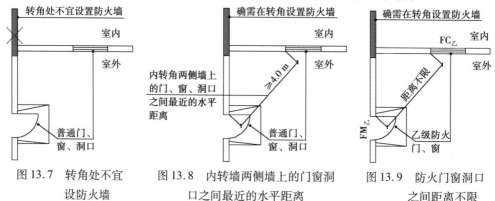

图 13.7　转角处不宜设防火墙　　　图 13.8　内转墙两侧墙上的门窗洞口之间最近的水平距离　　　图 13.9　防火门窗洞口之间距离不限

防火墙上不应开设门窗洞口,当必须开设时,应设置能自行关闭的甲级防火门、窗(图 13.10)。输送可燃气体和易燃、可燃液体的管道,均严防穿过防火墙,防火墙内不应设置排气道(图 13.11);其他管道也不宜穿过防火墙,当必须穿过时,应采用非燃烧材料将其周围的空隙紧密填塞。穿过防火墙的管道的保温材料应采用非燃材料(图 13.12)。

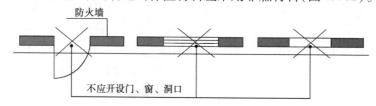

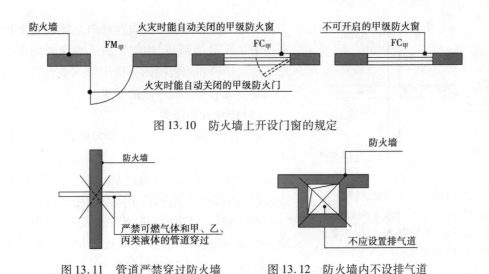

图 13.10　防火墙上开设门窗的规定

图 13.11　管道严禁穿过防火墙　　　图 13.12　防火墙内不设排气道

13.4.2　建筑构件和管道井

(1)隔墙

建筑物内的防火隔墙应从楼地面基层隔断至梁、楼板或屋面板的底面基层(图 13.13),屋面板的耐火极限不应低于 0.5 h,防火隔墙的设置如图 13.14 所示。

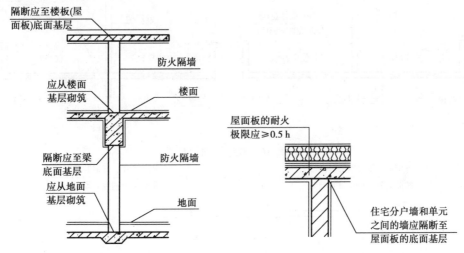

图 13.13　防火墙剖面示意图　　　图 13.14　防火隔墙的设置

民用建筑内的隔墙应砌至梁板底部,且不宜留有缝隙。附设在民用建筑内的自动灭火系统的设备室,应采用耐火极限不低于 2.00 h 的隔墙,1.50 h 的楼板和甲级防火门与其他部位隔开。

地下室内存放可燃物平均重量超过 30 kg/m² 的房间隔墙,其耐火极限不应低于 2.00 h,房间的门应采用甲级防火门。

(2)防火挑檐和隔板

建筑外墙上、下层开口之间应设置高度不小于 1.2 m 的实体墙或宽度不小于 1.0 m、长度不小于开口宽度的防火挑檐(图 13.15);住宅建筑外墙上相邻户开口之间的墙体宽度不应小

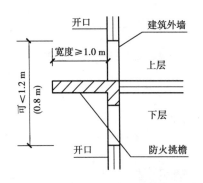

图 13.15 防火挑檐的设置

注:①当室内设置自动喷水灭火系统时,上、下层开口之间的墙体高度执行括号内数字。
②如下部外窗的上沿以上为一层的梁时,该梁高度可计入上、下层开口间的墙体高度。

于 1.0 m;小于 1.0 m 时,应在开口之间设置突出外墙不小于 0.6 m 的隔板,住宅平面示意图如图 13.16 所示。防火挑檐和隔板的耐火极限和燃烧性能均不应低于相应耐火等级建筑外墙的要求。

(3)电梯井和竖井

电梯井应独立设置,井内严禁敷设可燃气体和甲、乙、丙类液体管道,并不应敷设与电梯无关的电缆、电线等。电梯井井壁除开设电梯门洞和通气孔洞外,不应开设其他洞口。电梯门不应采用栅栏门。

电气竖井、管道井、排烟或通风道、垃圾井等竖井应分别独立设置,井壁的耐火极限均不应低于 1.00 h(图 13.17)。竖井井壁上的检查门,其防火等级要求取决于具体情况。对于埋深大于 10 m 的地下建筑或地下工程,以及建筑高度大于 100 m 的建筑,检查门必须采用甲级防火门。如果竖井在楼层间没有防火分隔,或者位于住宅建筑的合用前室,则检查门的耐火性能不应低于乙级防火门的要求。对于其他建筑,检查门通常采用丙级防火门即可,但如果竖井在楼层处没有水平防火分隔,则也需要提升至乙级防火门。

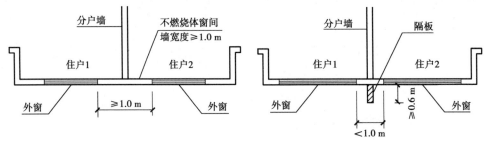

图 13.16 住宅平面示意图

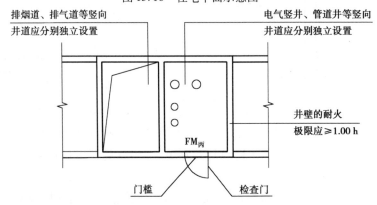

图 13.17 管道井内平面示意图

建筑内的电缆井、管道井应在每层楼板处采用不低于楼板耐火极限的不燃材料或防火封堵材料作防火分隔。电缆井、管道井与房间、走道等相连通的孔洞,其空隙应采用不燃烧材料填塞密实。

13.4.3　屋顶、闷顶和建筑缝隙

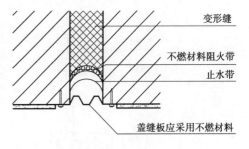

图 13.18　变形缝的防火构造

屋顶采用金属承重结构时,其吊顶、望板、保温材料等均应采用不燃烧材料,屋顶金属承重构件应采用外包敷不燃烧材料或喷涂防火涂料等措施,并应符合耐火极限,或设置自动喷水灭火系统。

变形缝构造基层应采用不燃烧材料,变形缝的防火构造如图 13.18 所示。电缆、可燃气体管道和甲、乙、丙类液体管道,不应敷设在变形缝内。当其穿过变形缝时,应在穿过处加设不燃烧材料套管,并应采用不燃烧材料将套管空隙填塞密实。管道穿过变形缝的剖面示意图如图 13.19 所示。

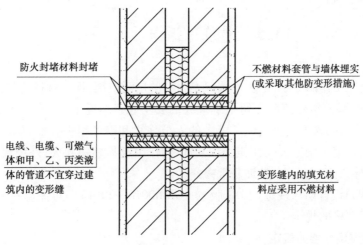

图 13.19　管道穿过变形缝的剖面示意图

13.4.4　防火门、窗和防火卷帘

防火门、防火窗应划分为甲、乙、丙三级,其耐火极限甲级应为 1.5 h、乙级应为 1.00 h、丙级应为 0.50 h。防火门应为向疏散方向开启的平开门,并在关闭后应能从任何一侧手动开启。用于疏散的走道、楼梯间和前室的防火门,应具有自行关闭的功能。双扇和多扇防火门,还应具有按顺序关闭的功能。常开的防火门,当发生火灾时,应具有自行关闭和信号反馈的功能。设在变形缝处附近的防火门,应设在楼层数较多的一侧,且门开启后不应跨越变形缝。防火门与变形缝的位置关系如图 13.20 所示。

采用防火卷帘代替防火墙时,其防火卷帘应符合防火墙耐火极限的判定条件或在其两侧设闭式自动喷水灭火系统,其喷头间距不应小于 2.00 m。防火卷帘应具有防烟功能,其与楼板、梁、墙、柱之间的空隙应采用防火封堵材料封堵,在火灾发生时能靠自重自动关闭,并给予信号反馈。

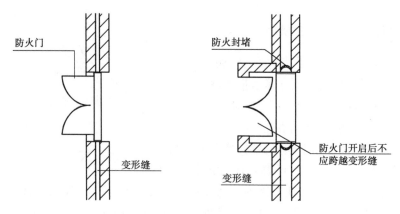

图 13.20　防火门与变形缝的位置关系

13.5　建筑保温与防火要求

随着建筑节能工作的不断推进,外墙保温材料的广泛应用,保温材料的防火性能不达标或存在施工质量问题,都给建筑防火留下了极大的安全隐患。近年来,采用外保温系统的建筑物,尤其是高层建筑的火灾事例造成了极大的人员伤亡和财产损失。如2010年11月15日,上海静安区高层住宅区发生大火,因电焊工违章操作引起易燃物起火,外墙聚苯板着火,造成火势迅速蔓延,导致58人死亡,教训非常惨痛。

为此,在《建筑设计防火规范(2018版)》(GB 50016—2014)中对保温材料的防火等级以及节点构造作了严格的规定。

(1)对材料燃烧性能的规定

1)材料燃烧性能分级

建筑材料的燃烧性能按照《建筑材料及制品燃烧性能分级》(GB 8624—2012)的规定分为A级(不燃材料)、B_1级(难燃材料)、B_2级(可燃材料)和B_3级(易燃材料)。

2)保温材料燃烧性能规定

规范规定,建筑的内、外保温系统,宜采用燃烧性能为A级的保温材料,不宜采用B_2级保温材料,严禁采用B_3级保温材料。保温材料燃烧性能分级见表13.10。

表 13.10　保温材料燃烧性能分级

GB 8624—2006	GB 8624—2012	燃烧性能	常见各类保温材料
A_1	A	不燃性	岩棉、矿棉、泡沫玻璃、无机保温砂浆等
A_2			
B	B_1	难燃性	酚醛、胶粉聚苯颗粒等
C			
D	B_2	可燃性	模塑聚苯板(EPS)、挤塑聚苯板(XPS)、聚氨酯(PU)、聚乙烯(PE)等
E			
F	B_3	易燃性	对于不属于B_1、B_2级的可燃类的建筑保温材料,其燃烧性能定为B_3级

（2）对内保温构造的防火要求

建筑外墙采用内保温系统时，保温系统应符合下列规定：

①对于人员密集场所，用火、燃油、燃气等具有火灾危险性的场所以及各类建筑内的疏散楼梯间、避难走道、避难间、避难层等场所或部位，应采用燃烧性能为 A 级的保温材料。

②对于其他场所，应采用低烟、低毒且燃烧性能不低于 B_1 级的保温材料。

③保温系统应采用不燃材料作防护层。采用燃烧性能为 B_1 级的保温材料时，防护层的厚度不应小于 10 mm。

（3）对夹心保温构造的防火要求

建筑外墙采用保温材料与两侧墙体构成无空腔复合保温结构体时，该结构体的耐火极限应符合本规范的有关规定。当保温材料的燃烧性能为 B_1、B_2 级时，保温材料两侧的墙体应采用不燃材料且厚度均不应小于 50 mm。

（4）对外保温构造的防火要求

①设置人员密集场所的建筑，其外墙外保温材料的燃烧性能应为 A 级。

②与基层墙体、装饰层之间无空腔的建筑外墙外保温系统，其保温材料应符合下列规定：

A. 住宅建筑：

a. 建筑高度大于 100 m 时，保温材料的燃烧性能应为 A 级。

b. 建筑高度大于 27 m，但不大于 100 m 时，保温材料的燃烧性能不应低于 B_1 级。

c. 建筑高度不大于 27 m 时，保温材料的燃烧性能不应低于 B_2 级。

B. 除住宅建筑和设置人员密集场所的建筑外，其他建筑：

a. 建筑高度大于 50 m 时，保温材料的燃烧性能应为 A 级。

b. 建筑高度大于 24 m，但不大于 50 m 时，保温材料的燃烧性能不应低于 B_1 级。

c. 建筑高度不大于 24 m 时，保温材料的燃烧性能不应低于 B_2 级。

（5）对有空腔构造保温系统构造的防火要求

除设置人员密集场所的建筑外，与基层墙体、装饰层之间有空腔的建筑外墙外保温系统，其保温材料应符合下列规定：

①建筑高度大于 24 m 时，保温材料的燃烧性能应为 A 级。

②建筑高度不大于 24 m 时，保温材料的燃烧性能不应低于 B_1 级。

（6）外墙防火要求

当建筑的外墙外保温系统采用燃烧性能为 B_1、B_2 级的保温材料时应符合下列规定：

①除采用 B_1 级保温材料且建筑高度不大于 24 m 的公共建筑或采用 B_1 级保温材料且建筑高度不大于 27 m 的住宅建筑外，建筑外墙上门、窗的耐火完整性应不低于 0.5 h（图 13.21）。

②应在保温系统中，每层设置水平防火隔离带。防火隔离带采用燃烧性能为 A 级的材料，防火隔离带的高度不应小于 300 mm（图 13.22）。

③建筑的外墙外保温系统应采用不燃材料在其表面设置防护层，防护层应将保温材料完全包覆。当采用 B_1、B_2 级保温材料时，防护层厚度不应小于 15 mm，其他层不应小于 5 mm（图 13.23）。

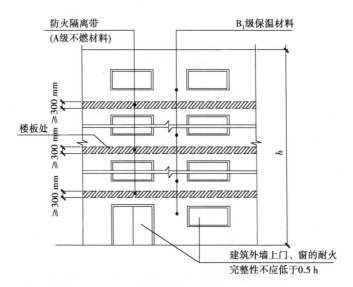

图 13.21 当采用 B_1 级保温材料时,公共建筑高度 $h>24$ m;

住宅建筑高度 $h>27$ m 立面示意图

④建筑外墙外保温系统与基层墙体、装饰层之间的空腔,应在每层楼板处采用防火封堵材料封堵。

(7)屋面防火要求

建筑的屋面保温系统,当屋面板的耐火极限不低于 1.00 h 时,保温材料的燃烧性能不应低于 B_2 级;当屋面板的耐火极限低于 1.00 h 时,不应低于 B_1 级。采用 B_1、B_2 级保温材料的外保温系统应采用不燃材料作防护层,防护层的厚度不应小于 10 mm。

当建筑的屋面和外墙外保温系统均采用 B_1、B_2 级保温材料时,屋面与外墙之间应采用宽度不小于 500 mm 的不燃材料设置防火隔离带进行分隔。

其他建筑外墙的装饰层应采用燃烧性能为 A 级的材料,但建筑高度不大于 50 m 时,可采用 B_1 级材料。

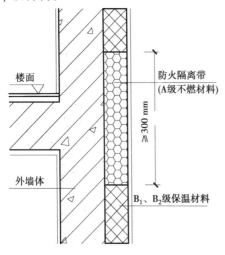

图 13.22 水平防火隔离带设置

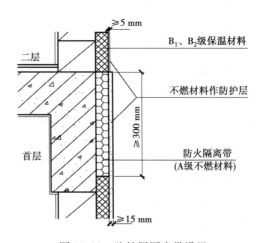

图 13.23 防护层厚度带设置

13.6　绿色建筑简介

13.6.1　绿色建筑的概念

绿色建筑的概念是在全球资源、环境危机的大背景下产生的。从英国工业革命开始到现在仅仅 200 多年的时间,工业化造成的大气污染、酸雨、臭氧层破坏、温室效应、水资源匮乏、土地资源退化、物种灭绝等环境问题已逐渐演化为全球性环境危机。工业革命推动社会高速发展、给人们带来与日俱增的物质资源的同时,也以前所未有的速度破坏了地球的生态系统,耗费了大量自然资源。

人类长期以来一直以向自然掠夺的方式来满足自身对物质的需求,发达国家更是盛行奢靡浪费之风,使本已十分脆弱的生态环境雪上加霜。西方国家在此之前一直是以战胜与索取的态度来对待自然的,他们将人与自然的关系对立起来看待,认为只有战胜自然、利用自然界的资源来满足人类不断膨胀的物质需求才是正确的方式。直至 20 世纪六七十年代,石油资源危机、水资源危机、土壤资源危机等相继出现,面对种种环境和资源危机,人们开始意识到,以前那种与自然对立的做法是完全错误的。人类是地球自然生态系统的组成部分,人类的发展必须符合环境的承受能力,违背自然规律、一味索取的做法必须停止。

除此之外,人口的急剧膨胀、技术的滥用、政府行为的失控等也是加剧环境危机的重要原因。人类如果不及时采取措施改变现有的发展模式,最终将导致地球生态系统的崩溃。

1962 年,美国生物学家莱切尔·卡逊的环境科普著作《寂静的春天》标志着人们对环境问题关注的开端。1980 年,世界自然保护联盟(IUCN)首次提出了"可持续发展"的概念,"可持续发展"是从环境与自然资源角度提出的关于人类长期发展的战略模式,强调环境与自然资源的长期承载力对发展的重要性以及发展对改善生活质量的重要性。它的核心思想就是经济的健康发展应该建立在生态持续能力、社会公正和人民积极参与的基础上。强调社会、经济的发展要与环境相协调,追求人与自然的和谐,即"既满足当代人的需要,又不对后代人满足其需要的能力构成危害的发展"。可持续发展的目标不仅是满足人类的各种需求,而且还要关注各种经济措施的生态合理性,使生态环境和自然资源得到持续利用,不对后代人的生存和发展构成威胁。1992 年,在巴西里约热内卢召开了联合国环境与发展会议,会上通过了《二十一世纪议程》,并将"可持续发展"的战略思想作为人类社会共同的行动纲领。

面对环境恶化问题,人们开始关注居住环境,关注建筑物与自然之间的关系,关注建筑环境与自然环境的改善,"绿色建筑"的概念应运而生。

"绿色建筑"是指在建筑的全生命周期内,最大限度地节约资源(节能、节地、节水、节材),保护环境和减少污染,为人们提供健康、舒适和高效的使用空间,与自然和谐共生的建筑。

13.6.2　绿色建筑的设计要求

绿色建筑作为一种创新的建筑理念和实践,正逐渐成为建筑行业的主流趋势。绿色建筑不仅能够有效地减少对环境的负面影响,还能为人们提供更加健康、舒适和高效的生活和工作空间。绿色建筑的设计要求主要从以下几个方面入手:

（1）充分考虑能源的高效利用

在建筑的规划和设计阶段,就要精心选择合适的朝向、体形和布局,以最大限度地利用自然采光和通风,减少人工照明和空调系统的依赖。采用高效的保温隔热材料和节能门窗,降低建筑的能耗损失。同时,积极利用可再生能源,如太阳能、风能和地热能等,为建筑提供电力和热能,实现能源的自给自足。

（2）水资源的节约和循环利用

绿色建筑设计通过安装节水器具和设备,如低流量的水龙头、马桶和淋浴喷头,减少水资源的浪费。收集雨水和废水进行处理和再利用,用于灌溉、冲厕等非饮用用途,以减少对市政供水的需求。此外,合理规划景观用水,采用耐旱植物和高效的灌溉系统,进一步节约水资源。

（3）可再生材料的运用

优先选用环保、可再生和可回收的建筑材料,减少对自然资源的开采和消耗。避免使用含有有害物质的材料,如甲醛、苯等,确保室内空气质量的安全和健康。同时,还要考虑材料的生命周期,包括生产、运输、使用和废弃处理等阶段对环境的影响,选择综合环境影响较小的材料。

（4）人居环境的营造

在室内环境质量方面,绿色建筑注重通风换气,保证室内空气的清新和流通。控制室内的温度、湿度和声学环境,提供舒适的居住和工作条件。采用绿色环保的装修材料和家具,减少室内污染物的释放。此外,合理规划室内空间布局,以满足使用者的功能需求和心理感受。

绿色建筑的设计还应考虑与周边环境的融合和共生。保护和利用原有的地形地貌、植被和水体,减少对生态系统的破坏。通过增加绿化面积和绿色屋顶、垂直绿化等手段,提高建筑的生态效益,改善城市的微气候。

（5）充分运用可再生能源

在绿色建筑的设计中,尽可能少地使用不可再生能源,积极主动地尽可能利用可再生能源,如太阳能,风能,地热能等。

（6）保护生态环境

建筑设计要与周围生态环境相融合,减少由于建筑的营造和使用对地球、自然、环境负荷的影响,如控制噪声、建材污染、垃圾污染、水污染等对生态景观的破坏,减少对常规能源的消耗而产生的环境负荷等。

13.6.3　绿色建筑的评价

（1）评价体系

绿色建筑概念正逐步形成,其内涵和外延不断丰富,绿色建筑理论和实践逐步深入和发展。20 世纪 90 年代初,英国率先制定了世界上第一个绿色建筑评估体系 BREEAM(Building Research Establishment Environmental Assessment Method)。1996 年,绿色建筑挑战(GBC)在加拿大发起,最后制定了一套科学评估建筑物能量和环境性能的评价体系 GBTool。1998 年美国绿色建筑委员会(USGBC)颁布了最初版本的绿色建筑标准 LEED1.0。应运而生的还有澳大利亚国家建筑环境评价系统(NABERS)、荷兰绿色建筑评价标准软件(GreenCalc+)、德国绿色建筑评估体系(DGNB)、日本建筑物综合环境评价方法(CASBEE)等。

我国接受绿色建筑的概念较晚,20 世纪 80 年代,伴随建筑节能问题的日益突出,绿色建筑概念开始进入我国。21 世纪初,为了推进住宅生态环境建设和提高住宅质量,我国政府研究、编制并发布了包括《中国生态住宅技术评估手册》升级版在内的几项评价办法。我国绿色建筑评价标准在不断的发展与完善中日趋成熟。2006 年颁布了首个《绿色建筑评价标准》(GB/T 50378—2006),2014 年颁布了新版《绿色建筑评价标准》(GB/T 50378—2014),2019 年,国家颁布了《绿色建筑评价标准》(GB/T 50378—2019),并于 2024 年 10 月 1 日开始实施局部修订的 2024 版。

(2)《绿色建筑评价标准》中的指标体系

《绿色建筑评价标准》(GB/T 50378—2019(2024 版))中的指标体系主要由"安全耐久、健康舒适、生活便利、资源节约、环境宜居"5 类指标组成。每类指标均包括控制项和评分项。评价指标体系一设置提高与创新的加分项。根据 5 类指标的得分总和确定绿色建筑的等级,绿色建筑等级应按由低至高划分为基本级、一星级、二星级、三星级 4 个等级。

当满足全部控制项要求时,绿色建筑等级应为基本级。

一星级、二星级、三星级 3 个等级的绿色建筑均应满足本标准全部控制项的要求,且每类指标的评分项得分不应小于其评分项满分值的 30%;一星级、二星级、三星级 3 个等级的绿色建筑均应进行全装修,全装修工程质量、选用材料及产品质量应符合国家现行有关标准的规定;同时须满足表 13.10 的技术要求。当总得分分别达到 60 分、70 分、85 分且满足相应的要求时,绿色建筑等级分别为一星级、二星级、三星级(表 13.11)。

表 13.11　一星级、二星级、三星级绿色建筑的技术要求

	一星级	二星级	三星级
围护结构热工性能的提高比例,或建筑供热空调负荷降低比例	—	围护结构提高 5%,或建筑供热空调负荷降低 3%	围护结构提高 10%,或建筑供热空调负荷降低 5%
严寒和寒冷地区住宅建筑外窗传热系数降低比例	5%	10%	20%
节水器具水效等级	3 级	\multicolumn{2}{2 级}
住宅建筑隔声性能	—	卧室分户墙和卧室分户楼板两侧房间之间的空气声隔声性能(计权标准化声压级差与交通噪声频谱修正量之和 $D_{nT,w}+C_{tr}$)≥47 dB,卧室分户楼板的撞击声隔声性能(计权标准化撞击声压级 $L_{nT,w}$ ≤60 dB)	卧室分户墙和卧室分户楼板两侧房间之间的空气声隔声性能(计权标准化声压级差与交通噪声频谱修正量之和 $D_{nT,w}+C_{Tr}$)≥50 dB,卧室分户楼板的撞击声隔声性能(计权标准化撞击声压级 $L_{nT,w}$ ≤55 dB)

续表

	一星级	二星级	三星级
室内主要空气污染物浓度降低比例	10%	20%	
绿色建材应用比例	10%	20%	30%
碳减排	明确全寿命期建筑碳排放强度,并明确降低碳排放强度的技术措施。		
外窗气密性能	符合国家现行节能设计标准的规定,且外窗洞口与外窗本体的结合部位应严密		

注:①围护结构热工性能的提高基准、严寒和寒冷地区住宅建筑外窗传热系数降低基准均为现行强制性工程建设规范《建筑节能与可再生能源利用通用规范》(GB 55015—2021)的要求。

②室内氨、总挥发性有机物、$PM_{2.5}$ 等室内空气污染物,其浓度降低基准为现行国家标准《室内空气质量标准》(GB/T 18883—2022)的有关要求。

小　结

1. 建筑构件其燃烧性能分为非燃烧体、难燃烧体和燃烧体。建筑构件的耐火性能用耐火极限(小时)来表示。根据建筑物主要构件的燃烧性能和耐火极限,建筑物的耐火等级共分为4级。

2. 火从起火点向外蔓延的主要途径是外墙窗口、内墙门、隔板、楼板、竖井和通风管道等。研究火势蔓延途径是在建筑物中采取防火措施、设置防火分隔的根据。

3. 根据疏散、消防等条件,各耐火等级的建筑对建筑物面积、长度、层数都应加以限制。建筑物之间留出适当的间距可以有效地防止火势蔓延,并为灭火、疏散创造了有利的条件,这个间距称为防火间距。

4. 建筑物应有完善的疏散设施,为发生火灾后尽快撤离创造条件。

5. 高层民用建筑应根据其使用性质、火灾危险性、疏散和扑救难度等进行分类,可分为两类,耐火极限也分为二级。民用建筑的防火墙不宜设在 U 形、L 形建筑物的转角处。防火墙上不应设有开窗洞口。建筑物内的主要分隔墙,应砌至梁板的底部。

复习思考题

1. 什么是建筑构件的燃烧性能和耐火极限? 建筑物的耐火等级怎样划分?

2. 为什么要规定防火间距? 是怎样规定的?

3. 什么叫安全出口? 哪些条件可只设一个安全出口? 对疏散门有何具体要求?

4. 什么情况需要设防火墙? 试述防火墙的构造要求。

5. 试述屋顶、屋面的防火构造要求。

6. 试述民用建筑的分类、构件的燃烧性能和耐火极限、建筑物的防火间距及防火分区最大允许建筑面积。

参考文献

［1］中国建筑工业出版社. 现行建筑设计规范大全［M］. 北京:中国建筑工业出版社,2009.

［2］中华人民共和国住房和城乡建设部,国家市场监督管理总局. 民用建筑设计统一标准: GB 50352—2019［S］. 北京:中国建筑工业出版社,2019.

［3］中华人民共和国住房和,国家市场监督管理总局. 民用建筑通用规范:GB 55031—2022 ［S］. 北京:中国建筑工业出版社,2022.

［4］《建筑设计资料集》编委会. 建筑设计资料集［M］. 北京:中国建筑工业出版社,2007.

［5］陈保胜. 建筑构造资料集［M］. 北京:中国建筑工业出版社,1994.

［6］周果行. 工民建专业毕业设计指南［M］. 北京:中国建筑工业出版社,1992.

［7］杨志勇. 工民建专业毕业设计手册［M］. 武汉:武汉工业大学出版社,1997.

［8］建设部建筑设计编写组. 建筑师设计手册［M］. 北京:中国建筑工业出版社,1995.

［9］刘鸿宾. 工业建筑设计原理［M］. 北京:清华大学出版社,1987.

［10］《中国小型民用建筑图集》编委会. 中小型民用建筑图集［M］. 北京:中国建筑工业出版社,1993.

［11］罗文娣. 中小型民用建筑图集(第二集)［M］. 北京:中国建筑工业出版社,1993.

［12］同济大学,等. 房屋建筑学［M］. 北京:中国建筑工业出版社,1997.

［13］王崇杰. 房屋建筑学［M］. 北京:中国建筑工业出版社,1997.

［14］舒秋华. 房屋建筑学［M］. 武汉:武汉工业大学出版社,1996.

［15］郑忱. 房屋建筑学［M］. 北京:中央广播电视大学出版社,1994 .

［16］刘建荣. 房屋建筑学［M］. 北京:中央广播电视大学出版社,1993.

［17］武克基. 房屋建筑学［M］. 银川:宁夏人民出版社,1986.

［18］黄金凯. 房屋建筑学［M］. 北京:冶金工业出版社,1987.

［19］叶佐豪. 房屋建筑学［M］. 上海:同济大学出版社.

［20］全国职业高中建筑类专业教材编写组. 建筑构造［M］. 北京:高等教育出版社,1994.

［21］李必瑜. 房屋建筑学［M］. 武汉:武汉工业大学出版社,2000.

［22］韩慧娟. 建筑识图与房屋构造［M］. 北京:中国环境出版社,1989.

［23］中华人民共和国公安部. 高层民用建筑设计防火规范［M］. 北京:中国计划出版社,2001.

［24］彭一刚. 建筑空间组合论［M］. 北京:中国建筑工业出版社,1998.

［25］来增祥,陆震伟.室内设计原理［M］.北京:中国建筑工业出版社,1997.

［26］钟训正.建筑画环境表现与技法［M］.北京:中国建筑工业出版社,1985.

［27］崔艳秋,姜丽荣.房屋建筑学课程设计指导［M］.北京:中国建筑工业出版社,1999.

［28］王万江,等.房屋建筑学［M］.重庆:重庆大学出版社,2002.

［29］中华人民共和国住房和城乡建设部,中华人民共和国国家质量监督检验检疫总局.建筑模数直辖市标准:GB/T 5002—2013(2018 版)［S］.北京:中国建筑工业出版社,2018.

［30］国家市场监督管理总局,国家标准化管理委员会.建筑门窗洞口尺寸协调要求:GB/T 30591—2014［S］.北京:中国标准出版社,2024.

［31］中华人民共和国住房和城乡建设部,中华人民共和国国家质量监督检验检疫总局.建筑设计防火规范:GB 50016—2014(2018 版)［S］.北京:中国建筑工业出版社,2018.

［32］中华人民共和国住房和城乡建设部,国家市场监督管理总局.建筑防火通用规范:GB 55037—2022［S］.北京:中国计划出版社,2022.

［33］中华人民共和国住房和城乡建设部,中华人民共和国国家质量监督检验检疫总局.建筑抗震设计规范:GB 50011—2010(2024 版)［S］.北京:中国建筑工业出版社,2014.

［34］中华人民共和国国家质量监督检验检疫总局,中国国家标准化管理委员会.中国地震动参数区划图:GB 18306—2015［S］.北京:中国标准出版社,2015.

［35］中华人民共和国住房和城乡建设部,中华人民共和国国家质量监督检验检疫总局.民用建筑热工设计规范:GB 50176—2017［S］.北京:中国建筑工业出版社,2015.

［36］中华人民共和国住房和城乡建设部,中华人民共和国国家质量监督检验检疫总局.建筑采光设计标准:GB 50033—2013［S］.北京:中国建筑工业出版社,2013.

［37］中华人民共和国住房和城乡建设部,国家市场监督管理总局.建筑节能与可再生能源利用通用规范:GB 55015—2021［S］.北京:中国建筑工业出版社,2022.

［38］中华人民共和国住房和城乡建设部,中华人民共和国国家质量监督检验检疫总局.屋面工程技术规范:GB 50345—2012［S］.北京:中国计划出版社,2012.

［39］中华人民共和国住房和城乡建设部.严寒和寒冷地区居住建筑节能设计标准:JGJ 26—2018［S］.北京:中国建筑工业出版社,2018.

［40］国家市场监督管理总局,国家标准化管理委员会.建筑外门窗气密、水密、抗风压性能分级及检测方法:GB/T 7106—2019［S］.北京:中国标准出版社,2019.

［41］中华人民共和国住房和城乡建设部,国家市场监督管理总局.绿色建筑评价标准:GB/T 50378—2019(2024 版)［S］.北京:中国建筑工业出版社,2024.

［42］中华人民共和国卫生部.工业企业设计卫生标准:GBZ1—2010［S］.北京:中国标准出版社,2010.

［43］中国建筑标准设计研究院.建筑设计防火规范图示［M］.北京:中国计划出版社,2015.

［44］李必瑜,王雪松.房屋建筑学［M］.4 版.武汉:武汉理工大学出版社,2012.

［45］于丽.房屋建筑学［M］.2 版,南京:东南大学出版社,2014.

［46］潘睿.房屋建筑学［M］.4 版.武汉:华中科技大学出版社,2020.

［47］王雪松,许景峰.房屋建筑学［M］.3 版.重庆:重庆大学出版社,2018.

［48］王祖远,柏芳燕,王艳刚.房屋建筑学［M］.重庆:重庆大学出版社,2019.

［49］夏侯峥,王彬.房屋建筑学［M］.北京:北京理工大学出版社,2020.